市政工程与建筑工程管理

李建龙　　王正荣　　万佩玉　　主编

吉林科学技术出版社

图书在版编目（CIP）数据

市政工程与建筑工程管理 / 李建龙，王正荣，万佩
玉主编 . -- 长春 : 吉林科学技术出版社，2024.3
ISBN 978-7-5744-1122-7

Ⅰ . ①市… Ⅱ . ①李… ②王… ③万… Ⅲ . ①市政工
程－工程施工－施工管②建筑工程－工程管理 Ⅳ .
① TU99 ② TU7

中国国家版本馆 CIP 数据核字 (2024) 第 059792 号

市政工程与建筑工程管理

主　　编	李建龙　　王正荣　　万佩玉
出 版 人	宛　霞
责任编辑	郝沛龙
封面设计	刘梦杏
制　　版	刘梦杏
幅面尺寸	185mm×260mm
开　　本	16
字　　数	375 千字
印　　张	19.25
印　　数	1~1500 册
版　　次	2024年3月第1版
印　　次	2024年12月第1次印刷

出　　版	吉林科学技术出版社
发　　行	吉林科学技术出版社
地　　址	长春市福祉大路5788 号出版大厦A 座
邮　　编	130118
发行部电话/传真	0431-81629529 81629530 81629531
	81629532 81629533 81629534
储运部电话	0431-86059116
编辑部电话	0431-81629510
印　　刷	三河市嵩川印刷有限公司

书　　号	ISBN 978-7-5744-1122-7
定　　价	84.00元

前　言

　　一个城市的基础市政工程设施是否优良是城市健康发展与否的重要判断标准之一，它能从整体上体现城市的文化和精神，同时也是广大居民和谐城市生活的物质基础。自进入21世纪开始，全国各地都大力进行基础设施建设，各大建筑工程的开发施工，为国民经济的稳定发展提供了强大的推动作用，为我国经济的可持续发展起到了非常关键的作用。

　　市政工程的建设关系城市发展，工程质量对于人们生活品质、城市面貌都有决定性影响。在城市多元化发展的大背景下，建筑工程管理需要紧跟时代发展的需求，根据城市特点及城市个性化发展趋势，优化市政建筑工程整体布局的设计，突出城市特点，满足人们对建筑工程的高质量需求。不同区域的历史不同，地形与自然条件不同，相关的设计人员需要从多角度进行分析，在市政建筑工程整体布局管理中遵循个性化、具体化的特点，提升城市形象。市政工程与建筑工程管理日新月异，新的技术标准与规范不断更新，这些都对市政工程与建筑工程管理理论研究提出了更高的要求。

　　本书在写作过程中参考了相关领域诸多的著作、论文、教材等，引用了国内外部分文献和相关资料，在此一并对作者表示诚挚的谢意和致敬。由于市政工程与建筑工程管理等工作涉及的范畴比较广，需要探索的层面比较深，作者在写作的过程中难免会存在一定的不足，对一些相关问题的研究不透彻，提出的管理优化工作的提升路径也有一定的局限性，恳请前辈、同行以及广大读者斧正。

目 录

第一章 市政工程施工准备与组织 ·················· 1

    第一节 市政工程施工准备 ·················· 1

    第二节 市政工程施工组织 ·················· 15

第二章 市政工程生态化建设 ·················· 23

    第一节 市政公用工程生态化原则 ·················· 23

    第二节 市政工程生态化建设策略 ·················· 27

第三章 建筑工程项目管理综述 ·················· 41

    第一节 项目管理概念 ·················· 41

    第二节 建筑工程项目管理基础概念 ·················· 45

    第三节 建筑工程项目管理常用的法律法规 ·················· 55

    第四节 建筑工程项目管理组织 ·················· 56

第四章 建筑工程造价概述 ·················· 67

    第一节 建筑工程造价的含义 ·················· 67

    第二节 建筑工程造价原理 ·················· 75

    第三节 建筑工程造价影响因素 ·················· 83

第五章 建筑工程项目风险管理 ·················· 93

    第一节 建筑工程项目风险管理概述 ·················· 93

第二节　建筑工程项目风险识别 ………………………………………… 97

第三节　建筑工程项目风险评估 ………………………………………… 103

第四节　建筑工程项目风险响应 ………………………………………… 108

第五节　建筑工程项目风险控制 ………………………………………… 112

第六章　建筑工程项目成本管理 …………………………………………… 116

第一节　建筑工程项目成本管理理论 …………………………………… 116

第二节　建筑工程项目成本计划 ………………………………………… 120

第三节　建筑工程项目成本控制 ………………………………………… 125

第四节　建筑工程项目成本核算 ………………………………………… 131

第五节　建筑工程项目成本分析与考核 ………………………………… 136

第六节　建筑智能化工程项目成本的控制研究 ………………………… 140

第七章　建筑工程合同管理 ………………………………………………… 150

第一节　建筑工程招标与投标 …………………………………………… 150

第二节　建筑工程施工合同 ……………………………………………… 160

第三节　建筑工程施工承包合同按计价方式分类及担保 ……………… 166

第四节　建筑工程施工合同实施 ………………………………………… 172

第五节　建筑工程项目索赔管理 ………………………………………… 176

第八章　建筑工程项目进度管理 …………………………………………… 183

第一节　建筑工程项目进度管理基本概念 ……………………………… 183

第二节　建筑工程项目进度计划的编制 ………………………………… 187

第三节　流水施工作业进度计划 ………………………………………… 193

第四节　网络计划控制技术 ……………………………………………… 195

第五节　建筑工程项目进度计划的实施 ………………………………… 198

第六节　建筑施工项目进度计划控制总结 ⋯⋯⋯⋯⋯⋯⋯⋯⋯⋯⋯⋯ 204

第九章　建筑工程质量检验 ⋯⋯⋯⋯⋯⋯⋯⋯⋯⋯⋯⋯⋯⋯⋯⋯⋯⋯ 207

第一节　工程质量监督检验技术 ⋯⋯⋯⋯⋯⋯⋯⋯⋯⋯⋯⋯⋯⋯⋯ 207

第二节　土方工程质量检验 ⋯⋯⋯⋯⋯⋯⋯⋯⋯⋯⋯⋯⋯⋯⋯⋯⋯ 209

第三节　地基工程质量检验 ⋯⋯⋯⋯⋯⋯⋯⋯⋯⋯⋯⋯⋯⋯⋯⋯⋯ 212

第四节　桩基础工程质量检验 ⋯⋯⋯⋯⋯⋯⋯⋯⋯⋯⋯⋯⋯⋯⋯⋯ 221

第五节　基坑工程质量检验 ⋯⋯⋯⋯⋯⋯⋯⋯⋯⋯⋯⋯⋯⋯⋯⋯⋯ 224

第六节　地下防水工程质量检验 ⋯⋯⋯⋯⋯⋯⋯⋯⋯⋯⋯⋯⋯⋯⋯ 228

第十章　建筑工程质量验收 ⋯⋯⋯⋯⋯⋯⋯⋯⋯⋯⋯⋯⋯⋯⋯⋯⋯⋯ 239

第一节　基本规定 ⋯⋯⋯⋯⋯⋯⋯⋯⋯⋯⋯⋯⋯⋯⋯⋯⋯⋯⋯⋯⋯ 239

第二节　质量验收的划分 ⋯⋯⋯⋯⋯⋯⋯⋯⋯⋯⋯⋯⋯⋯⋯⋯⋯⋯ 242

第三节　隐蔽工程验收 ⋯⋯⋯⋯⋯⋯⋯⋯⋯⋯⋯⋯⋯⋯⋯⋯⋯⋯⋯ 244

第四节　建筑工程过程质量验收 ⋯⋯⋯⋯⋯⋯⋯⋯⋯⋯⋯⋯⋯⋯⋯ 245

第五节　建筑工程竣工质量验收 ⋯⋯⋯⋯⋯⋯⋯⋯⋯⋯⋯⋯⋯⋯⋯ 258

第十一章　建筑工程安全文明管理 ⋯⋯⋯⋯⋯⋯⋯⋯⋯⋯⋯⋯⋯⋯⋯ 260

第一节　施工现场场容管理 ⋯⋯⋯⋯⋯⋯⋯⋯⋯⋯⋯⋯⋯⋯⋯⋯⋯ 260

第二节　治安与环境管理 ⋯⋯⋯⋯⋯⋯⋯⋯⋯⋯⋯⋯⋯⋯⋯⋯⋯⋯ 269

第三节　消防安全管理 ⋯⋯⋯⋯⋯⋯⋯⋯⋯⋯⋯⋯⋯⋯⋯⋯⋯⋯⋯ 282

结束语 ⋯⋯⋯⋯⋯⋯⋯⋯⋯⋯⋯⋯⋯⋯⋯⋯⋯⋯⋯⋯⋯⋯⋯⋯⋯⋯⋯⋯ 296

参考文献 ⋯⋯⋯⋯⋯⋯⋯⋯⋯⋯⋯⋯⋯⋯⋯⋯⋯⋯⋯⋯⋯⋯⋯⋯⋯⋯⋯ 297

第一章 市政工程施工准备与组织

第一节 市政工程施工准备

一、施工准备工作的内容及要求

（一）施工准备工作的意义

工程建设是创造物质财富的关键途径之一，它在我国国民经济中占据着重要的地位。整个工程建设的过程分为三个主要阶段：决策阶段、实施阶段及项目完成后的评估阶段。实施阶段进一步细分为设计前准备、设计、施工、投入使用前的准备及保修等多个阶段。

施工准备工作是确保工程能够顺利进行的关键环节，它涉及开工前必须完成的各项准备活动。这些活动包括为施工提供必要的技术、物资、人力资源、现场条件和外部组织协调，以及统筹规划施工现场，确保工程能够高效、经济、安全地进行。

无论是大型建设项目还是单一工程，甚至是单个单位工程及其内部的分部、分项工程，在正式施工前都必须完成施工准备。这不仅是施工阶段的关键环节，也是施工管理的重要组成部分。施工准备的主要目标是为正式施工创造有利条件。

施工准备工作的充分与否会直接影响整个工程的施工过程。充分重视并积极完成准备工作可以为项目的顺利进展创造条件，而忽视这一阶段则可能导致后续施工的困难和损失，甚至可能引发施工停滞和质量安全事故等不良后果。

（二）施工准备工作的分类

1.按施工项目施工准备工作范围的不同分类

（1）全场性施工准备

全局性施工准备涉及对整个市政项目或单个施工现场的全面施工准备活动。这类准备工作的特点在于，其目标和内容都服务于全局性的施工需求。不仅需要为整体施工活动创造优越条件，还需同时考虑各个单位工程施工条件的准备需求。

（2）单位工程施工条件准备

针对单个构筑物的施工条件准备，专注于为该特定工程提供必要的施工条件。这种准备工作的核心在于，其目的和内容完全是满足特定单位工程的施工需求。这不仅包括为单位工程开工前的全面准备，还涉及为其下属的分部分项工程提供相应的施工准备支持。

（3）分部（分项）工程作业条件准备

分部或分项工程的作业条件准备专注于为单个分部、分项工程或冬雨季节的施工项目提供必要的作业环境。这是施工过程中基本的准备活动。

2.按施工阶段分类

（1）开工前施工准备

它是在拟建工程正式开工之前所进行的一切施工准备工作，为拟建工程正式开工创造必要的施工条件。它既可能是全场性的施工准备，也可能是单位工程施工条件准备。

（2）各分布分项工程施工前准备

施工准备工作是在正式开工后，每个分部分项工程施工前所进行的全部准备活动。这些工作旨在为每个分部分项工程的顺畅施工提供必要条件，也被称为施工期间的常规准备工作或作业条件的施工准备。它既有局部性和短期性的特点，又是一个持续的过程。

总的来说，施工准备工作不仅仅在开工前进行，而且贯穿于整个施工过程。随着工程的推进，每个分部分项工程施工前都需要进行相应的准备。这些准备工作既要分阶段进行，又要保持连贯性。因此，施工准备必须有计划、有步骤地展开，伴随整个项目建设过程。在项目施工中，首先，准备工作必须达到开工的必要条件；其次，随着施工的进展和技术资料的完善，应不断加强施工准备工作。

（三）施工准备工作的基本内容

建设项目施工准备工作按其性质和内容分类，通常包括技术资料准备、施工物资准备、劳动组织准备、施工现场准备等几个方面。准备工作的内容如表1-1。

表1-1　施工准备工作内容工作知识拓展

分类	准备工作内容
技术资料准备	熟悉、审查施工图纸；调查研究、搜集资料；编制施工组织设计；编制施工图预算和施工预算
施工物资准备	建筑材料准备；构配件、制品的加工准备；建筑安装机具的准备；生产工艺设备的准备
劳动组织准备	建立拟建工程项目的领导机构；建立精干的施工队伍；组织劳动力进场，对施工队伍进行各种教育；对施工队伍及工人进行施工计划和技术交底；建立健全各项管理制度
施工现场准备	三通一平；施工场地控制网测设；临时设施搭设；现场补充勘探；建筑材料、构配件的现场储存、堆放；组织施工机具进场、安装、调试；做好冬雨季现场施工准备，设置消防

（四）施工准备工作的基本要求

1.施工准备工作要有明确的分工

（1）建设单位需负责主要专用设备和特殊材料的采购，处理征地事宜，获取建筑许可证，清理施工现场障碍物，并确保施工场地外部的道路、水源、电源等基础设施的接通。

（2）设计单位的职责主要包括完成施工图的设计工作及编制设计概算等相关任务。

（3）施工单位的主要任务是对整个建设项目的施工进行分析和部署，进行必要的调查研究，收集相关资料，制订施工组织设计方案，并进行相应的施工准备工作。

2.施工准备工作应分阶段、有计划地进行

施工准备应按阶段、有序、计划性和分步骤地执行。这些工作不应仅限于施工开始前的集中准备，而应贯穿整个施工流程。随着工程施工的持续进行，每个分部分项工程的准备工作也需要分阶段、有序、计划性和分步骤地展开。为确保施工准备按时完成，应根据施工进度的要求，制订相应的准备工作计划，并随工程进展适时组织实施。

3.施工准备工作要有严格的保证措施

（1）施工准备工作责任制度。

（2）施工准备工作检查制度。

（3）坚持基建程序，严格执行开工报告制度。

4.开工前要对施工准备工作进行全面检查

在单位工程的施工准备工作基本完成后，需进行全面的检查。检查合格且满足开工条件时，应向相关上级部门递交开工报告，并在获得批准后开始施工。单位工程开工所需满足的条件包括：

（1）施工图纸经过会审，且有相关的会审记录。

（2）施工组织设计已通过审核并批准，且已完成相关交底。

（3）已制定并审定施工图预算和施工预算。

（4）施工合同已签署完毕，施工许可证也已办理。

（5）现场障碍物已拆除或移走，场内的"三通一平"工作基本完成，符合施工需求。

（6）永久或半永久的平面测量和高程测量控制点已建立，建筑物或构筑物的定位放线工作基本完成，满足施工需要。

（7）施工现场的临时设施按设计要求已搭建，基本符合使用需求。

（8）工程所需材料、构件、制品和机械设备已订购并陆续进场，满足开工和连续施工需求；初期施工机具已安装完毕并试运行，确保正常使用。

（9）施工队伍已落实，已进行或正在进行必要的进场教育和技术交底，已调至现场或准备进场。

（10）已制定现场安全施工规程，设置了安全宣传牌，安全消防设施已准备就绪。

二、技术资料准备

（一）熟悉、审查施工图纸和有关的设计资料

1.熟悉、审查设计图纸的目的

（1）要深入理解设计意图、结构特性、技术规范和质量标准，避免施工过程中的指导性错误，以确保根据设计图纸顺畅施工，并生产出满足设计要求的最终工程产品。

（2）审查过程中发现的设计图纸的问题和错误应在施工前进行纠正，提供一套准确、完整的设计图纸，以便及时修正，确保工程施工的顺利进行。

（3）结合实际情况，提出建设性的建议和协调相关施工事宜，以保证工程质量和安全，同时减少工程成本和缩短工期。

（4）在工程开工前，确保参与施工技术和管理的工程技术人员充分理解和掌握设计图纸的设计意图、结构特征和技术要求。

2.熟悉、审查施工图纸的依据

（1）建设单位和设计单位提供的初步设计或扩大初步设计（技术设计）、施工图设计、总平面图、土方竖向设计和城市规划等资料文件。

（2）调查、搜集的原始资料。

（3）设计、施工验收规范和有关技术规定。

3.熟悉施工图纸的重点内容和要求

（1）检查预定工程的地点和总平面图是否与国家、城市或地区的规划相吻合，并确保市政工程或建筑物的设计功能和使用要求符合卫生、防火和城市美化的标准。

（2）审核设计图纸的完整性和一致性，并确认设计内容和资料是否遵循国家关于工程建设的设计和施工的方针及政策。

（3）核对设计图纸和说明书内容的一致性，检查设计图纸及其组成部分之间是否存在矛盾或错误。

（4）审核总平面图与其他结构图在几何尺寸、坐标、标高和说明等方面的一致性，以及技术要求的正确性。

（5）审查地基处理和基础设计是否与工程地点的水文、地质等条件相符，以及市政工程与地下建筑物或构筑物、管线之间的关系。

（6）明确工程的结构形式和特点，复查主要承重结构的强度、刚度和稳定性，审查设计图纸中复杂、施工难度大或技术要求高的部分，检查现有施工技术和管理水平能否满足工期和质量要求，并采取相应的技术措施以确保。

（7）确定建设工期、分阶段投产或交付使用的顺序和时间表，以及工程所需主要材料、设备的数量、规格、来源和供货日期。

（8）明确建设、设计和施工各单位之间的协作关系，以及建设单位能提供的施工条件。

4.熟悉、审查设计图纸的程序

（1）自审阶段

收到拟建工程的设计图纸和相关技术文件后，施工单位应立即组织相关工程技术人员，使其熟悉并自审图纸，并记录自审图纸的过程。这些记录应包括对设计图纸的任何疑问以及对设计图纸的相关建议。

（2）会审阶段

通常情况下，建设单位主持设计图纸的会审，设计单位和施工单位参与其中，形成一个三方会审的过程。在图纸会审中，首先由设计单位的主要设计人员向与会者解释拟建工程的设计依据、意图和功能要求，同时提出特殊结构、新材料、新工艺和新技术的设计要求。接下来，施工单位根据自审记录和对设计意图的理解，提出对设计图纸的疑问和建议。最后，在三方达成共识的基础上，对讨论的问题逐一记录，形成"图纸会审纪要"。这一纪要由建设单位正式起草，各参与单位进行共同会签和盖章，成为与设计文件同时使用的技术文件和施工指南。此外，该纪要还作为建设单位与施工单位进行工程结算的依据，并纳入工程预算和工程技术档案中。

（3）现场签证阶段

在拟建工程施工的过程中，若发现施工条件与设计图纸不符、图纸中存在错误、材料规格或质量无法满足设计要求，或者施工单位提出了合理建议需要及时修订设计图纸时，应按照技术核定和设计变更的签证制度，在施工现场进行图纸的签证。若设计变更的内容

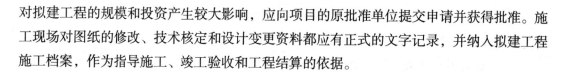

对拟建工程的规模和投资产生较大影响，应向项目的原批准单位提交申请并获得批准。施工现场对图纸的修改、技术核定和设计变更资料都应有正式的文字记录，并纳入拟建工程施工档案，作为指导施工、竣工验收和工程结算的依据。

（二）调查研究、收集必要的资料

1.施工调查的意义和目的

通过对原始资料的调查分析，可以为编制出合理、符合客观实际的施工组织设计文件提供全面、系统、科学的依据；为图纸会审、编制施工图预算和施工预算提供基础；为施工企业管理人员进行经营管理决策提供可靠支持。

施工调查分为两个部分，分别是投标前的施工调查和中标后的施工调查。投标前的施工调查旨在了解工程条件，为制定投标策略和报价提供服务。而中标后的施工调查则旨在查明工程环境特点和施工条件，为选择施工技术与组织方案收集基础资料，作为准备工作的依据。中标后的施工调查是建设项目施工准备工作的重要组成部分。

2.施工调查的步骤

（1）拟订调查提纲

进行原始资料调查时，应该有计划且目的明确。在调查工作开始之前，根据拟建工程的性质、规模、复杂程度等相关内容，以及当地的原始资料，制定原始资料调查提纲。

（2）确定调查收集原始资料的单位

向建设单位、勘查单位和设计单位调查收集资料，包括但不限于工程项目的计划任务书、选址依据、工程地质、水文地质勘察报告、地形测量图，初步设计、扩大初步设计、施工图及工程概预算资料。同时，向当地气象台（站）获取有关气象资料；向当地主管部门收集现行有关规定和对工程项目有指导性的文件。此外，了解类似工程的施工经验，建筑材料供应情况、构（配）件、制品的加工能力和供应情况，以及能源、交通运输、生活状况、参与施工单位的能力和管理状况等信息。对于缺少的资料，应委托相关专业部门进行补充；对存在疑点的资料要进行复查或重新核定。

（3）进行施工现场实地勘查

进行原始资料调查时，不仅需要向相关单位收集资料以了解相关情况，还需要前往施工现场进行实地调查，必要时进行实际的勘测工作。此外，还应与周围居民交流、调查，并核实书面资料中存在的疑问或不确定的问题，以确保调查资料更加全面和贴近实际，同时增进感性认知。

（4）科学分析原始资料

对于科学分析调查中获取的原始资料，需要确认其真实性，进行去伪存真、去粗取精的处理，进行分类汇总。结合工程项目实际情况，对原始资料逐项进行详细分析，以找出

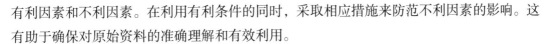

有利因素和不利因素。在利用有利条件的同时，采取相应措施来防范不利因素的影响。这有助于确保对原始资料的准确理解和有效利用。

3.施工调查的内容

（1）调查有关工程项目特征与要求的资料

①向建设单位和主体设计单位获取可行性研究报告、工程地址选择、扩大初步设计等方面的资料，以深入了解建设目的、任务和设计意图。

②明确设计规模和工程特点。

③详细了解生产工艺流程、工艺设备的特点及其来源。

④了解工程分期、分批施工的情况，掌握配套设施交付使用的顺序要求、图纸交付时间，以及工程施工的质量要求和技术难点等。

（2）调查施工场地及附近地区自然条件方面的资料

对于建设地区的自然条件调查，主要涵盖建设地点的气象、地形、地貌、工程地质、水文地质、场地周围环境、地上障碍物和地下的隐蔽物等情况。这些资料主要来源于当地的气象台（站）、工程项目的勘察设计单位和主体设计单位，以及施工单位进行施工现场调查和勘测的结果。其主要作用是为确定施工方法和技术措施，制订施工组织计划，设计施工平面布置及工程的顺利进行提供坚实的基础。

（3）建设地区技术经济条件调查

①进行地方建筑生产企业调查，其中主要包括建筑构件厂、木工施工现场准备，以及厂、金属结构厂、硅酸盐制品厂、砖厂、水泥厂、白灰厂和建筑设备厂等。相关资料主要来源于当地计划、经济及建筑业管理部门，其主要目的是确定材料、构（配）件、制品等的货源、供应方式，并提供依据用于编制运输计划、规划场地和临时设施等。

②进行地方资源条件调查，主要涵盖碎石、砾石、块石、砂石和工业废料（如矿渣、炉渣和粉煤灰）等。该调查的目的在于合理选择地方性建材，以降低工程成本。

③进行地方交通运输条件的调查，主要涉及水运、铁路运输、公路运输及其他运输方式。该调查的主要数据来源于当地铁路、公路、水运、航空运输管理部门的相关业务部门，其作用是决定材料和设备的运输方式，并组织运输业务。

④进行水、电、蒸汽条件的调查，其中，水、电和蒸汽是施工不可缺少的条件。相关资料主要来自当地城市建设、电业、电信等管理部门和建设单位，其主要用途是为选用施工用水、用电和供蒸汽方式提供依据。

（4）社会生活条件调查

进行生活设施调查的目的是建立职工生活基地，并确定临时设施的依据。主要内容包括：

①周围地区可供施工利用的房屋类型、面积、结构、位置、使用条件及满足施工需求

的程度。

②附近主副食供应、医疗卫生、商业服务条件。

③公共交通、邮电条件、消防治安机构的支援能力。这些调查在新开拓地区的施工中尤为重要。

④调查附近地区机关、居民、企业的分布状况，了解作息时间、生活习惯和交通情况。同时，考虑施工时吊装、运输、打桩、用火等作业可能带来的安全问题和防火问题。调查还包括振动、噪声、粉尘、有害气体、垃圾、泥浆、运输散落物等对周围居民的影响及相应的防护要求。此外，需要关注工地内外的绿化、文物古迹的保护要求。

（5）其他调查

如果涉及国际工程、国外施工项目，那么调查内容要更加广泛，如汇率，进出海关的程序与规则，项目所在国的法律、法规和经济形势、业主资信等情况都要进行详细的了解。

（三）编制施工组织设计

为了确保复杂的市政工程各项工作能够在施工中合理安排并有序进行，必须精心进行施工组织工作和计划安排。施工组织设计是基于设计文件、工程情况、施工期限及施工调查资料，制定施工方案的过程。其内容包括各项工程的施工期限、施工顺序、施工方法、工地布置、技术措施、施工进度，以及劳动力的调配、机器、材料和供应日期等方面的考虑。

由于市政工程生产的技术经济特点，每个工程都缺乏通用定型的、一成不变的施工方法。因此，每个市政工程项目都需要独立确定施工组织方法，即编制独特的施工组织设计，作为组织和指导施工的关键依据。

（四）编制施工图预算和施工预算

1.编制施工图预算

施工图预算是技术准备工作的主要组成部分之一，根据施工图确定的工程量、施工组织设计所制定的施工方法、工程预算定额及其取费标准而制定的。它是由施工单位编制的用于确定工程造价的经济文件。这一文件对施工企业在签订工程承包合同、进行工程结算、获取建设银行拨付工程款、进行成本核算及加强经营管理等方面的工作提供了重要依据。

2.编制施工预算

施工预算是根据施工图预算、施工图纸、施工组织设计或施工方案，以及施工定额等文件进行编制的，直接受施工图预算的控制。它在施工企业内部用于控制各项成本支出、进行用工考核、"两算"对比、签发施工任务单、限额领料，以及在基层进行经济核算。

施工图预算与施工预算之间存在明显差异。施工图预算是由甲乙双方确定的预算单价和涉及经济联系的技术经济文件，而施工预算则是施工企业内部进行经济核算的依据。施工图预算与施工预算进行"两算"对比，是促进施工企业降低物资消耗、增加积累的重要手段。

三、施工物资准备

（一）物资准备工作的内容

1.材料的准备

材料的准备主要是根据施工预算进行分析，依据施工进度计划的要求，按照材料的名称、规格、使用时间、材料储备定额和消耗定额进行综合汇总。这样，可以编制出材料需要量计划，为组织备料，确定仓库、场地堆放所需的面积，以及组织运输等提供有效依据。

2.构配件、制品的加工准备

基于施工预算所提供的构配件和制品的名称、规格、质量和消耗量信息，确定相应的加工方案、供应渠道及进场后的储存地点和方式。在此基础上，编制出所需数量计划，以便为组织运输、确定堆场面积等提供依据。

3.施工机具的准备

依据采用的施工方案，制定施工进度安排，明确施工机械的类型、数量和进场时间。同时，确定施工机具的供应方式及进场后的存放地点和方式。通过这些信息，编制工艺设备的需求量计划，以支持组织运输和确定堆场面积等工作的进行。

4.生产工艺设备的准备

根据拟建工程的生产工艺流程和工艺设备的布置图，列出工艺设备的名称、型号、生产能力及需求量。明确分期分批的进场时间和保管方式，编制工艺设备的需求量计划，以便支持组织运输和确定进场面积等方面的决策。

（二）物资准备工作的程序

物资准备工作的程序是确保物资准备的重要手段，通常按照以下步骤进行：

（1）根据施工预算、分部（分项）工程施工方法和施工进度的安排，制订外拨材料、地方材料、构（配）件及制品、施工机具和工艺设备等物资的需求量计划。

（2）根据各种物资需求量计划，组织货源，确定加工、供应地点和供应方式，并签订物资供应合同。

（3）依据各种物资的需求量计划和合同，制订运输计划和运输方案。

（4）按照施工总平面图的要求，组织物资按计划时间进场，在指定地点和规定方式进行储存或堆放。

（三）物资准备的注意事项

（1）未提供出厂合格证明或未按规定进行复验的原材料，以及不合格的构配件，均不得进场和使用。必须严格执行施工物资的进场检查验收制度，以杜绝假冒伪劣产品进入施工现场。

（2）在施工过程中，应注意查验各种材料和构配件的质量及使用情况。对于不符合质量要求、与原试验检测品种不符或存在怀疑的情况，应提出复试或化学检验的要求。

（3）现场配制的混凝土、砂浆、防水材料、耐火材料、绝缘材料、保温隔热材料、防腐蚀材料、润滑材料及各种掺合料、外加剂等，在使用前必须由试验室确定原材料的规格和配合比，并制定相应的操作方法和检验标准后方可使用。

（4）进场的机械设备必须进行开箱检查验收，产品的规格、型号、生产厂家和地点、出厂日期等必须与设计要求完全一致。

四、劳动组织准备

（一）建立拟建工程项目的领导机构

建立拟建工程项目的领导机构应遵循以下原则：根据拟建工程项目的规模、结构特点和复杂程度，确定拟建工程项目施工的领导机构人选和名额；坚持合理分工与密切协作相结合；将有施工经验、创新精神、工作效率高的人选纳入领导机构；从施工项目管理的总目标出发，根据目标制定事务，根据事务设定机构定编制，按照编制设立岗位并确定人员，以职责明确制度授权。对一般的单位工程，可以配置项目经理、技术员、质量员、材料员、安全员、定额统计员、会计各一名；对于大型的单位工程，可以为项目经理配备副职，技术员、质量员、材料员和安全员的人数应适当增加。

（二）建立精干的施工队组

施工队组的建立要认真考虑专业、工程的合理配合，技工、普工的比例要满足合理的劳动组织，专业工种工人要持证上岗，要符合流水施工组织方式的要求，确定建立施工队组，要坚持合理、精干高效的原则；人员配置要从严控制二、三线管理人员，力求一专多能、一人多职，同时制订出该工程的劳动力需要量计划。施工队伍主要有基本、专业和外包施工队伍三种类型。

（1）基本施工队伍是施工企业组织施工生产的主力，应根据工程的特点、施工方法和流水施工的要求适当选择劳动组织形式。土建工程施工一般采用混合施工班组较好，其特点是：人员配备少，工人以本工种为主，兼做其他工作，施工过程之间搭接比较紧凑，劳动效率高，也便于组织流水施工。

（2）专业施工队伍主要用来承担机械化施工的土方工程、吊装工程、钢筋气压焊施工和大型单位工程内部的机电安装、消防、空调、通信系统等设备安装工程，也可将这些专业性较强的工程外包给其他专业施工单位来完成。

（3）外包施工队伍主要用来弥补施工企业劳动力的不足。随着建筑市场的开放、用工制度的改革和施工企业的"精兵简政"，施工企业仅靠自己的施工力量来完成施工任务已远远不能满足需要，因而将越来越多地依靠组织外包施工队伍来共同完成施工任务。外包施工队伍大致有三种形式：独立承担单位工程施工、承担分部分项工程施工和参与施工单位施工队组施工，以前两种形式居多。施工经验证明，无论采用哪种形式的施工队伍，都应遵循施工队组和劳动力相对稳定的原则，以利于保证工程质量和提高劳动效率。

（三）组织劳动力进场，妥善安排各种教育，做好职工的生活后勤保障准备

施工前，企业应对施工队伍进行劳动纪律、施工质量及安全教育，注重文明施工。此外，还需进行职工、技术人员的培训工作，确保达到标准后再上岗操作。

同时，特别重视职工的生活后勤服务保障准备。需要建设必要的临时房屋，解决职工居住、医疗卫生、文化生活和生活用品供应等基本问题。在不断提高职工物质文化生活水平的同时，也要改善工人的劳动条件，包括通风、照明、防雨（雪）、取暖、降温等方面。重视职工的身体健康是维护职工队伍稳定，确保施工顺利进行的基本因素。

（四）向施工队组、工人进行施工组织设计、计划和技术交底

施工组织设计、计划和技术交底的目的是向施工队组和工人详细说明拟建工程的设计内容、施工计划及施工技术等要求。这是贯彻计划和技术责任制的有效手段。

施工组织设计、计划和技术交底应在单位工程或分部分项工程开工前及时进行，以确保工程严格按照设计图纸、施工组织设计、安全操作规程和施工验收规范等要求进行施工。

交底的内容包括工程的施工进度计划、月（旬）作业计划；施工组织设计，尤其是施工工艺、质量标准、安全技术措施、降低成本措施和施工验收规范的要求；新结构、新材料、新技术和新工艺的实施方案和保证措施；图纸会审中所确定的有关部门的设计变更和技术核定等事项。交底工作应逐级进行，由上而下直到工人队组。交底的方式包括书面形

式、口头形式和现场示范形式等。

队组和工人在接受施工组织设计、计划和技术交底后，应组织成员进行认真的分析研究，明确关键部位、质量标准、安全措施和操作要领。必要时进行示范，并建立健全岗位责任制和保证措施，确保任务明确，分工协作有序。

（五）建立健全各项管理制度

工地的各项管理制度是否建立、健全，直接关系施工活动能否有序进行。缺乏规范的管理制度将带来严重的后果，而缺乏可依循的规章制度更为危险。因此，必须确立并完善工地的各项管理制度，包括但不限于以下方面：

（1）工程质量检查与验收制度；

（2）工程技术档案管理制度；

（3）材料（构件、配件、制品）的检查验收制度；

（4）技术责任制度；

（5）施工图纸学习与会审制度；

（6）技术交底制度；

（7）职工考勤、考核制度；

（8）工地及班组经济核算制度；

（9）材料出入库制度；

（10）安全操作制度；

（11）机具使用保养制度。

这些管理制度的建立和健全将有助于确保工地管理有序，提高施工质量，保障安全操作，实现经济核算的有效性。

五、施工现场准备

（一）拆除障碍物，现场"三通一平"

1.平整施工场地

施工现场的平整工作是按照总平面图确定的。首先，通过测量并计算出挖土和填土的数量，制订土方调配方案，然后组织人力或机械进行平整工作。

如果拟建场地内存在旧建筑物，则必须进行拆迁工作。同时，需要清理地面上的各种障碍物，例如树根等。特别要注意地下管道、电缆等情况，对它们必须采取可靠的拆除或保护措施。

2.修通道路

施工现场的道路是组织大量物资进场的运输动脉，为确保建筑材料、机械、设备和构件尽早进场，必须先修通主要干道及必要的临时性道路。为了降低工程费用，应尽量利用已有的道路或结合正式工程的永久性道路。为了在施工期间不损坏路面并加快修路速度，可以首先进行路基建设，待施工完毕后再进行路面施工。

3.水通

施工现场的水务包括给水和排水两个方面。施工用水涉及生产和生活用水，其布局应按照施工总平面图的规划进行安排。施工给水设施应尽可能利用永久性给水线路。在铺设临时管线时，需兼顾满足生产用水点的需求和使用方便，同时尽量缩短管线长度。

施工现场的排水同样至关重要，尤其是在雨季，排水问题可能影响施工的顺利进行。因此，必须有组织地进行排水工作，以确保施工的顺利进行。

4.电通

根据各类施工机械的用电量和照明的用电需求，进行配电变压器的计算，并与供电部门联系。按照施工组织设计的要求，设置连接电力干线的工地内外临时供电线路和通信线路。在执行这一过程中，必须特别注意对建筑红线内，以及现场周围不准拆迁的电线和电缆进行妥善的保护。

此外，还需考虑到供电系统供电不足或无法供电的情况，为满足施工工地对连续供电的需求，应考虑使用备用发电机。

（二）交接桩及施工定线

施工单位中标后，必须及时与设计和勘察单位协调进行交接桩工作。交接桩工作主要涉及控制桩的坐标、水准基点桩的高程，线路的起始桩、直线转点桩、交点桩及其护桩，曲线和缓和曲线的终点桩，大型中线桩，以及隧道的进口和出口桩。交接桩的过程应当有经过各方签字的书面文件，并妥善存档。

（三）做好施工场地的测量控制网

根据设计单位提供的工程总平面图及城市规划部门给定的建筑红线桩或控制轴线桩和标准水准点，进行测量和放线工作。在施工现场范围内建立平面控制网和标高控制网，并保护这些桩位；同时，测定建筑物、构筑物的定位轴线、其他轴线和开挖线，并对这些桩位进行保护，以作为施工的依据。这项工作通常在土方开挖之前进行，在施工场地内设置坐标控制网和高程控制点来实现，网点需根据工程范围和控制精度的要求进行设置。

测量和放线是确定拟建工程平面位置和标高的关键步骤，必须认真负责，确保精度，防止出现差错。为此，施测前应对测量仪器、钢尺等进行检验和校正，了解设计意

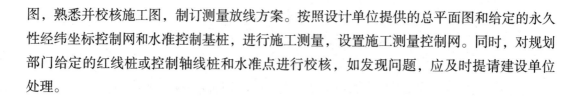

图，熟悉并校核施工图，制订测量放线方案。按照设计单位提供的总平面图和给定的永久性经纬坐标控制网和水准控制基桩，进行施工测量，设置施工测量控制网。同时，对规划部门给定的红线桩或控制轴线桩和水准点进行校核，如发现问题，应及时提请建设单位处理。

（四）临时设施的搭设

为了确保施工的便利和安全，在指定的施工用地周边，应设置围挡，并确保围挡的形式和材料符合当地管理部门的相关规定和要求。在主要出入口处应设置标牌，明确标示工程名称、施工单位、工地负责人等信息。所有施工现场所需的生产、办公、生活、福利等临时设施，必须经规划、市政、消防、交通、环保等相关部门审查批准，并按照施工平面图中确定的位置和尺寸进行搭设，严禁乱搭乱建。

各类生产、生活所需的临时设施，包括仓库、混凝土搅拌站、预制构件场、机修站、各种生产作业棚、办公用房、宿舍、食堂、文化生活设施等，必须按照批准的施工组织设计规定的数量、标准、面积、位置等要求有序修建。对于大、中型工程，可以分批分期进行修建。

此外，在考虑搭设施工现场临时设施时，应尽量利用原有建筑物，以减少临时设施的数量，从而实现用地节约和投资节省的目标。

除了上述准备工作外，还需要完成以下现场准备工作：

1.进行施工现场的补充勘探

补充勘探的目的是进一步发现枯井、防空洞、古墓、地下管道、暗沟、枯树根及其他问题坑等，以确保准确了解其位置，并及时拟订处理方案。

2.进行材料、构（配）件的现场储存和堆放

按照材料和构（配）件的需求计划，组织它们进场，并按照施工平面图规定的地点和范围进行储存和堆放。

3.组织施工机具进场，并进行安装和调试

根据计划组织施工机具进场，将其安置在规定的地点或仓库，对于固定的机具进行就位、搭棚、接电源、保养和调试等工作。在正式开工之前，必须对所有施工机具进行检查和试运转。

4.进行冬期施工的现场准备，设置消防和保安设施

根据施工组织设计的要求，实施冬、雨期施工所需的临时设施和技术措施。同时，根据施工总平面图的布置，建立消防和安保等机构，并制定相关规章制度，布置和安排好相应的消防和安保措施。

第二节　市政工程施工组织

一、市政工程的基础理论

（一）市政工程概念

市政工程是在以城市（城、镇）为基点的范围内，旨在满足经济、生产、文化和人民生活的需求，并为其提供服务的公共基础设施建设工程。市政工程是一个相对的概念，与建筑工程、安装工程、装饰工程等一样，都是以工程实体对象为标准相互区分的，都属于建设工程的范畴。

（二）市政工程建设的特点

市政工程建设的特点，主要表现在以下几个方面：

（1）单项工程投资大，一般工程在千万元左右，较大工程要在亿元以上。

（2）产品具有固定性，工程建成后不能移动。

（3）工程类型多，工程量大。如道路、桥梁、隧道、水厂，泵站等类工程都有，而且工程量很大；又如城市快速路、大型多层立交、千米桥梁逐渐增多，土石方数量也很大。

（4）点、线、片形工程都有，如桥梁、泵站是点形工程，道路、管道是线形工程，水厂、污水处理厂是片形工程。

（5）结构复杂而且单一。每个工程的结构不尽相同，特别是桥梁，污水处理厂等工程更是复杂。

（6）干、支线配合，系统性强。如道路、管网等工程的干线要解决支线流量问题，而且成为系统，否则相互堵截排流不畅。

（三）市政工程施工的特点

市政工程施工特点，主要表现在以下几个方面：

（1）施工生产的流动性。

（2）施工生产的一次性。产品类型不同，设计形式和结构不同，再次施工生产各有不同。

（3）工期长、工程结构复杂，工程量大，投入的人力、物力、财力多。由开工到最终完成交付使用的时间较长，一个单位工程要施工几个月，长的要施工几年才能完成。

（4）施工的连续性。开工后，各个工序必须根据生产程序连续进行，不能间断，否则会造成很大的损失。

（5）协作性强。需有地上、地下工程的配合，材料、供应、水源，电源、运输以及交通的配合与工程附近工程、市民的配合，彼此需要协作支援。

（6）露天作业。由于产品的特点，施工生产均在露天作业。

（7）季节性强。气候影响大，春、夏、秋、冬、雨、雾、风和气温低、气温高，都为施工带来很大困难。

总之，由于市政工程的特点，在基本建设项目的安排或是施工操作方面，特别是在制定工程投资或造价方面都必须尊重市政工程的客观规律性，严格按照程序办事。

（四）市政工程在基本建设中的地位

市政工程是国家基本建设的重要组成部分，也是城市的重要组成部分。市政工程包括城市道路、桥涵、路灯、隧道、燃气、给水排水、集中供热及绿化等工程。这些工程由国家投资（包括地方政府投资）兴建，是城市的设施，是为城市生产和人民生活提供服务的公用工程，因此也被称为城市公用设施工程。

市政工程具有建设先行性、服务性和开放性等特点，在国家经济建设中扮演着重要的角色。它不仅解决了城市交通运输和排泄水问题，促进了工农业生产，而且显著改善了城市环境卫生，提高了城市的文明建设水平。在一些国家，市政工程被视为支柱工程、骨干工程。

自改革开放以来，我国各级政府大量投资兴建市政工程，不仅使城市拥有了发达的道路网络、完善的给水排水系统、大面积的绿地，丰富的水源和充足的电源，巩固了堤防，还逐步兴建了煤气、暖气管道、集中供热和供气系统。这使市政工程不仅为工农业生产、人民生活和交通运输提供了服务，还为城市文明建设做出了很大的贡献。市政工程有效地促进了工农业生产的发展，改善了城市环境，美化了市容，使城市焕然一新。其环境效益、经济效益和社会效益不断提高。

二、市政工程项目与施工建设程序

（一）市政工程项目的概念

1.项目

项目是在一定的约束条件下（资源条件、时间条件）进行的、具有明确目标的有组织

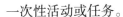

一次性活动或任务。

项目具有以下特点：

（1）一次性和独特性

每个项目都是独特的，即使在相似领域也没有完全相同的项目，这体现了项目的一次性和独特性。

（2）目标的明确性

项目必须按照合同约定，在规定的时间和预算内完成符合质量标准的工作任务。没有明确的目标就不能称之为项目。

（3）整体性

项目是一个整体，协调组织活动和配置生产要素时必须考虑整体需要，以提高项目的整体优化。

2.市政工程项目

市政工程项目是指为完成依法立项的新建、改建、扩建的各类城市基础设施而进行的一次性建设工作或任务，受到一定的约束（资源、时间、质量）。它具有庞大性、固定性、多样性和持久性等特点。

（二）市政工程项目的组成

市政工程项目按其构成的大小可分为单项工程、单位工程、分部工程、分项工程和检验批。

1.单项工程

单项工程是指具有独立设计文件，能够独立组织施工，竣工后可以独立发挥生产能力和经济效益的工程，又被称为工程项目。一个市政工程项目可以由一个或多个单项工程组成。例如，市政工程中的道路、立交桥、广场等都可以视为单项工程。

2.单位工程

单位工程是指具有独立设计文件，可以独立施工，但竣工后一般不能独立发挥生产能力和经济效益的工程。一个单项工程通常由若干个单位工程组成。例如，城市道路工程通常包括道路工程、管道安装工程、设备安装工程等单位工程。

3.分部工程

分部工程一般是按单位工程的部位、专业性质来划分的，是单位工程的进一步分解。例如，道路工程可以分为道路路基、道路基层、道路面层、人行道等分部工程。

4.分项工程

分项工程是分部工程的组成部分，一般是按分部工程的施工方法、施工材料、结构构件的规格等不同因素划分的，可以用简单的施工过程完成。例如，道路路基工程可划分为

土方路基、石方路基、路基处理、路肩等分项工程。

5.检验批

分项工程可以由一个或若干个检验批组成，检验批可根据施工及质量控制和专业验收需要按施工段、变形缝等进行划分。

（三）市政工程项目的建设程序

建设程序是指项目在整个建设过程中，从设想、选择、评估、决策、设计、施工到竣工验收、投入生产的各个阶段，必须遵循的先后次序的法则。

目前我国基本建设程序的内容和步骤包括：决策阶段主要包括编制项目建议书和可行性研究报告；实施阶段涵盖设计前的准备阶段、设计阶段、施工阶段、动用前准备和保修阶段；以及项目后评价阶段。

（四）市政工程的施工程序

施工程序是指项目承包人从承接工程业务到工程竣工验收的一系列工作，必须遵循的先后顺序，是市政工程建设程序中的一个阶段。

1.投标与签订合同阶段

在建设单位对建设项目进行设计和建设准备，并具备了招标条件后，发布招标公告或邀请函。施工单位在看到招标公告或邀请函后，做出投标决策并中标签约。本阶段的最终目标是签订工程承包合同，主要进行以下工作：

（1）施工企业从经营战略的角度决定是否投标。

（2）一旦决定投标，就需要从多方面（企业自身、相关单位、市场、现场等）收集信息。

（3）编制既能使企业盈利又有竞争力的标书。

（4）如果中标，则与招标方进行谈判，依法签订工程承包合同，确保合同符合国家法律、法规和国家计划的规定，并遵循平等互利原则。

2.施工准备阶段

在签订施工合同后，应组建项目经理部。以项目经理为主，与企业管理层、建设（监理）单位协调，进行施工准备，使工程具备开工和连续施工的基本条件。本阶段主要进行以下工作：

（1）组建项目经理部，根据需要建立机构，配备管理人员。

（2）编制项目管理实施规划，指导施工项目管理活动。

（3）进行施工现场准备，确保现场具备施工条件。

（4）提出开工报告，并等待批准开工。

3.施工阶段

施工过程是施工程序中的主要阶段，应从施工的整体出发，按照施工组织设计，精心组织施工，加强各单位、各部门的配合与协作，协调解决各方面的问题，以确保施工顺利开展。本阶段主要进行的工作如下所述。

（1）在施工中努力实施动态控制，以保证目标任务的实现。

（2）有效管理施工现场，推行文明施工。

（3）严格遵循施工合同，协调内外关系，妥善处理合同变更及索赔事宜。

（4）认真进行记录、协调、检查和分析工作。

4.验收、交工与决算阶段

验收、交工与决算阶段被称为"结束阶段"，与建设项目的竣工验收阶段同步进行。其目标对内是对成果进行总结、评价，对外是结清债权债务，结束交易关系。本阶段主要进行以下工作：

（1）完成工程结尾阶段。

（2）进行试运转。

（3）进行正式验收。

（4）整理、移交竣工文件，进行工程款结算，总结工作，编制竣工总结报告。

（5）办理工程交付手续。

三、市政工程与市政工程施工的特点

市政工程具有多种多样的特点，但总体而言，它们通常具有体积庞大、整体难分、不能移动等特征。只有对市政工程及其施工特点进行深入研究，才能更好地组织市政工程施工，确保工程质量。

（一）市政工程的特点

1.固定性

市政工程项目按照使用要求在固定地点修建，因此在建造和建成后是无法移动的，例如桥梁、地铁等。

2.多样性

市政工程通常由设计和施工单位按照建设单位（业主）的委托，根据特定要求进行设计和施工。项目的功能要求多种多样，即使功能要求相同，类型相同，但地形、地质等自然条件不同，以及交通运输、材料供应等社会条件不同，施工时施工组织、施工方法也存在差异。

3.庞体性

市政工程体积庞大，对城市的形象有较大影响，因此在规划时必须符合城市规划的要求。

4.复杂性

市政工程在建筑风格、功能、结构构造等方面都比较复杂，其施工工序众多且错综复杂。

（二）市政工程施工的特点

市政工程施工的特点是由市政工程项目自身的特点所决定的。市政工程概括起来具有以下特点：

1.施工的流动性

市政工程的固定性决定了施工时人、机、料等不仅要随着建造地点的改变而改变，而且还要随着施工部位的改变在不同的空间流动。这就要求工程施工有一个周密的施工组织设计，使流动的人、机、料等相互配合，实现连续、均衡施工。

2.施工的单件性

市政工程项目的多样性决定了施工的单件性。不同甚至相同的构筑物，在不同地区、季节及施工条件下，施工准备工作、施工工艺和施工方法等也不尽相同。因此，市政工程只能是单件生产，不能按通用定型的施工方案重复生产。这一特点要求施工组织设计者考虑设计要求、工程特点、工程条件等因素，制订可行的施工组织方案。

3.施工的长期性

市政工程的庞体性决定了其工程量大、施工周期长，因此应科学地组织施工生产，优化施工工期，尽快提高投资效益。

4.施工的综合性

由于市政工程的复杂性，加上施工的流动性和单件性，受自然条件的影响较大。高处作业、立体交叉作业、地下作业及临时用工较多，协作配合关系复杂等因素决定了施工组织与管理的综合性。这就要求施工组织设计要全面考虑，制定相应的技术、质量、安全、节约等保障措施，以避免质量安全事故，确保安全生产。

四、市政工程施工组织设计的作用与分类

（一）施工组织设计的概念及作用

1.施工组织设计的概念

施工组织设计是规划和指导拟建工程从工程投标、签订承包合同、施工准备到竣工验

收全过程的一个综合性技术经济文件。它对拟建工程在人力、物力、时间、空间、技术和组织等方面进行全面、合理的安排，充当了连接工程设计与施工之间的桥梁。作为指导工程项目的全局性文件，施工组织设计需要既体现拟建工程的设计和使用要求，又符合建筑施工的客观规律。因此，它应尽量适应施工过程的复杂性和具体施工项目的特殊性。通过科学、经济、合理的规划安排，确保工程项目施工能够连续、均衡、协调地进行，以满足工程项目对工期、质量、投资等方面的各项要求。

2.施工组织设计的作用

施工组织设计是一份全面性的技术经济文件，旨在指导施工组织与管理、施工准备与实施、施工控制与协调、资源配置与使用等方面。它是对施工活动的全过程进行科学管理的关键工具。

其作用在以下方面得以具体体现：

（1）施工组织设计用于规划和指导拟建工程，覆盖从施工准备到竣工验收的整个过程。

（2）施工组织设计是施工准备工作的核心，也是做好施工准备工作的主要依据。

（3）施工组织设计根据工程的各种具体条件拟订施工方案、施工顺序、劳动组织和技术组织措施等，为进行紧凑有序的施工活动提供了技术依据。

（4）通过施工组织设计，可以有效进行成本控制，降低生产费用，实现更多的利润。

（5）施工组织设计能够将工程的设计与施工、技术与经济、施工全局性规律与局部性规律、土建施工与设备安装、各部门之间、各专业之间有机结合，实现统一协调。

（6）通过制定施工组织设计，可以分析施工中的风险和矛盾，及时研究解决问题的对策和措施，从而提高施工的预见性，减少盲目性。

（二）施工组织设计的分类

1.按编制时间分类

按编制时间的不同可分为两类：一类是投标前编制的施工组织设计（简称"标前设计"），另一类是签订工程承包合同后编制的施工组织设计（简称"标后设计"）。

2.按编制对象分类

按编制对象的不同可分为三类：施工组织总设计、单位工程施工组织设计和分部（分项）工程施工组织设计。

（1）项目施工组织总设计

项目施工组织总设计是以一个项目或一个工程群为编制对象，旨在指导该项目或工程群施工全过程的各项施工活动的技术、经济和组织的综合性文件。通常，项目施工组织总

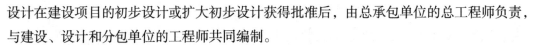

设计在建设项目的初步设计或扩大初步设计获得批准后，由总承包单位的总工程师负责，与建设、设计和分包单位的工程师共同编制。

（2）单位工程施工组织设计

单位工程施工组织设计是以一个单位工程为编制对象，用以指导该单位工程施工过程的各项施工活动的局部性、指导性文件。同时，它也是直接指导单位工程施工活动、编制作业计划和季、月、旬施工计划的依据。单位工程施工组织设计一般在施工图设计完成后、工程开工前，在工程项目技术负责人的指导下进行编制。

（3）分部（分项）工程施工组织设计

分部（分项）工程施工组织设计，又称分部（分项）工程施工作业指导书，是以分部（分项）工程为编制对象，用以具体实施该分部（分项）工程施工全过程的施工活动的技术、经济和组织的实施性文件。通常，在单位工程施工组织设计确定了施工方案后，由施工单位技术员进行编制。

第二章 市政工程生态化建设

第一节 市政公用工程生态化原则

一、自组织与能动性原则

市政公用工程建设活动的全过程，都应尊重自然，保护生态环境，尽可能减小对环境产生的影响。

自然生态系统一直生生不息地为人类提供各种生活资源与条件，满足人们各方面需求。而人类也应在充分有效利用自然资源的前提下，尊重其各种生命形式和发生过程。自然生态具有很强的自我组织、自我协调和自主更新的能力，它是能动的。人类在利用它时，应像对待朋友一样去尊重它，并顺应其发生规律，从而保证自然的自我生存与延续。如城市雨后的流水，刻意地汇集阻截，必将促使其产生强大的反压制力，给相关市政设施造成很大冲击，甚至灾难。如果顺应它的自然径流过程，设计模仿自然式溪流的要素和形式，主动引导并利用它，这不仅可以防涝，而且可以提高城市自然审美品质，增强市民生态意识，同时也可有效地避免资源的浪费和对环境的威胁。

自然是极具有组织和自我设计能力的，自然系统的丰富性和复杂性远远超出人为的设计能力。市政工程生态化就是要开启自然的自组织和自我设计过程。传统的市政公共工程是用新的结构和过程来取代自然，而生态工程则是用自然的结构和过程来设计的。自然系统的这种自我设计能力在污水处理、废弃地的恢复及城市中地带性生物群落的建立等方面都有广泛的应用前景。

二、多样性和充分利用"边缘"原则

市政公用工程生态化多样性原则，是指生物多样性、文化多样性。因为在结构复杂的生态系统中，当某一环节造成能量流动，物质循环障碍时，可以由不同生物种群间的代偿

作用来消除障碍。

（一）生物多样性

生物多样性维持了生态系统的健康和高效，也是人类自我生存所必需的，而保护生物多样性的根本是保持和维护乡土生物与生境的多样性。

如园林绿化工程植物设计，可以科学合理地采用不同的植物种类，建立以自然群落结构为范本的人工植物群落；同时也为植物的生存尽可能创造多样化的生境条件，如通过地形处理创造微地形，不仅创造出优美的视觉效果，形成不同的空间，为喜阳耐阴植物及旱生、湿生、水生植物等不同习性的植物提供适宜的生长环境。植物种类丰富后，某些树种的缺失可由生态系统的补偿作用得以补偿。

（二）文化多样性

生物的多样化是和文化的多样化相连的。各种生态系统导致各种文化。文化、生命形式和栖息地同时演化，保存了在这个地球上生物的多样性和文化的多样性。如都江堰宝瓶口分水工程构思巧妙，虽然没有大的土石方工程，却达到了设计目的，甚至已经有了生态工程的雏形。这些土木工程是当年文明的遗迹和支撑，至今仍给人以启迪。

（三）充分利用"边缘"

空间上的"边缘"指靠近边界的、沿边的部分；时间上的"边缘"指处于存在与消失之间，它存在着多样变化的可能性。具体地说，就是在两个或多个不同的生态系统或景观元素的边缘带，有更活跃的能流和物流，具有丰富的物种和更高的生产力。森林边缘、农田边缘、水体边缘，以及村庄、建筑物的边缘，在自然状态下往往是生物群落最丰富、生态效益最高的地段，边缘带能为人类提供很多的生态服务，如城郊边缘景观既有农业上的功能，又有自然保护和休闲功能。边缘是多样化的，市政工程建设活动要珍惜边缘带的存在。与自然合作的市政工程，要充分利用边缘和生态系统之间的边缘效应，用多样化的设计方法设计多样化的丰富的景观，而不是用生硬的红线抹杀边缘。

边缘效应带群落结构复杂，某些物种特别活跃，其生产力相对较高，边缘效应以强烈的竞争开始，以和谐共生结束，从而使得各种生物由激烈竞争发展为各得其所，相互作用，形成一个多层次、高效率的物质、能量共生网络。

植物边缘效应的概念就是基于不同植物群落之间生物的变异和密度增加而提出的。在边缘地带有新的微观环境，导致生物多样性；边缘地带为生物提供更多的栖息场所和食物来源，允许特殊需求的物种散布和定居，从而有利于异质种群的生存，并增强了居群个体觅食和躲避自然灾害的能力，允许有丰富的生物多样性。

边缘效应造成了生物的多样性和生存环境的复杂性，使处于边缘的生物对外界环境具有更强的适应能力。

城市的中心效应集聚到一定程度，必然向其边缘扩散，使得城市边缘地段，不同经济、不同文化、不同生态环境之间的能量和信息相互交融，从而产生一种新生效能，称之为城市边缘效应。

这种效应在城乡一体化的过程中尤为明显。市政工程还应关注扩大城市人文边缘效应，丰富宜居城市的内涵。

三、整体关联原则

涉及生态系统的市政工程，不是孤立存在的。市政工程的复杂性决定了它必然是一个跨学科的综合门类，需要用整体关联原则加以指导。我国著名学者钱学森提出科学与哲学的结合，他认为当今科学研究的领域往往是一个开放的复杂的系统，为适应这一变化，我们就要坚持整体论。系统是生态系统中整体功能大于部分之和，这在市政工程中意味着从整体上系统考虑场地与所处区域的关系、场地内各元素之间的关系，抓住关键点，协调统一，进行一系列资源的综合管理。作为一个独立生态子系统的市政工程系统同样是动态系统，即园林景观与特定设计地段的生态系统之间的相互作用是动态变化的。建立一个园林景观需要考虑建设及使用全过程，以及与周边环境的生态相互作用。

四、地方性原则

市政工程生态化应"因地制宜"，根植于所在地。一个地方相对于其他地方都有其特有的特征，与一定地区和范围的特定空间相联系，是长期对各自空间环境适应的结果。

（一）利用地方资源

考虑充分利用当地的自然资源如土壤、气候、水体、植被、野生动物等，当地的各种资源在生态位中的作用已经固定，利用它们对维护生态的平衡与发展能起到较好的作用。主要是当地乡土植物和本土建材的使用，它是生态化的一个重要方面。

（二）适应场所的自然过程

市政工程规划设计和工程建设应以场所的自然过程为依据。规划设计的过程就是将带有场所特征的自然因素如阳光、地形、水、风、土壤、植被等整合到项目工程之中，从而维护场所的健康。

五、生态经济原则

市政工程要考虑生态代价，包括资源的消耗，污染的产生及栖息地的丧失等。

每个物体都有它自己的历史。如公园中的一张座椅可能是来自遥远的森林，长途运到某地加工成成品后，运来放置在公园场地中，长年累月后破旧直至变成垃圾，进入处理场。这整个过程中都蕴含着物质，如水、能量和土地的消耗。也就是说，这一张座椅的生态费用都应该作为设计时的考虑因素。一张简单的园林座椅，实际上关联着河流的水质、森林的状态以及山体的水土流失程度。

六、高效能原则

地球资源的严重短缺主要是由于人类长期贪婪获取资源造成的。实现人类生存环境的可持续，必须高效利用能源，尽可能减少包括能源、土地、水、生物资源的使用和消耗，提倡利用废弃的土地、原材料包括植被、土壤、建筑垃圾等服务于新的功能，循环使用。市政工程生态化强调的解决方法是保护、减量、再用、再生。

（一）保护

市政工程在规划设计和建设中应保护与节约资源，特别是不可再生资源。城市发展过程中，如湿地、自然水系、山林等特殊自然景观资源或生态系统，古树、名木、文化古迹等具有历史价值的人文资源都要保护好。

（二）减量

尽可能减少包括能源、土地、水、生物资源的使用，提高使用效率。市政工程规划设计和建设中减少自然资源的消耗，包括节约用地、利用新技术减少材料用量、使用耗能少的材料等，合理地利用自然的过程如光、风、水等，利用生态系统自身的功能减少自然资源的消耗，避免出现大量单一耗能要素。如城市绿化中用林地取代单一耗能的草坪，用乡土树种取代水土不服的外来树种等。

（三）再用

自然界没有废物，凡是健康的生态系统，都有一个完善的食物链和营养级，秋天的枯枝落叶是春天新生命生长的营养。如在城市绿地的维护管理中，返还枝叶、返还地表水补充地下水等就是最直接的生态设计应用。

雨水是重要的淡水资源，现代城市大部分地面为不透水铺面覆盖，遇到暴雨易形成洪涝灾害。如果改为透水铺面，部分雨水被贮积，则可获得可观的水资源。在城市适当地

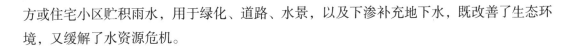

方或住宅小区贮积雨水，用于绿化、道路、水景，以及下渗补充地下水，既改善了生态环境，又缓解了水资源危机。

（四）再生

在自然生态系统中，物质和能量流动是一个头尾相接的周而复始闭合的物质循环。但在现代城市生态系统中，有些流动是单向不闭合的。因此在人们消费和生产的同时，产生了垃圾和废物，造成了对水、大气和土壤的污染。在设计建造市政工程全过程中，应考虑流程具有闭合性，将废弃物变成资源。

七、生态技术原则

生态技术是人类反思传统技术，进行的一种新技术的选择，并从20世纪90年代开始，在世界上迅速形成的一股潮流。生态技术是未来技术发展的一个方向。21世纪是生态技术崛起的世纪，生态技术是实现人与自然、社会和谐发展的技术基础，是建设生态文明的必然选择。

生态原理的应用在技术层面上又可划分为三个层次：低技术、轻技术、高技术。

低技术不通过精确的技术分析，用很少的现代技术手段达到生态化的目的。轻技术是通过新的技术使构筑物更轻、更灵活。高技术是运用当代最新的技术提高能源使用效率，营造舒适宜人的环境。

第二节　市政工程生态化建设策略

一、城镇道路工程

传统的城镇道路工程建设更多关注的是道路的技术指标，主要以满足交通功能要求（如进行道路拓宽和改扩建、干线道路网、立体交叉等），降低建设造价和维护费用、节省交通时间和运行费用，减少交通事故等为目标。这种建设方式易使道路地域的地形改变、沟谷大量消失、植被和生物栖息地遭到破坏、生物多样性减少、地表侵蚀和水土流失严重等。后来虽然运用交通工程技术，如建设声屏障、低噪声路面，结合城市设计规划建设景观道路等，但对生态环境仍造成一定程度的破坏。

第一，城镇道路工程生态化内涵目前没有确切的定义，但描述的内容有共同点。

第二，承认生态保护的重要性。

第三，维护和促进生物系统多样性的发展。

第四，更宽的空间尺度（包括注重景观的发展趋势，避免破碎化），强调可持续性。

随着各级政府的重视和市民环保意识的增强，生态道路工程有了进展，《城市道路工程设计规范》把直接涉及人民生命财产安全、人身健康、节能、节地、节水、节材、环境保护和其他公众利益的，列为强制性条文。因起步较晚，真正实现生态道路，还要走很长的路。

（一）理念性导则

城市道路工程要体现的理念：生态优化；生物多样性；生态恢复；大气、噪声污染控制；动态景观。

《城市道路工程设计规范》体现了坚持以人为本，树立安全至上；坚持人与自然相和谐，树立尊重自然、保护环境；坚持可持续发展，树立节约资源；坚持质量第一，树立公众满意；坚持合理选用技术指标，树立设计创新；坚持系统论的思想，树立全寿命周期成本等理念。

针对城镇道路建设对自然和人类造成的影响，结合国内外相关研究，应作如下思考：城镇道路的生态化，必须加强城市生态规划，必须考虑到城市现在和未来的生态关系和质量，以使城市生态系统持续发展。

首先要有总体上的基础研究，具体到道路规划方面，主要应体现在以下四方面：

（1）合理控制城市地块开发利用，结合现有生态环境考虑城市布局。

（2）控制城市交通有序发展，合理规划城市道路框架。

（3）综合考虑道路总体框架、具体走向对原有生态环境的影响，对道路进行正确定性，合理确定道路红线宽度。

（4）在考虑交通的同时，考虑生态需要，适当增加道路两侧绿带宽度。

在规划中则应该确定合理的道路网密度。诸如车行道数量、横断面设计等，从而确保在规划设计中达到最佳利用率。

（二）技术性导则

技术性导则要思考：尽可能在保证交通流畅合理等要求的条件下，降低城市道路的面积。

城市道路车道设计中，车道不是越宽交通性越好，根据国内外对车道宽度的研究，过宽的车道，非但没有有效地利用道路宽度，反而影响了交通的流畅性。城市道路建设，会增加径流系数（一般高级路面径流系数为0.90，自然地面径流系数仅为0.15～0.30），导致雨水汇流时间缩短，雨水汇入河流湖泊的时间减少，强降雨会给城市带来内涝。

停车场建设是道路建设的一部分，因此尽可能地避免大面积的硬质路面，采用硬质结合绿地的设计方式，也能有效地降低道路面积。为降低道路建设对温度的影响，则应该保证更多的绿地空间，尽可能地保留原有的土地性质，可以考虑多采用地下的方式建设道路。然而地下建设会提高建设成本，所以必须结合经济考虑，但最重要的还是城市未来的可持续发展，所以经济应该是次要因素。采取地下建设的方式，还应该综合考虑道路及地面的排水问题。

临时用地在施工结束后，尽快恢复其原生态功能。施工道路、施工场地、料场等应及时恢复其原有生态植被，即毁林还林、毁田还田。对于取土场，具有复耕条件的要复耕、复植；无复耕条件的，采取防护措施后可做养鱼池、蓄水池。

保护陆生和两栖动物的措施：在植被丰富、动物迁徙繁殖需要的湿地、林地、草场，为了维护野生动物通道或桥涵，保障动物过路，保护它们正常的繁衍生息，增加公路涵洞数量使用动物通道，应设置防护网栏，以防野生动物上路发生交通死亡事故。在有国家保护的野生动物出没的路段，应设置动物标志、减速行驶标志和禁止鸣笛标志。

快捷路系统应按照"扩容、分层、快捷"的建设思路，应用人性化、生态型建设理念，高起点规划，高标准、高要求地设计和建设，取得了多项创新成果，从根本上弥补了路网布局结构的缺陷，显著提高了现有路网的交通效能。

（1）快捷路系统的主要特点

人性化：全线设置了完善的无障碍设施、行人诱导标志指示系统、彩色沥青自行车专用道、智能交通系统等人性化的设施。行人诱导标志指示系统有中英文对照，简明清晰；车行道、彩色沥青自行车专用道及人行道分开设置，智能交通系统为驾驶员提供直观的道路交通可视化信息。

生态型：沿线多以绿化带形成自然的减尘降噪屏障；重视生态绿化对改善城市景观和调节气候的作用，改变了以往种植昂贵草皮和对绿化进行过度人工规则修剪的做法，取而代之的是多种树，形成了层次感强、生物多样性的自然群落式的道路绿化景观带；人行天桥和立交桥也同步进行绿化，立体式绿化进一步增强了道路绿化的景观效果；桥台、挡土墙等也以绿化进行遮挡和覆盖。

（2）快捷路系统的创新

群落式生态绿化。绿化种植注重植物的自然属性。利用绿色植物对混凝土结构进行柔化、绿化、美化，体现了当今国际园林绿化的主流趋势。自然群落式的大面积绿化，"车在林中行、林在城中生"。

下沉式道路取代高架桥。为了克服因修建高架桥而影响城市景观及沿线居民生活，全

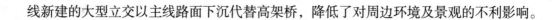

线新建的大型立交以主线路面下沉代替高架桥，降低了对周边环境及景观的不利影响。

二、城市轨道交通工程

（一）理念性导则

随着我国经济实力的逐步增强，很多城市以优先发展地铁为主体的城市轨道交通网络，为构建和谐的城市生态环境、奠定可持续发展的基础发挥了作用。当前，为了更好地规避地铁建设和运营过程中的负面效应，应该把握好如下理念：

1.确定生态道路网设计思路

应用生态学的基本原理，考虑交通与道路发展、土地利用、环境、能源污染的削减、自然资源利用与再生等方面的相互关系，以为实现整体效益的协调统一。

地铁的设计就是要从人、车辆、景观、道路等关键要素出发，考虑各要素在系统中的自然协调和生态平衡，还要研究分析相关地域自然生态、经济生态、社会生态的特点与关系，使其设计成为一个自然的过程。

2.注重地铁建设与地下空间综合开发

地铁单线区间断面一般为5m×7m，车站一般宽20m，长约200m，高18m，在城市地下空间综合开发建设中可以说具有主导地位。因此，在进行地铁建设的同时，一定要把可进入地下的交通、市政、人防、商业、办公、停车在平面和竖向上超前作出统一规划，并加强立法管理，合理利用城市地下空间以扩大城市容量。

（二）技术性导则

地铁施工周期长，施工范围大，土木工程量多，涉及面广。近年来，随着设计方法创新，施工机械改进，地铁综合施工水平有很大提高，但挖掘、打桩、弃土、回填等一系列施工作业，仍不可避免地会给现有交通、街道、管道、河流、树木以及市民的日常生活带来影响，所以应从施工方法与组织管理上综合考虑施工期的环境保护。科学合理选择施工方法，一般来说，地铁暗挖法施工比明挖法施工对环境影响较小（多采用盾构法），但要防止对已有建筑和路面的破坏。明挖法施工要严格噪声控制、减少扬尘、处理好废水和建筑垃圾，做到节能、节地、保护环境和可持续发展。

通过案例应有这几方面的认识：

城市地铁交通项目不同于大铁路工程，线路短、敏感点集中、环境要求高。

城市地铁交通项目主要环境问题是噪声、振动、生态。

同样是地铁项目，不同地区地质条件的不同，其影响也明显不同，评价中应注意把握类比条件。如，广州、上海、北京的地质条件各不相同，不能跨地区类比。

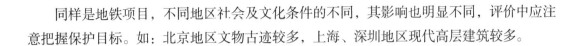

同样是地铁项目，不同地区社会及文化条件的不同，其影响也明显不同，评价中应注意把握保护目标。如：北京地区文物古迹较多，上海、深圳地区现代高层建筑较多。

三、城市园林与绿化工程

（一）城市园林工程

城市园林的概念：我国殷周时期，将蓄养禽兽供狩猎和游赏的境域称为囿和猎苑，中国秦汉时期供帝王游憩的境域称为苑或宫苑，属官署或私人的称为园、园池、宅园等。"园林"一词，最早出现在西晋诗文中，如西晋张翰《杂诗》有"暮春和气应，白日照园林"。唐宋以后，"园林"一词的应用更加广泛，泛指各种游憩境域。

园林工程主要是指地形改造的土方工程，掇山、置石工程，园林理水工程和园林驳岸工程，喷泉工程，园林给水排水工程，园路工程，种植工程等。园林工程的特点是以工程技术为手段，塑造园林艺术的形象。在园林工程中运用新材料、新设备、新技术是当前的重大课题。园林工程的发展方向是：如何在综合发挥园林的生态效益、社会效益和经济效益功能的前提下，处理园林中的工程设施与风景园林景观之间的矛盾。简言之就是探讨市政工程的园林化。

当代，城市园林应理解为泛指城市绿地和风景名胜区，涵盖园林建筑工程、园林假山工程、亲水工程、园林铺装工程、园林绿化工程等，是应用工程技术来表现园林艺术，使地面上的建（构）筑物和园林景观融为一体。

生态园林的概念：生态园林是在传统园林的基础上，遵循生态学的原理，丰富植物群落，建立人与动物、植物相联系的新秩序，应用系统观点发展园林，使生态、社会和经济效益同步和谐发展，为人类创造文明的生态环境。

生态园林所建设的园林绿地系统中，乔木、灌木、草本、藤本植物构成的群落，种群间相互协调，充分利用阳光、空气、土地、养分、水分等，构成一个和谐、有序、稳定的群落，是高层次的城市园林绿化。

生态园林的主要特征：美化环境，创造宜人的城市自然景观。改善和维护环境，如：通过植物的光合、蒸腾、吸收和吸附，调节小气候，防风、降尘、减噪，吸收并转化环境中的有害物质，净化空气、水体等。营造时间、空间、营养结构合理的植物群落，为人们创造赖以生存的生态环境。

国务院《关于加强城市基础设施建设的意见》指出：城市公园建设应结合城乡环境整治、城中村改造、弃置地生态修复等，加大社区公园、街头游园、郊野公园、绿道绿廊等规划建设力度，完善生态园林指标体系，推动生态园林城市建设。加强运营管理，强化公园公共服务属性，严格绿线管制。提升城市绿地功能。设市城市至少建成一个具有一定规模，水、气、电等设施齐备，功能完善的防灾避险公园。结合城市污水管网、排水防涝设施改造建设，通过透水性铺装，选用耐水湿、吸附净化能力强的植物等，建设下沉式绿地及城市湿地公园，提升城市绿地汇聚雨水、蓄洪排涝、补充地下水、净化生态等功能。

1.理念性导则

把园林绿化推向生态园林的新阶段，要注重如下理念：

（1）坚持以"生态平衡"为主导

植物群落是生态园林的主体结构，也是生态园林发挥其生态作用的基础，通过合理地调节和改变园林中植物群落的组成、结构与分布格局，形成结构与功能相统一的良性生态系统"生态园林"。在生态园林的建设中，强调绿地系统的结构、布局形式与自然地形地貌和河湖水系的协调，以及与城市功能分区的关系，着眼于整个城市生态环境，把自然引入城市中。我国许多城市的园林建设正在逐步走向生态化，如杭州、苏州、桂林、石河子、南京等。

（2）植物配置遵从"生态位"原则

生态位是指一个物种在生态系统中的功能作用及其在时间和空间中的地位，反映了物种与物种之间、物种与环境之间的关系。对不同光生态类型、水分生态类型和土壤生态类型的植物，应进行因地制宜的配置。在生态园林构建中，应充分考虑物种的生态位特征，合理选配植物种类，形成结构合理、功能健全、种群稳定的复层群落结构。在特定的城市生态环境条件下，应考虑将抗污吸污、抗旱耐寒、耐贫瘠、抗病虫害、耐粗放管理等作为植物选择的标准。在绿化建设中，可以利用不同物种在空间、时间和营养生态位上的分异进行配置，形成高大而多层的结构。

（3）生物多样性原则

根据生态学上种类多样导致群落稳定性原理。要使生态园林稳定，物种多样性是群落多样性的基础，它能增强群落的抗逆性，避免有害生物的入侵。生物多样性应包含三个层次：生态系统多样性、物种多样性和遗传多样性。丰富的物种种类才能形成丰富的群落景观，满足人们不同的审美需求。

（4）因地制宜的原则

每种植物都在长期的系统发育中形成了各自适应环境的特性。城市化导致大量野生动植物群种消失，这是一种悲哀。挽救的措施是选择乡土植物种，延续发扬乡土优势。在因地制宜的原则下，以乡土植物群落为主，合理选配植物种类。

乡土植物的概念，即本地木本植物，其应为本地原生木本植物，或虽非本地原生木本植物但长期适应本地自然气候条件并融入本地自然生态系统的木本植物。本地木本植物应对本地区原生生物物种和生态环境不产生威胁。

（5）遵循人与自然环境和谐

现代城市生态园林以追求实现人、园林植物及其景观、城市环境三者间的和谐共存，使城市人工设施、历史民俗文化风情与绿色环境等各个方面达到最理想的配置。

2.技术性导则

（1）给排水工程

给排水工程是园林工程中的重要组成部分之一，必须满足人们对水量、水质和水压的要求。水在使用过程中会受到污染，而完善的给排水工程及污水处理工程对园林建设及环境保护具有十分重要的作用。

给水水源主要选择江、河、湖、水库等，且水质良好，水量充沛。

园林中的污水主要是生活污水，要通过一级、二级处理达到国家规定污水排放标准。

（2）水景工程

水是园林的一个主要因素，可以构成各种格局的园林景观。水工构筑物尽可能园林化，与园林景观相协调。

（3）驳岸工程

驳岸是园林景观中重点处理的部位。驳岸与水线形成的连续景观线能否是与环境相协调，不但取决于驳岸与水面间的高差关系，还取决于驳岸的类型及用材的选择。

驳岸的高度、水的深浅设计都应满足人的亲水性要求，驳岸尽可能贴近水面，以人手能触摸到水为最佳。

（4）辅装工程

辅装工程主要是指园路和铺装。

园路：园路犹如脉络，既是分隔各个景区的景界，又是联系各个景点的"纽带"，具有导游、组织交通，又具有划分空间界面、构成园景的艺术作用。园路分主路、次路与小径（自然游览步道）。主园路连接各景区，次园路连接诸景点，小径则通幽。结合我国一些园林规划设计实践及参考国外同行经验，建议分为风景旅游道路与园路两大类，并各有其分类与相应的技术标准。风景游览道路是景观环境不可分割的组成部分，要用地形地貌造景，利用自然植物群落与植被，建造生态绿廊的景观效果。

铺装：园林铺地是我国古典传统园林技艺之一，而在现时又得以创新与发展。它既有技术要求，又有艺术要求，利用组成的界面功能分割空间、格局和形态，强化视觉效果。表达不同主题立意和情感。铺地图案设计、铺地空间设计、结构构造设计、铺地材料等，不仅要满足景观要求，还要具有好的视觉效果。

（5）假山工程

假山工程包括假山的材料和采运方法、置石与假山布置、假山结构设施等。

假山工程是园林建设的专业工程，通常所说的"假山工程"实际上包括假山和置石两部分。我国园林中的假山技术是以造景为主要目的，同时还兼有一些其他功能。假山是以自然山水为蓝本并加以艺术提炼与夸张，用人工再造的山水景物。

假山作为自然山水园的主景，如南京瞻园、上海豫园、扬州个园、苏州环秀山庄等采用主景突出方式的园林，皆以山为主、水为辅。

假山作为园林划分空间和组织空间的手段，如圆明园利用土山分割景区、颐和园以仁寿殿西面土石相间的假山作为划分空间和障景的手段。

（6）绿化工程

绿化工程包括乔灌木种植工程、大树移植、草坪工程等。

栽植能否成活，在很大程度上取决于当地的小气候、土壤、排水、光照、灌溉等生态因子。

（二）城市绿化工程

绿化，如果理解为动词，是指栽种植物以改善环境的活动。植物是园林的重要组成要素之一，绿化是园林的基础。

园林与绿化的关系：园林与绿化在改善生态环境方面的作用是一致的，但在审美价值和功能的多样性方面却不同。"园林绿化"有时作为一个名词使用，其意思与"园林"大致相同，但园林可以包含绿化，但绿化不能代表园林。

绿化有广义和狭义之分。广义是指增加种植栽培。

1.理念性导则

近年来，随着我国城市化进程的加快，城市复合型污染、热岛效应等问题成为影响城市可持续发展的"顽症"。生态、绿色、低碳、可持续等理念，无疑是今后城市发展最重要的价值尺度。

立体绿化是城市发展的生态补偿方式。

发展立体绿化，可以增加城市绿量，缓解热岛效应，滞尘、减少噪声和有害气体污染，营造和改善城区生态环境；还能保温隔热，节约能源；还可以滞留雨水，缓解城市内涝压力。同时，立体绿化能丰富城区园林绿化的空间结构层次和城市立体景观艺术效果。

立体绿化是城市绿化的重要形式之一，是改善城市生态环境、丰富城市绿化景观重要而有效的方式。

立体绿化包括垂直绿化、屋顶绿化、护坡绿化、高架绿化等多种形式，可应用于建筑墙面、屋顶、立交桥、坡面、河道堤岸、阳台等场所。

2.技术性导则

（1）植物荷载

根据国内外资料，地被植物、花灌木的荷载如表2-1。

表2-1　地被植物、花灌木的荷载

序号	种植物种类	荷载/（kN/m²）
1	地被草坪	0.05
2	1m以下低短灌木和小丛木本植物	0.10
3	长成灌木和1.5m高的灌木	0.20
4	3m高的灌木	0.30
5	大灌木和6m以下小乔木	0.60
6	10m以下大乔木	1.50

（2）种植土壤

种植土壤分为自然土壤和人工土壤两大类。

自然土壤取土方便、质量不一、重量较重。有覆土高度要求的情况下，选择植物的种类受到限制，宜选人工土壤。

人工土壤，是指人工轻质土。目前国内外广泛使用人工轻质骨料，主要有稻壳灰、锯木屑、蛭石、沙质土、珍珠岩、炭渣、泥炭土、泡沫有机树脂制品等。它们具有以下特点：

稻壳灰含钾量高，通风好，透水性强。

锯木屑因其表面粗糙、多孔，还含有丰富有机质和微量元素，有一定的保水、保肥能力，而且重量轻，价格便宜。不足之处在于，木屑过轻、易被风卷走，与水混合后会发酵，产生有机酸和热量，对植物生长不利。所以应加入少量石灰，使其发酵腐熟后再用。

蛭石较轻，一般密度为70～100kg/m³，水饱和密度为650kg/m³，具有疏松透气、保水排水性好的特点，一般作为保水、透气和缓释材料使用。蛭石虽有一定保肥能力，但易于风化，一般多与腐殖土混合后使用，以弥补其肥力不足的缺陷。

珍珠岩透气性、保水性都较好，故常作为一种改善种植介质排水透气性能的添加材料来使用。

泥炭又称草炭或泥煤，是古代沼泽环境特有的产物，是宝贵的自然资源。泥炭土内含腐烂植物，呈酸性，质地松软，肥力高，保水性强，非常适合植物生长，是一种用其他材料难以替代的种植介质。

浮石是天然珍贵的无机基质，富含钾、钙、镁、硫和硅等多种元素，密度为200kg/m³左右。由于其透气性良好，所以在屋顶绿化中常作为排水垫层使用，与其他材料相比，浮石可以减轻屋顶的荷载。

（3）种植土壤厚度

种植土厚度值可以通过计算获得，允许有一定的厚度变化区间。如在卫生间、厨房等空间上部或墙体、柱头等部位，种植土可以适当加厚；屋顶风大，植物防风也需要一定种植深度。

（4）防水排水

屋顶绿化是一个系统工程。应由园林设计部门与房屋建筑结构设计部门密切配合，共同把好防水排水关。

屋顶绿化，会不会造成屋面渗漏，一直存在争议：一方认为种植土会对混凝土造成腐蚀，排水不畅；一方认为屋顶绿化不会造成屋顶渗漏，种植土是刚性防水的保护层，覆土吸水饱和，会形成一层滞水作用的水膜，对防水有利。

如何做好防水排水，关键在屋面绿化之前，要确保屋面达到不渗漏，验收合格。

排水方面，应当考虑屋顶绿化的排水要求。主要目的是调节植物生长层中的含水量，改善土壤的通气状况，以利于植物的正常生长。水分浸润土壤饱和，会使土壤中缺乏氧气，出现烂根现象。

从国外成功的实例和国内积累的经验来看，主要是采用新材料、新技术。国内还有待制定屋顶绿化设计规范及施工验收规范。

（5）防根

植物的根有很强的穿刺力，会穿透防水层。为避免植物根系破坏防水层，要在防水层上采用新材料、新技术，防止植物根穿透。

特别是对于竹子等地下茎有强烈的伸长性的植物，要采取两种甚至三种以上的防根措施，才能避免渗漏。

（6）屋顶绿化的种类

根据土层的厚度，种植屋面分为三类：轻型种植屋面、重型种植屋面、混合型种植屋面。

轻型种植屋面是指屋面土层相对较薄，覆盖的植物体形较小、对温度和湿度的适应能力强，生命力旺盛而无须特殊维护和保养的绿化屋面，主要用于简单式屋顶绿化，适合耐旱植物，同时在蓄水、吸声、调节温度等方面具有一定作用。

重型种植屋面是指屋面系统中土层相对较厚，覆盖的植物体形较复杂、对温度和湿度的要求较高，主要用于花园式屋顶、活动场所等。

混合型种植屋面是介于轻型种植屋面和重型种植屋面之间的种植屋面。

（7）立体绿化

立体绿化，又称垂直绿化，是指利用不同的立地条件，选择攀缘植物及其他植物栽植并依附或者铺贴于各种构筑物及其他空间结构上的绿化方式。如高架桥、建筑墙面、坡面、堤岸等绿化。立体绿化是城市绿化的重要形式之一，能丰富城区绿化的空间结构层次和立体景观效果，增加城市绿化量，减少热岛效应、吸尘、减少噪声和有害气体，改善城区生态环境。

立体绿化，可以分成墙面绿化、阳台绿化、花架、棚架绿化、栅栏绿化、坡面绿化等。立体绿化植物的选择，必须考虑植物不同习性和对环境条件的不同需要，应根据不同种类植物本身特有的习性，选择与创造满足其生长的条件，并根据植物的观赏效果和功能要求进行设计施工。

四、生活垃圾填埋工程

（一）城市生活垃圾的危害

人类对自然资源的开发和利用在规模和强度上与生活垃圾的增量呈正相关。生活垃圾是固体废物，与废水、废气相比，具有不同的特点：含有大量污染物成分，在自然条件的影响下，固体废物中的有害成分会转入大气、水体、土壤，参与生态系统的物质循环，具有潜在的长期的危害性。

污染土壤，固体废物中的有害成分经过风化、雨淋、地表径流渗入土壤中，不仅会使土壤中的微生物死亡，还会使土壤盐碱化、毒化。受到污染的土壤，不具有天然的自净能力，也很难通过稀释扩散的办法降低其被污染程度。

污染水体，固体废物中的有害成分随雨水渗入土壤，进入地表水、地下水，造成水体污染。

污染气体，垃圾在腐化过程中，产生大量热能（主要是氨、甲烷和硫化氢等有害气体）污染大气，固体废物中的细粒、粉末随风吹扬，加重了大气污染。

影响环境卫生，城市各个角落，生活垃圾随时可见，容易传染各种疾病。

（二）生活垃圾的处理

随着我国社会经济的快速发展、城市化进程的加快及人民生活水平的提高，城市生产与生活过程中产生的垃圾废物也随之增加，生活垃圾的危害性影响也越加明显。城市生活垃圾的大量增加，使垃圾处理越来越困难，由此带来的环境污染等问题引起社会各界的广泛关注。我国高度重视环境保护，城市生活垃处理已取得长足进步，与此同时，市民参与生活垃圾的处理意识和精神文明建设也有待加强。我国要实现城市生活垃圾的产业化、资源化、减量化和无害化，任重道远。

当前处理垃圾的国际趋势是"综合性废物管理"，动员市民参与"三R行动"，减少垃圾的产生量。"三R行动"的口号是：①减少浪费（Reduce）；②物尽其用

（Reuse）；③回收利用（城市垃圾Recycle）。当全社会的消费者都这样做时，生活垃圾的总量和城市处理垃圾的负担就会大大减少，垃圾填埋场的使用寿命就会延长，降低了垃圾污染的威胁。

从现实的角度来讲，在现有的填埋场建设垃圾焚烧厂是比较合理的，对周围的影响最小。在我国要想找到无人烟的地方建设垃圾焚烧厂，可能会很难。垃圾焚烧厂作为垃圾规划的用地，应该得到保证，不要轻易改变。否则，有失公平。这个可能是目前我国很多城市面临的矛盾。当前，政府有关部门组织专家首次对生活垃圾焚烧厂进行等级评定，评定了50多个垃圾焚烧发电厂，总体水平良好。技术和管理水平略高于美国，当然与日本和德国相比还是有一些差距。

要消除民众对垃圾焚烧厂的排斥心理，应从三方面着手：第一，政府要和民众进行充分沟通，要建立信任；第二，必须重视垃圾焚烧厂可能给周围带来的影响；第三，媒体的宣传应该客观公正。

我国城市垃圾处理虽然起步较晚，但从规划和对策入手，对城市垃圾处理技术进行了有益的探索。杭州、常州、天津、绵阳、北京、武汉等城市在学习国外城市垃圾处理技术经验的基础上，自行设计了具有中国特色的垃圾机械化堆肥处理生产线；深圳、乐山等城市建设垃圾焚烧厂的成功，也为各城市应用焚烧技术处理生活垃圾提供了经验。

中国的生活垃圾处理要走节能减排、循环经济的发展道路，做到分级、高效利用，以绿色、生态、近零排放的发展思路来考虑生活垃圾的焚烧发电技术未来的发展，只有这样，"垃圾围城"才能真正取得突破。否则，对正处于快速发展中的广大中小城市，如果不解决好这个问题，将会使城市的进一步发展变得步履维艰。

城市垃圾处理产业的发展取决于多种因素，处理生活垃圾既要坚持"无害化、减量化、资源化"的原则，还必须全盘考虑，将"产业链"作为一个整体来设计、规划和培育，使各环节都协调发展，实行产业化处理以提高回收利用率，只有这样，才能起到事半功倍的效果。有的专家认为，垃圾可以说是放错地方的资源与财富；城市建筑垃圾处置的最终途径应该是资源化利用，走循环经济的路子。

1.理念性导则

（1）城市垃圾填埋场场址的选择应符合下列基本要求：

第一，场址设置应符合当地城乡建设总体规划要求；

第二，对周围环境不应产生污染，或对周围环境污染不超过国家有关法令和现行标准允许的范围；

第三，应与当地的大气防护、水资源保护、大自然保护及生态平衡要求相一致；

第四，应充分利用天然地形；

第五，应有一定的社会效益、环境效益和经济效益。

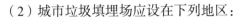

（2）城市垃圾填埋场应设在下列地区：

第一，交通方便，运距较短；

第二，征地费用少，施工方便；

第三，充分利用天然的洼地、沟壑、峡谷、废坑等；

第四，人口密度低、土地利用价值低、地下水利用的可能性小；

第五，不会引起群众不满，不会造成不良社会影响；

第六，在当地夏季主导风向下方，距人畜居栖点800m以外；

第七，远离水源，一般设在地下水流向的下游地区。

（3）城市垃圾填埋不应设在下列地区：

第一，地下水集中供水水源地及补给区；

第二，洪泛区和泄洪道；

第三，填埋库区与污水处理区边界距居民居住区或人畜供水点500m以内的地区；

第四，填埋区与污水处理区边界距河流和湖泊50m以内的地区；

第五，填埋库区与污水处理区边界距民用机场3km以内的地区；

第六，活动的坍塌地带，尚未开采的地下蕴矿区、灰岩坑及溶岩洞区；

第七，珍贵动植物保护区和国家、地方自然保护区；

第八，公园，风景区、游览区，文物古迹区，考古学、历史学、生物学研究考察区；

第九，军事要地、基地，军工基地和国家保密地区。

（4）城市垃圾填埋场选址前，必须事先进行调查，掌握下列资料：

第一，地形、地貌；

第二，地层结构、岩石性及地质构造；

第三，地下水水位深度、走向及利用情况；

第四，夏季主导风向及风速；

第五，降水量，降雨积水最大深度和水面面积；

第六，周围水系流向及用水状况；

第七，洪泛周期年；

第八，待填埋处理的垃圾总量和日填埋量；

第九，垃圾类型、性质、组成成分；

第十，取土条件，包括取土难易、远近和存储总量。

（5）填埋场场址选择应由当地环境卫生管理部门负责，环境卫生科学研究等有关单位参加。

2.技术性导则

（1）城市垃圾填埋场应满足下列要求：

第一，必须有充分的填埋容量和较长的使用期，填埋容量必须达到设计量，使用期至少10年，特殊情况不应低于8年；

第二，应有一定的施工设备，如汽车、布料机、推土机、碾压机等。设备的种类和数量应按填埋工程量作业实际需要而定；

第三，能在全天候条件下运行；

第四，不会受洪水、滑坡等威胁；

第五，不引起空气、水和噪声污染，不危害公共卫生；

第六，技术工艺简单而科学，填埋工程处理垃圾的成本低。

（2）填埋场必须进行防渗处理，防止对地下水和地表水造成污染，同时还应防止地下水进入填埋区。

（3）填埋场必须设置有效的填埋气体导排设施，填埋气体严禁自然聚集、迁移等，防止引起火灾和爆炸。填埋场不具备填埋气体利用条件时，应主动导出并采用水始法集中燃烧处理。未达到安全稳定的旧填埋场应设置有效的填埋气体导排和处理设施。

（4）填埋场配套工程及辅助设施和设备应包括：进场道路，备料场，供配电，给排水设施，生活和管理设施，设备维修、消防和安全卫生设施，车辆冲洗、通信、监控等附属设施或设备。填埋场宜设置环境监测室、停车场，并宜设置应急设施（包括垃圾临时存放、紧急照明等设施）。

（5）生活和管理设施宜集中布置并处于夏季主导风向的上风向，与填埋库区之间宜设绿化隔离带。生活、管理及其他附属建（构）筑物的组成及其面积，应根据填埋场的规模、工艺等条件确定。

（6）填埋场封场后的土地使用必须符合下列规定：

第一，填埋作业达到设计封场条件要求时，确需关闭的，必须经所在地县级以上地方人民政府环境保护、环境卫生行政主管部门鉴定、核准；

第二，填埋堆体达到稳定安全期后方可进行土地使用，使用前必须做出场地鉴定和使用规划；

第三，未经环卫、岩土、环保专业技术鉴定之前，填埋场地严禁作为永久性建（构）筑物用地。

第三章 建筑工程项目管理综述

第一节 项目管理概念

一、项目

（一）项目的概念

"项目"来源于人类有组织的活动，并越来越广泛地被人们所利用。中国的长城、埃及的金字塔和古罗马的尼姆水道都是人类历史上运作大型复杂项目的范例。迄今为止，在国际上还未对"项目"形成统一、权威的定义。

美国项目管理协会将项目定义为："项目是为完成某一独特的产品或服务所做的一次性努力。"又或是指在总体上具有预定目标、时间、财务、人力、专门组织以及其他限制条件的唯一性任务。

国际标准《质量管理–项目管理质量指南》（ISO 10006）将项目定义为："由一组有起止时间的、相互协调的受控活动所组成的特定过程，该过程要达到符合规定要求的目标，包括时间、成本和资源的约束条件。"

许多管理专家从不同角度描述了项目的定义，其核心内容可以概括为："项目是指在一定的约束条件下（主要是限定时间、限定资源），具有明确目标的一次性任务。"如建造一栋大楼、一座饭店、一座桥梁，或完成某项科研课题、研制一项设备，都可以称为项目。

（二）项目的特征

根据项目的定义，可以总结出项目有以下主要特征：

1.项目的单件性或一次性

这是项目的最主要特征。所谓单件性或一次性，是指就任务本身和最终成果而言，没有与这项任务完全相同的另一项任务。例如，建设一项工程或开发一种新产品，不同于其他工业产品的批量性，也不同于其他生产过程的重复性。项目的单件性和管理过程的一次性，给管理带来了较大的风险。只有充分认识项目的一次性，才能有针对性地根据项目的特殊情况和要求进行科学、有效的管理，以保证项目一次成功。

2.项目具有生命周期

项目的单件性和项目过程的一次性决定了每个项目都具有生命周期。任何项目都有其产生时间、发展时间和结束时间，在不同的阶段都有特定的任务、程序和工作内容。掌握和了解项目的生命周期，就可以有效地对项目实施科学的管理和控制。成功的项目管理是对项目全过程的管理和控制，是对整个项目生命周期的管理。同时，整个生命周期又明显划分为若干特定阶段，每一阶段都有一定的时间要求，都有它特定的目标，都是下一阶段成长的前提，都对整个生命周期有决定性的影响。

3.有明确的目标

目标是项目立项的依据，也是构成项目的基本条件，共同的目标把各种资源（人、财、物、各种活动）组合成一个整体，这就是项目。项目实施的目的在于得到特定的结果，即项目是面向目标的。目标贯穿于项目始终，一系列的项目计划和实施活动都是围绕目标进行的。目标由于需求而产生，可以将项目的目标依照工作范围、进度计划和成本来定义（或分解），使之明确。项目目标一般包括：

（1）项目对象的要求，包括满足预定产品的性能、使用功能、范围、质量、数量、技术指标等，这是对预定的可交付成果的质和量的规定。

（2）完成项目任务的时间要求，如开始时间、持续时间等。

（3）完成这个任务所要求的预订费用等。

4.项目具有一定的约束性

凡是项目都有一定的限制、约束条件，包括时间的限制、费用的限制、质量和功能的要求以及地区、资源和环境的约束等。因此，如何协调和处理这些约束条件，是项目管理的重要内容。工程建设项目和其他项目不同，还必须有明确的空间要求。

二、项目管理

（一）项目管理的概念

项目管理就是以项目为对象的系统管理方法，通过一个临时性的、专门的柔性组织对项目进行高效率的计划、组织、指挥和控制，以实现项目全过程的动态管理和项目目标的

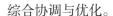

综合协调与优化。

"项目管理"有两种不同的含义：其一是指一种管理活动，即一种有意识地按照项目的特点和规律，对项目进行组织管理的活动；其二是指一门管理学科，即以项目管理活动为研究对象的一门学科，它是探求项目活动科学组织管理的理论与方法。前者是一种客观实践活动，后者是前者的理论总结；前者以后者为指导，后者以前者为基础。就其本质而言，二者是统一的。

随着项目及其管理实践的发展，项目管理的内涵得到了充实和发展，当今的"项目管理"已成为一种新的管理方式、一门新的管理学科的代名词。

（二）项目管理的特征

1.项目管理是以项目经理为中心的管理

由于项目管理具有较大的责任和风险，其管理涉及人力、技术、设备、材料、资金等多方面因素，为了更好地进行计划、组织、指挥、协调和控制，必须实施以项目经理为中心的管理模式，在项目实施过程中应授予项目经理较大的权力，以使其能及时处理项目实施过程中出现的各种问题。

2.每个项目都有特定的管理程序和管理步骤

项目的一次性、单件性决定了每个项目都有其特定的目标，也决定了项目管理既要承担风险又要创造性地进行管理。项目管理的内容和方法要针对项目目标而定，项目目标的不同，决定了每个项目都有自己的管理程序和步骤。

3.应用现代管理方法和技术手段进行项目管理

现代项目大多数属于先进科学的产物或是涉及多学科的系统工程，要使项目圆满地完成，就必须综合运用现代化管理方法和科学技术，如决策技术、网络计划技术、价值工程、系统工程、目标管理、看板管理等。

4.项目管理过程中实施动态控制

为了保证项目目标的实现，在项目实施过程中采用动态控制的方法，阶段性地检查实际完成值与计划目标值的差异，采取措施纠正偏差，制定新的计划目标值，使项目的实施结果逐步向最终目标靠近。

5.项目管理具有独特性

项目管理的对象是项目，即一系列的临时任务。"一系列"在此有着独特的含义，它强调项目管理的对象是由一系列任务组成的整体系统，而不是这个整体的一个部分或几个部分。项目管理的目的是通过运用科学的项目管理技术，更好地实现项目目标。

虽然项目管理的职能与一般管理的职能是完全一致的，即是对所组织的资源进行计划、组织、协调、控制，但项目管理的任务是对项目及其资源的计划、组织、协调、控

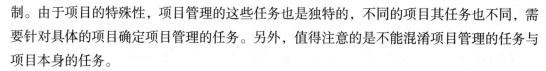

制。由于项目的特殊性，项目管理的这些任务也是独特的，不同的项目其任务也不同，需要针对具体的项目确定项目管理的任务。另外，值得注意的是不能混淆项目管理的任务与项目本身的任务。

项目管理现已成为现代管理学的重要分支，并越来越受到重视。运用项目管理的知识和经验，可以极大地提高管理人员的工作效率。项目的管理者不仅仅是项目执行者，他还参与项目的需求确定、项目选择、计划直至收尾的全过程，并在时间、成本、质量、风险、合同、采购、人力资源等各个方面对项目进行全方位的管理，因此，项目管理可以帮助企业处理需要跨领域解决的复杂问题，并实现更高的运营效率。

三、项目管理的发展趋势

目前，项目管理的发展主要呈现以下趋势。

（一）国际化趋势

由于项目管理的普遍规律和许多项目的跨国性质，各国专家都在探讨项目管理的国际通用体系，包括通用术语。国际项目管理协会的各成员国之间每年都要举办很多行业性和学术性的研讨会，交流和研究项目管理的发展问题。对于项目管理活动，目前国际上已形成了一套较完整的国际法规、标准和惯例，制定了严格的管理制度，形成了通用性较强的国际惯例，各国专家正在探讨完整的通用体系。随着贸易活动的全球化发展趋势和跨国公司、跨国项目的增多，项目管理的国际化趋势日益明显。

（二）关注"顾客化"趋势

与传统的项目管理相比，现代项目管理则越来越关注以顾客为中心的管理。在当今竞争激烈的时代，任何经济组织生存和繁荣的关键都不仅仅是生产产品，还要赢得并留住这些顾客的粘性。在一个项目的实施和管理过程中，应该充分贯彻"以顾客为关注焦点"的质量标准，充分满足顾客明确的需求，挖掘顾客隐含的需求，实现并超越顾客的期望。只有让顾客满意，项目组织才有可能更快地结束项目；尽可能地减少项目实施过程中的修改和调整，真正地实现节约成本、缩短工期，才能够增加同顾客再次合作的可能性。

（三）新方法应用普及化趋势

纵观项目管理近年来的发展过程，一个显著突出的变化是项目管理包括的知识内容大大增加了，如增加了项目管理知识体系中的范围管理、质量管理、风险管理和沟通管理等内容；项目管理概念也拓宽了，如提出了基于项目的管理、客户驱动型项目的管理等不同类别的项目管理。项目管理的应用层面已不再是传统的建筑和工程建设部门，而是拓宽到了各行业的各个领域。目前，其在以下两个方面的进展最为突出：

1.风险评估小组的出现

在传统的项目管理中，项目中出现的问题通常归咎于项目实施不利（如项目组中的成员不能胜任工作）。然而现在，风险管理变得越来越重要了。不切实际的项目估算也被认为是项目中出现问题的主要原因。通过成立风险评估小组来减少项目估算方面的问题和进行风险管理得到日益普及。通过对一些成功组织的考察，风险评估小组的使用成为越来越普遍的现象。例如，在正式签署执行项目合同之前，由风险评估小组成员来审查合同中的某些承诺是否切实可行，如果不切实际，风险评估小组的代表将建议不要签署该合同。

2.设立项目办公室

越来越多的不同规模的企业或组织开始建立项目办公室。项目办公室的作用包括行政支持，咨询，建立项目管理标准，开发和更新工作方法和工作程序，指导、培训项目人员等。

（四）网络化、信息化趋势

随着计算机技术、信息技术和网络技术的飞速发展，为了提高项目管理的效率、降低管理成本、加快项目进度，项目管理越来越依赖于计算机手段。目前，西方发达国家的项目管理公司已经运用项目管理软件进行项目管理的运作，利用网络技术进行信息传递，实现了项目管理的自动化、网络化、虚拟化。近年来，我国许多项目管理公司也开始大量使用项目管理软件进行项目管理，积极组织人员开发研究更高级的项目管理软件，力争用较少的自然资源和人力资源，实现经济效益的最大化。21世纪的项目管理将更多地运用计算机技术、信息技术和网络技术，通过资源共享，运用集体的智慧来提高项目管理的应变能力和创新能力。

第二节　建筑工程项目管理基础概念

一、工程项目

（一）工程项目的概念

工程项目指建设领域的项目，是项目中数量最大的一类。工程项目一般是指为某种特

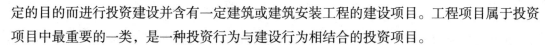

定的目的而进行投资建设并含有一定建筑或建筑安装工程的建设项目。工程项目属于投资项目中最重要的一类，是一种投资行为与建设行为相结合的投资项目。

一般来讲，投资与建设是分不开的，投资是项目建设的起点，没有投资就不可能进行建设；反之，没有建设行为，投资的目的就不能实现。建设过程实质上是投资的决策和实施过程，是投资项目的实现过程，是把投入的资金转换为实物资产的经济活动过程。

（二）工程项目的特征

1.具有明确的建设目标

任何工程项目都具有明确的建设目标，包括宏观目标和微观目标。政府主管部门审核项目，主要审核项目的宏观经济效果、社会效果和环境效果；企业则多重视项目的盈利能力等微观财务目标。

2.受条件约束性

工程项目的实施要受到多方面的限制：环境条件的限制，如自然条件的限制，包括气候、水文和地质条件、地理位置、地形和现场空间的制约；社会条件的限制和法律的制约；资金限制，任何工程项目都不可能没有财力上的限制；人力资源和其他资源的限制，如劳动力、材料和设备的供应条件和供应能力的限制、技术条件的限制、信息资源的限制等。

3.具有一次性和不可逆性

这一点主要表现为工程项目建设地点固定，项目建成后不可移动，以及设计的单一性、施工的单件性。工程项目与一般的商品生产不同，不是批量生产，工程项目一旦建成，要改变非常困难。

4.管理的复杂性

工程项目在实施过程的不同阶段存在许多相互结合的部门，这些是工程项目管理的薄弱环节，使得参与工程项目建设的各有关单位之间的沟通、协调困难重重，这也正是工程实施过程中容易出现事故和质量问题的地方。

5.影响的长期性

工程项目一般建设周期长，投资回收期长，工程项目的使用寿命长，工程质量好坏影响面大，作用时间长。

6.投资的风险性

由于工程项目投资巨大和项目建设的一次性，建设过程中涉及面广，各种不确定因素多，因此项目投资的风险很大。

（三）工程项目范围

工程项目范围是指工程项目各过程的活动总和，或指组织为了成功完成工程项目并实现工程项目各项目标所必须完成的各项活动。

工程项目范围既包括其产品范围，又包括项目工作范围。工程项目产品范围决定了工程项目的工作范围，包括各项设计活动、施工活动和管理活动的范围。工程产品范围的要求深度与广度，决定了工程项目范围的深度和广度。工程项目范围的实施过程包括：

（1）启动一个新的项目或项目的一个新的阶段。

（2）编制范围计划或规划，即工程项目可行性研究报告推荐的方案，各种项目合同、设计，各种任务书、有关范围说明书等。

（3）界定项目范围，即工程项目范围定义。该过程把范围计划中确定的可交付成果分解成便于管理的组成单元。

（4）由投资人或建设单位等客户或利益相关者确定工程项目范围，也称为范围核实，即对工程项目范围给予正式认可或同意。

（5）控制项目范围的变更，即在工程项目实施的过程中，控制工程变更，包括建设单位提出的变更、设计变更和计划变更等。

（四）工程项目管理规划

工程项目目标的制定及如何完成这些目标需要进行规划。规划的目的是指出努力的方向和标准，减少环境变化对任务完成造成的冲击，最大限度地减少浪费。工程项目管理者必须很好地利用规划的手段，编制科学、严密、有效的工程项目管理规划，通过实施该规划达到提高工程项目管理绩效的目的。

工程项目管理规划既是对合同目标的贯彻，又是进行管理决策的依据。决策的工程项目管理目标，是工程项目管理控制的依据。工程项目目标控制的目的，就是确保决策的工程项目管理规划目标的实现。

（五）工程项目的目标控制与组织协调

工程项目管理的核心是目标控制。所谓目标控制，是指在实现计划目标的过程中，行为主体通过检查，收集实施状态的信息，将它与原计划（标准）比较，发现偏差则采取措施予以纠正，从而保证计划的正常实施，达到预定目标。

工程项目目标控制可分为建设项目管理与工程监理目标控制和施工项目管理目标控制两大类。建设项目管理与工程监理目标控制的主要内容是功能、投资、质量和进度目标控制。施工项目管理目标的控制主要是进度、质量、成本、安全和环境目标控制。

1.工程项目控制的原理

（1）PDCA循环控制模式

PDCA循环是指由计划（Plan）、实施（Do）、检查（Check）和处理（Action）四个阶段组成的工作循环。PDCA循环是不断进行的，每循环一次，就实现一定的质量目标，解决一定的问题，使质量水平有所提高。如此不断循环，周而复始，使质量水平也不断提高。

（2）工程项目控制系统的组成

工程项目管理控制是一个大系统，该系统包括组织、程序、手段、措施、目标和信息六个分系统。而信息分系统贯穿于工程项目实施的全过程。

（3）工程项目控制的动态原理

在工程项目管理控制过程中会不断受到各种干扰，各种风险因素有随时出现的可能，故应通过组织协调和风险管理进行动态控制。

2.工程项目组织协调

工程项目组织协调是沟通的一种手段，用来正确处理各种关系，是为协调目标控制服务的。项目管理的协调范围是由与工程项目管理组织的关系和紧密状况决定的，大致有三层关系：

（1）内部关系

紧密的自身机体关系，应通过行政的、经济的、制度的、信息的、组织的和法律的多种方式进行协调。

（2）近外层关系

直接的和间接的合同关系，如施工项目经理部与建设单位、监理单位及设计单位等单位的关系，因此，合同就成为近外层关系协调的主要工具。

（3）远外层关系

比较松散的关系，如项目经理部与政府部门、与现场环境相关单位的关系。以上这些关系的处理没有定式，协调困难时，应按有关法规、公共关系准则等处理。如与政府部门的关系协调是请示、报告、汇报、接受领导等；与现场环境单位的关系协调则是遵守有关规定，争取某些支持等。

工程项目组织协调的内容包括人际关系、组织关系、配合关系、供求关系及约束关系的协调。

工程项目管理的总结阶段既是对管理计划、执行、检查阶段的经验和问题的提炼，又是进行新的管理所需信息的来源，其经验可作为新的管理制度和标准的源泉，其问题有待于下一循环的管理予以解决。由于工程项目的一次性，其管理更应注意总结，依靠总结不断提高项目管理水平。

二、建筑工程项目

（一）建筑工程项目的概念

建设工程项目是指为完成依法立项的新建、改建、扩建的各类工程（土木工程、建筑工程及安装工程等）而进行的有起止日期的、达到规定要求的一组相互关联的受控活动组成的特定过程，包括策划、勘察、设计、采购、施工、试运行、竣工验收和移交等。

建设工程项目是工程项目中最重要的一类，一个建设工程项目就是一个固定资产投资项目。建设工程项目是指按照一定的投资，经过决策和实施的一系列程序，在一定的约束条件下以形成固定资产为明确目标的一次性事业。

建筑工程项目是建设工程的主要组成内容，也称为建筑产品，建筑产品的最终形式为建筑物和构筑物。

（二）建筑工程项目的特征

1.施工管理方面的特征

（1）广交性

在整个建筑产品的施工过程中参与的单位和部门繁多，作为一个项目管理者，要与上至国家机关各部门的领导，下到施工现场的操作工人打交道，需要协调各方面和各层次之间的关系。

（2）多变性

建筑产品建造时间长、建造地质和地域差异、环境变化、政策变化、价格变化等因素使得整个过程充满了变数和不确定因素。

2.产品施工方面的特征

（1）复杂性

建筑产品的多样性，决定了建筑产品的施工应该根据不同的地质条件、不同的结构形式、不同的地域环境、不同的劳动对象、不同的劳动工具和不同的劳动者去组织实施。因此，整个建造过程相当复杂，随着工程进展还需要不断地调整。

（2）连续性

一般建筑物可分成基础工程、主体工程和装饰工程三部分，一个功能完善的建筑产品则需要完成所有的工作步骤才能够使用。另外，某些情况下由于工艺上的要求不能够间断施工，使得工作具有一定的连续性，如混凝土的浇筑。

（3）流动性

建筑产品的固定性造成了施工生产的流动性，因为建筑的房屋是不动的，因此所需要的劳动力、材料、设备等资源均需要从不同的地点流动到建设地，这也给建筑工人的生活、生产带来很多不便和困难。

（4）季节性

建筑产品的庞大性，使得整个建筑产品的建造过程受到风吹、雨淋、日晒等自然条件的影响，因此工程施工有冬期施工、夏期施工和雨期施工等季节性施工。

三、建筑工程项目管理

（一）建筑工程项目管理的概念

建设工程项目管理是组织运用系统的观点、理论和方法，对建设工程项目进行的计划、组织、指挥、协调和控制等专业化活动。建筑工程项目管理则是针对建筑工程而言，是在一定约束条件下，以建筑工程项目为对象，以最优实现建筑工程项目目标为目的，以建筑工程项目经理负责制为基础，以建筑工程承包合同为纽带，对建筑工程项目进行高效率的计划、组织、协调、控制和监督的系统管理活动。

（二）建筑工程项目管理的特征

1.建筑工程项目管理是一种约束性强的控制管理

工程项目管理的一次性特征，以及明确的目标（成本低、进度快、质量好）、限定的时间和资源消耗、既定的功能要求和质量标准，决定了约束条件的约束强度比其他管理要高。因此，建筑工程项目管理是强约束管理。这些约束条件是项目管理的条件，也是不可逾越的限制条件。项目管理的重要特点在于项目管理者如何在一定时间内，在不超过这些条件的前提下，充分利用这些条件，去完成既定任务，达到预期目标。

2.建筑工程项目管理是一种一次性管理

建筑工程项目的单件性特征，决定了建筑工程项目管理的一次性特点。在建筑工程项目管理过程中一旦出现失误则很难纠正，损失严重。所以对建筑工程项目建设中的每个环节都应进行严密管理，认真选择项目经理、配备项目人员和设置项目机构。

3.建筑工程项目管理是一种全过程的综合性管理

建筑工程项目生命周期的各阶段既有明显的界限，又相互有机衔接，不可间断，这就决定了建筑工程项目管理是对项目生命周期全过程的管理，如对项目可行性研究、勘察设计、招标投标、施工等各阶段全过程的管理，在每个阶段又包含有进度、质量、成本、安全的管理。因此，建筑工程项目管理是全过程的综合性管理。

（三）建筑工程项目管理的主要内容

1.合同管理

建筑工程合同是业主和参与项目实施各主体之间明确责任、权利和义务关系的具有法律效力的协议文件，也是运用市场经济体制、组织项目实施的基本手段。从某种意义上讲，项目的实施过程就是建筑工程合同订立和履行的过程。一切合同所赋予的责任、权利履行到位之日，也就是建筑工程项目实施完成之时。

建筑工程合同管理，主要是指对各类合同的依法订立过程和履行过程的管理，包括合同文本的选择，合同条件的协商、谈判，合同书的签署，合同履行、检查、变更和违约、纠纷的处理，索赔事宜的处理工作，总结评价等。

2.组织协调管理

组织协调是工程项目管理的职能之一，是实现项目目标必不可少的方法和手段。在项目实施过程中，项目的参与单位需要处理和调整众多复杂的业务组织关系，其主要内容包括：

（1）外部环境协调

包括与政府管理部门之间的协调，如规划、城建、市政、消防、人防、环保、城管部门的协调；资源供应方面的协调，如供水、供电、供热、通信、运输和排水等方面的协调；生产要素方面的协调，如图纸、材料、设备、劳动力和资金方面的协调；社区环境方面的协调等。

（2）项目参与单位之间的协调

主要包括业主、监理单位、设计单位、施工单位、供货单位、加工单位等。

（3）项目参与单位内部的协调

指项目参与单位内部各部门、各层次之间及个人之间的协调。

3.进度控制

进度控制包括方案的科学决策、计划的优化编制和实施有效控制三个方面的任务。方案的科学决策是实现进度控制的先决条件，包括方案的可行性论证、综合评估和优化决策。计划的优化编制包括科学确定项目的工序及其衔接关系、持续时间，优化编制网络计划和实施措施，这些是实现进度控制的重要基础。实施有效控制是实现所承担的进度控制目标的关键。

4.投资控制

投资控制包括编制投资计划、审核投资支出、分析投资变化情况、研究投资减少途径和采取投资控制措施五项任务。前两项是对投资的静态控制，后三项是对投资的动态控制。

5.质量控制

质量控制包括制定各项工作的质量要求及质量事故预防措施，各个方面的质量监督与验收制度，以及各个阶段的质量事故处理和控制措施三个方面的任务。制定的质量要求要具有科学性，质量事故预防措施要具备有效性。质量监督和验收包含对设计质量、施工质量及材料设备质量的监督和验收，要严格检查并加强分析。质量事故处理与控制对每一个阶段均要严格管理和控制，采取细致而有效的质量事故预防和处理措施，以确保质量目标的实现。

6.信息管理

信息管理工作的好坏将直接影响项目管理的成败。在我国工程建设的长期实践中，由于缺乏信息，难以及时取得信息，所获取的信息不准确或信息的综合程度不满足项目管理的要求，信息存储分散等原因，造成项目决策、控制、执行和检查困难，以致影响项目总目标实现。因此，对于信息管理工作应加强和重视。

信息管理是工程项目管理的基础工作，是实现项目目标控制的保证。只有不断提高信息管理水平，才能更好地承担起项目管理的任务。

7.风险管理

风险管理是一个确定和度量项目风险，并制定、选择和管理风险处理方案的过程。其目的是通过风险分析减少项目决策的不确定性，以便使决策更加科学；在项目实施阶段，保证目标控制的顺利进行，更好地实现项目质量、进度和投资目标。

8.环境保护

项目管理者必须充分研究和掌握国家和地区的有关环保法律和规定，对于环保方面有要求的建设工程项目，在项目可行性研究和决策阶段，必须提出环境影响报告及其对策措施，并评估其措施的可行性和有效性，严格按建设程序向环保管理部门报批。在项目实施阶段，做到主体工程与环保措施工程同步设计、同步施工、同步投入运行。在工程建设中强化环保意识，切实有效地把环境保护和克服损害自然环境、破坏生态平衡、污染空气和水质、扰动周围建筑物和地下管网等现象的发生，作为项目管理的重要任务之一。在工程施工承发包中，必须把依法做好环保工作列为重要的合同条件加以落实，并在施工方案的审查和施工过程中，始终把落实环保措施、克服建设公害作为重要的内容予以密切关注。

（四）建筑工程项目管理的程序

（1）编制项目管理规划大纲。

（2）编制投标书并进行投标。

（3）签订施工合同。

（4）选定项目经理。

（5）项目经理接受企业法定代表人的委托组建项目经理部。

（6）企业法定代表人与项目经理签订项目管理目标责任书。

（7）项目经理部编制项目管理实施规划。

（8）进行项目开工前的准备。

（9）施工期间按项目管理实施规划进行管理。

（10）在项目竣工验收阶段进行竣工结算，清理各种债权债务，移交资料和工程。

（11）进行经济分析。

（12）做出项目管理总结报告，并送企业管理层有关职能部门审计。

（13）企业管理层组织考核委员会。

（14）对项目管理工作进行考核评价，并兑现项目管理目标责任书中的奖惩承诺。

（15）项目经理部解体。

（16）在保修期满前企业管理层根据工程质量保修书的约定进行项目回访保修。

建筑工程项目管理规划作为指导项目管理工作的纲领性文件，应对项目管理的目标、内容、组织、资源、方法、程序和控制措施进行确定。其中包括项目管理规划大纲和项目管理实施两类文件。建筑工程项目管理规划大纲应由组织的管理层或组织委托的项目管理单位编制，项目管理实施规划应由项目经理组织编制，施工项目管理实施规划可以用施工组织设计和质量计划代替，但应具备项目管理的内容，能够满足项目管理实施规划的要求。

（五）建筑工程项目管理目标责任书的编制

1.项目管理目标责任书的编制依据

（1）项目的合同文件。

（2）组织的管理制度。

（3）项目管理规划大纲。

（4）组织的经营方针和目标。

2.项目管理目标责任书的内容

（1）项目管理实施目标。

（2）组织与项目经理部之间的责任、权限和利益分配。

（3）项目设计、采购、施工、试运行等管理的内容和要求。

（4）项目需用资源的提供方式和核算办法。

（5）法定代表人向项目经理委托的特殊事项。

（6）项目经理部应承担的风险。

（7）项目管理目标评价的原则、内容和方法。

（8）对项目经理部进行奖惩的依据、标准和办法。

（9）项目经理解职和项目经理部解体的条件及办法。

（六）建筑施工项目管理的基本内容

建筑施工项目管理的基本内容包括以下五个方面：

1.项目管理规划

（1）项目管理规划大纲。

（2）项目管理实施规划。

2.项目目标控制

（1）进度控制。

（2）质量控制。

（3）安全控制。

（4）成本控制。

3.项目的"四项管理"

（1）项目现场管理。

（2）项目合同管理。

（3）项目信息管理。

（4）项目生产要素管理。

4.项目组织协调

（1）内部关系的组织协调。

（2）外部关系的组织协调。

5.项目的后期管理

（1）施工项目竣工验收阶段管理。

（2）施工项目管理考核评价。

（3）施工项目回访保修管理。

第三节　建筑工程项目管理常用的法律法规

一、《中华人民共和国建筑法》

1997年11月1日，第八届全国人大常委会第28次会议通过了《中华人民共和国建筑法》（以下简称《建筑法》），自1998年3月1日起施行。《建筑法》是建筑业的基本法律，其制定的主要目的在于加强对建筑业活动的监督管理，维护建筑市场秩序，保障建筑工程的质量和安全，促进建筑业健康发展等。2019年4月23日，第十三届全国人民代表大会常务委员会第十次会议《关于修改〈中华人民共和国建筑法〉等八部法律的决定》进行修正。

二、《中华人民共和国招标投标法》

1999年8月30日，第九届全国人大常委会第11次会议通过了《中华人民共和国招标投标法》（以下简称《招标投标法》），自2000年1月1日起施行。该法包括招标、投标、开标、评标和中标等内容，其制定目的在于规范招标投标活动，保护国家利益、社会公共利益和招标投标活动当事人的合法权益，提高经济效益及保证工程项目质量等。2019年3月2日对其进行修改。

三、《中华人民共和国仲裁法》

1994年8月31日，第八届全国人大常委会第9次会议通过了《中华人民共和国仲裁法》（以下简称《仲裁法》），自1995年9月1日起施行。其制定目的在于保证公正、及时地仲裁经济纠纷，保护当事人的合法权益及保障社会主义市场经济健康发展。《仲裁法》的主要内容包括关于仲裁协会及仲裁委员会的规定，仲裁协议，仲裁程序，仲裁庭的组成、开庭和裁决，申请撤销裁决，裁决的执行以及涉外仲裁的特殊规定等。2019年3月进行相应的修改。

四、《建设工程质量管理条例》

国务院于2000年1月30日发布实施《建设工程质量管理条例》，以强化政府质量监督，规范建设工程各方主体的质量责任和义务，维护建筑市场秩序，全面提高建设工程质

量。《建设工程质量管理条例》对加强质量管理做了以下规定：

（1）对业主行为进行了严格的规范。

（2）对执行工程建设强制性标准做了严格的规定。为此，建设部于2000年4月20日批准发布了《工程建设标准强制性条文（房屋建筑部分）》。

（3）政府对工程质量的监督管理将以保证建设工程使用安全和环境质量为主要目的，以法律、法规和工程建设强制性标准为依据，以政府认可的第三方强制性监督为主要方式，以地基基础、主体结构、环境质量及与此相关的工程建设各方主体的质量行为为主要内容。例如，基础开裂与否不再归政府管辖，因为这是业主、设计单位和施工单位的责任。政府的任务就是以法律、法规和强制性标准为依据，对不执行工程建设强制性标准而造成事故的单位予以相应的处罚。

此外还规定："建设单位、设计单位、施工单位、工程监理单位违反国家规定，降低工程质量标准，造成重大安全事故，构成犯罪的，对直接责任人员依法追究刑事责任。"

2019年4月23日，中华人民共和国国务院令（第714号）公布，对《建设工程质量管理条例》部分条款予以修改。

第四节　建筑工程项目管理组织

一、建筑工程项目管理组织简介

（一）工程项目组织

1.工程项目组织的概念

按照《质量管理—项目管理质量指南》（ISO 10006），项目组织指从事项目具体工作的组织。工程项目组织主要是由负责完成项目分解结构图中的各项工作（直到工作包）的人、单位、部门组合起来的群体。

工程项目组织通常包括业主、项目管理单位（监理单位）、施工单位和设计、供应单位等，有时还包括为项目提供服务或与项目有某些关系的部门，如政府部门等。它可以用项目组织结构图表示，它受项目系统分解结构限定，按项目工作流程（网络）进行工作。其成员各自完成规定（由合同、任务书、工作包说明等定义）的任务和工作。

项目管理是项目中必不可少的工作，它由专门的人员（单位）来完成，因此项目管理组织也必然作为一个组织单元包含在项目组织中。

2.工程项目组织层次的内容

在工程项目过程中，项目管理工作又分为如下四个层次：

（1）战略决策层

该层是项目的投资者（或发起者），可能包括项目所属企业的经理、对项目投资的财团、参与项目融资的单位。战略决策层居于项目组织的最高层，在项目的前期策划和实施过程中做战略决策和宏观控制工作。战略决策层的组成由项目的资本结构决定。由于战略决策层通常不参与项目的实施和管理工作，所以一般不出现在项目组织中。

（2）战略管理层

投资者通常委托一个项目主持人或项目建设的负责人作为项目的业主。业主以所有者的身份进行工程项目全过程总体的管理工作，保证项目目标的实现。战略管理层主要承担如下工作：

①确定生产规模，选择工艺方案。

②制订总体实施计划，确定项目组织战略。

③委托项目任务，选择项目经理和承包单位。

④批准项目目标和设计文件，以及实施计划等。

⑤审定和选择工程项目所用材料、设备和工艺流程等；提供项目实施的物质条件，负责与环境、决策层等方面的协调。

⑥各子项目实施次序的决定。

⑦对项目进行宏观控制，给项目管理层以持续的支持。

（3）项目管理层

项目管理层承担在项目实施过程中的计划、协调、监督、控制等一系列具体的项目管理工作，通常由业主委托项目管理公司或咨询公司承担。在项目组织中它是一个由项目经理领导的项目经理部（或小组），为业主提供有效的、独立的项目管理服务。项目管理层的主要责任是实现业主的投资目的，保护业主利益，保证项目整体目标的实现。

（4）项目实施层

项目实施层由完成项目设计、施工、供应等工作的单位构成，也完成相应的项目管理工作。在项目的不同阶段，上述四个层次承担项目的任务不一样。在项目的前期策划阶段，主要由投资者或上层组织做目标设计和高层决策工作，在该阶段的后期（主要在可行性研究中）会有业主和咨询工程师加入；项目一旦被批准立项，工作的重点就转移到项目管理层和设计单位，业主也要参与方案的选择、审批和招标等决策工作。

（二）工程项目管理组织

1.工程项目管理组织的概念

工程项目管理组织主要指项目经理部、项目管理小组等。广义的项目管理组织是在整个项目中从事各种具体的管理工作的人员、单位、部门组合起来的群体。项目管理公司、承包人、设计单位、供应商等在项目组织中仅是一个组织单元，它们都有自己的项目经理部和人员。项目管理组织根据具体对象的不同，可以分为业主的项目管理组织、项目管理公司的项目管理组织、承包人的项目管理组织，这些组织之间有各种联系，有各种管理工作、责任和任务的划分，形成项目总体的管理组织系统。

2.项目管理组织机构设置的原则

（1）管理跨度与管理分层统一的原则

项目管理组织机构设置和人员编制是否合理，关键在于是否根据项目大小确定了科学的管理跨度。同时大型项目经理部的设置，要注意适当划分几个层次，使每一个层次都能保持适当的工作跨度，以便各级领导集团在职责范围内实施有效的管理。

（2）项目组织弹性、流动的原则

组织机构的弹性和管理人员的流动是由工程项目的单件性所决定的。项目对管理人员的需求包括质和量两个方面，管理人员的数量和管理的专业要随工程任务的变化相应地变化，要始终保持管理人员与管理工作相匹配。

（3）高效精干的原则

项目管理组织机构在保证履行必要职能的前提下，要尽量简化机构、减少层次，从严控制二、三线人员，做到人员精干、一专多能、一人多职。

（4）业务系统管理和协作一致的原则

项目管理作为一个整体，是由众多小系统组成的；各子系统之间，在系统内部各单位之间，不同栋号、工种、工序之间存在着大量的"接合部"，这就要求项目组织必须是一个完整的组织结构系统，也就是说各业务科室的职能之间要形成一个封闭性的相互制约、相互联系的有机整体。协作就是指在专业分工和业务系统管理的基础上，将各部门的分目标与企业的总目标协调起来，使各级和各个机构在职责和行动上相互配合。因此，项目管理组织本身的系统性决定了项目管理的系统化原则。

（5）因事设岗、按岗定人、以责授权的原则

项目管理组织机构设置和定员编制的根本目的在于保证项目管理目标的实现。应按目标需要设置办事机构，按办事职责范围确定人员编制多少。坚持因事设岗、按岗定人、以责授权，这是目前施工企业推行项目管理体制改革过程中必须解决的重点问题。

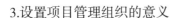

3.设置项目管理组织的意义

组织机构在项目管理中是一个焦点，如果建立了理想有效的组织系统，项目管理就成功了一半。设置项目管理组织结构具有以下意义：

（1）组织机构是施工项目管理的组织保证

项目经理在启动项目管理之前，首先要进行组织准备，建立一个能完成管理任务、令项目经理指挥灵便、运转自如、效率很高的项目组织机构——项目经理部，其目的就是提供进行施工项目管理的组织保证。

一个好的组织机构，可以有效地完成施工项目管理目标，有效地应对环境的变化，满足组织成员生理、心理和社会需要，形成组织力，产生集体思想和集体意识，使组织系统正常运转，完成项目管理任务。

（2）形成责任制和信息沟通体系

①责任制是施工项目组织中的核心问题。一个项目组织能否有效地运转，取决于是否有健全的岗位责任制。施工项目组织的每个成员都应肩负一定责任，责任是项目组织对每个成员规定的一部分管理活动和生产活动的具体内容。

②信息沟通是组织力形成的重要因素。信息产生的根源在组织活动之中，下级（下层）以报告的形式或其他形式向上级（上层）传递信息，同级不同部门之间为了相互协作而横向传递信息。越是高层领导，越需要信息，越要深入下层获得信息。领导离不开信息，有了充足的信息才能进行有效决策。因此，信息沟通体系也就显得尤为重要。

（3）形成一定的权力系统以便进行集中统一指挥

①组织机构的建立，首先是以法定的形式产生权力。权力是工作的需要，是管理地位形成的前提，是组织活动的反映。没有组织机构，便没有权力，也没有权力的运用。权力取决于组织机构内部是否团结一致，越团结，组织就越有权力，越有组织力。

②施工项目组织机构建立后要进行授权，以便实现施工项目管理的目标。权力的使用要合理分层，层次多，权力分散；层次少，权力集中。所以要在规章制度中把施工项目管理组织的权力阐述明白，固定下来。

二、建筑工程施工项目经理部

（一）项目经理部

1.项目经理部概述

项目经理部是由项目经理在企业法定代表人授权和职能部门的支持下按照企业的相关规定组建的、进行项目管理的一次性的组织机构。它在一定的约束条件（如工期、投资、质量、安全、施工环境等）下，担负着施工项目从开工到竣工全过程的生产经营管理工作。它既是企业的一个下属单位，必须服从企业的全面领导；又是一个施工项目机构独立利益的代表，同企业形成一种经济责任内部合同关系。项目经理部是施工现场管理的一次性具有弹性的施工生产经营管理机构，随着项目的立项而产生，随着项目的终结而解体。它一方面是企业施工项目的管理层，另一方面又对劳务作业层担负着管理和服务的双重职能。

项目经理部由项目经理、项目副经理及各种专业技术人员和相关管理人员组成。项目部成员的选聘，应根据各企业的规定，在企业的领导、监督下，以项目经理为主，以实现项目目标为宗旨，由项目经理在企业内部或面向社会（企业内部紧缺专业）根据一定的劳动人事管理程序进行择优聘用，并报企业领导批准。

2.项目经理部的作用

项目经理部是施工项目管理的工作班子，在项目经理的领导下开展工作。在施工项目管理中，项目经理部主要发挥如下作用：

（1）负责施工项目从开工到竣工的全过程施工生产经营的管理，对作业层负有管理与服务的双重职能。作业层工作的质量取决于项目经理的工作质量。

（2）为项目经理决策提供信息依据，当好参谋，同时又要执行项目经理的决策意图，向项目经理全面负责。

（3）项目经理部作为组织主体，应完成企业所赋予的基本任务——项目管理任务；凝聚管理人员的力量，调动其积极性，促进管理人员的合作；协调部门之间、管理人员之间的关系，发挥每个人的岗位作用，为共同目标进行工作；影响和改变管理人员的观念和行为，使个人的思想、行为变为组织文化的积极因素；实行责任制，搞好管理；沟通部门之间、项目经理部与作业队之间、与公司之间、与环境之间的关系。

（4）项目经理部是代表企业履行工程承包合同的主体，对项目产品和建设单位全面、全过程负责，使每个施工项目经理部成为市场竞争的主体成员。

3.项目经理部的设置原则和设立步骤

（1）项目经理部的设置原则

①根据设计的项目组织形式设置项目经理部。项目组织形式不仅与企业对施工项目的管理方式有关，而且与企业对项目经理部的授权有关。不同的组织形式对项目经理部的管理力量和管理职责提出了不同要求，同时也提供了不同的管理环境。

②应建立有益于项目经理部运转的工作制度。

③项目经理部的人员配置应面向现场，满足现场的计划与调度、技术与质量、成本与核算、劳务与物资、安全与文明施工的需要；而不应设置专管经营与咨询、研究与发展、政工与人事等与项目施工联系较少的非生产性管理部门。

④要根据施工项目的规模、复杂程度和专业特点设置项目经理部。例如大型项目经

理部可以设职能部、处；中型项目经理部可以设处、科；小型项目经理部一般只设职能人员即可。如果项目的专业性强，可设置专业性强的职能部门，如水电处、安装处、打桩处等。

⑤项目经理部是一个具有弹性的一次性管理组织，应随着工程项目的开工而组建，随着工程项目的竣工而解体，不应设置成一个固定性组织。

⑥项目经理部不应有固定的作业队伍，而应根据施工的需要，在企业的组织下，从劳务分包公司吸收人员并进行动态管理。

（2）项目经理部应按下列步骤设立

①根据企业批准的"项目管理规划大纲"，确定项目经理部的管理任务和组织结构。

②根据"项目管理目标责任书"进行目标分解与责任划分。

③确定项目经理部的组织设置。

④确定人员的职责、分工和权限。

⑤制定工作制度、考核制度与奖惩制度。

项目经理部经过企业法定代表人批准正式成立后，应以书面文件通知发包人和总监理工程师。项目经理部所制定的规章制度，应报上一级组织管理层批准。

（二）项目经理部的工作制度、工作运行及解体

1.项目经理部的工作制度

项目经理部的工作制度应围绕计划、责任、监理、奖惩、核算等方面。计划制是为了使各方面都能协调一致地为施工项目总目标服务，它必须覆盖项目施工的全过程和所有方面，计划的制订必须有科学的依据，计划的执行和检查必须落实到人。责任制建立的基本要求是：一个独立的职责，必须由一个人全权负责，应做到人人有责可负。监理制和奖惩制的目的是保证计划制和责任制贯彻落实，对项目任务完成进行控制和激励。它应具备的条件是有一套公平的绩效评价标准和方法，有健全的信息管理制度，有完整的监督和奖惩体系。核算制的目的是为落实上述四项制度提供基础，了解各种制度执行的情况和效果，并进行相应的控制。要求核算必须落实到最小的可控制单位上；要把人员职责落实的核算与按生产要素落实的核算、经济效益和经济消耗结合起来，建立完整的核算体系。

2.项目经理部的工作运行

（1）工作内容

①项目经理部在项目经理领导下制定"项目管理实施规划"及项目管理的各项规章制度。

②项目经理部对进入项目的资源和生产要素进行优化配置和动态管理。

③项目经理部有效控制项目工期、质量、成本和安全等目标。

④项目经理部协调企业内部、项目内部，以及项目与外部各系统之间的关系，增进项目有关各部门之间的沟通，提高工作效率。

⑤项目经理部对项目目标和管理行为进行分析、考核和评价，并对各类责任制度执行结果实施奖罚。

（2）运行机制

①项目经理部的工作应按制度运行，项目经理应加强与下属的沟通。

②项目经理部的运行应实行岗位责任制，明确各成员的责、权、利，设立岗位考核指标。

③项目经理应根据项目管理人员岗位责任制度对管理人员的责任目标进行检查、考核和奖惩。

④项目经理部应对作业队伍和分包人实行合同管理，并应加强目标控制与工作协调。

⑤项目经理是管理机制有效运行的核心，应做好协调工作，并能够严格检查和考核责任目标的实施状况，有效调动全员积极性。

⑥项目经理应组织项目经理部成员认真学习项目的规章制度，及时检查执行情况和执行效果，同时应根据各方面的信息反馈对规章制度、管理方式等及时地进行改进和提高。

（3）动态管理

项目经理部的组织和人员构成不应一成不变，而应随项目的进展、变化，以及管理需求的改变及时进行优化调整，从而使其适应项目管理新的需求，使得部门的设置始终与目标的实现相统一，这就是所谓的动态管理。

项目经理部动态管理的决策者是项目经理，项目经理可根据项目的实施情况及时调整经理部的构成，更换或任免项目经理部成员，甚至改变其工作职能，总的原则是确保项目经理部运行的高效化。

3.项目经理部的解体

（1）解体的条件

项目经理部是一次性并具有弹性的现场生产组织机构，工程竣工后，项目经理部应及时解体，同时做好善后处理工作。项目经理部解体的条件有：

①工程项目已经竣工验收，已经验收单位确认并形成书面材料。

②已经与各分包单位结算完毕。

③已协助组织管理层与发包人签订了"工程质量保修书"。

④"项目管理目标责任书"已经履行完成，经过审计合格。

⑤项目经理部在解体之前应与组织职能部门和相关管理机构办妥各种交接手续。

⑥项目经理部在解体之前应做好现场清理工作。

（2）解体后的效益评价与债权债务处理

①项目经理部解体、善后工作结束后，项目经理离任、重新投标或受聘前，必须按规定做到人走场清、账清、物清。

②项目经理部的工程结算、价款回收及加工订货等债权债务处理，一般情况下由留守小组在三个月内完成。若三个月未能全部收回又未办理任何法定手续，其差额作为项目经理部成本亏损额的一部分。

③项目经理部的工程成本盈亏审计以该项目工程实际发生成本与价款结算回收数为依据，由审计牵头，预算、财务和工程部门参加，于项目经理部解体后第四个月内写出审计评价报告，交公司经理办公会审批。

④由于现场管理工作需要，项目经理部自购的通信、办公等小型固定资产，必须如实建立台账，折价后移交企业。

项目经理部与企业有关职能部门发生矛盾时，由企业经理办公室裁决。项目经理部与劳务、专业分公司及栋号作业队发生矛盾时，按业务分工由企业劳动人事管理部、经营部和工程管理部裁决。所有仲裁的依据，原则上是双方签订的合同和有关的签证。

三、项目经理和项目经理责任制

（一）项目经理

1.项目经理的概念及其所需素质

（1）施工企业通过投标获得工程项目后，就要围绕该项目设立项目经理部，并通过一定的组织程序聘任或任命项目经理。项目经理上对企业和企业法定代表人负责，下对工程项目的各项活动和全体职员负责。项目经理既是实施项目管理活动的核心，担负着对施工项目各项资源（如机械设备、材料、资金、技术、人力资源等）的优化配置及保障施工项目各项目标（如工期、质量、安全、成本等）顺利实现的重任，又是企业各项经济技术指标的直接实施者，在现代建筑企业管理中具有举足轻重的地位。项目经理素质的高低，在一定程度上决定着整个企业的经营管理水平和企业整体素质。

项目经理是指企业法定代表人在建设工程项目上的授权委托代理人。项目经理受企业法定代表人委托和授权，在建设工程项目施工中担任项目经理岗位职务，是直接负责工程项目施工的组织实施者，对建设工程项目实施全过程、全面负责的项目管理者。他是建设工程施工项目的责任主体。

（2）项目经理所需的素质：项目经理是决定项目管理成败的关键人物，是项目管理的柱石，是项目实施的最高决策者、管理者、协调者和责任者，因此必须由具有相关专业执业资格的人员担任。项目经理必须具备以下良好的素质：

①具有较高的技术、业务管理水平和实践经验。

②有组织领导能力，特别是管理人的能力。

③政治素质好，作风正派，廉洁奉公，政策性强，处理问题能把原则性、灵活性和耐心结合起来。

④具有一定的社交能力和交流沟通能力。

⑤工作积极热情，精力充沛，能吃苦耐劳。

⑥决策准确、迅速，工作有魄力，敢于承担风险。

⑦具有较强的判断能力、敏捷思考问题的能力和综合、概括的能力。

（3）项目经理是决定"项目法"施工的关键，在推行项目经理责任制时，首先应研究如何选择出合格的项目经理。选择项目经理一般有以下四种方式：

①行政派出，即直接由企业领导决定项目经理人选。

②招标确定，即通过自荐，宣布施政纲领，群众选举，领导综合考核等环节产生。

③人事部门推荐、企业聘任，即授权人事部门对干部、职工进行综合考核，提出项目经理候选人名单，提供领导决策，领导一经确定，即行聘任。

④职工推选，即由职工代表大会或全体职工直接投票选举产生。

2.项目经理的基本工作

（1）规划施工项目管理目标

①施工项目经理应当对质量、工期、成本、安全等目标做出规划。

②应当组织项目经理班子成员对目标系统做出详细规划，绘制目标系统展开图，进行目标管理。规划做得如何，从根本上决定了项目管理的效能。

（2）选用人才

一个优秀的项目经理，必须下一番功夫去选择好项目经理班子成员及主要的业务人员。项目经理在选人时，首先要掌握"用最少的人干最多的事"的最基本效率原则，要选得其才，用得其能，置得其所。

（3）制定规章制度

项目经理要负责制定合理而有效的项目管理规章制度，从而保证规划目标的实现。规章制度必须符合现代管理基本原理，特别是"系统原理"和"封闭原理"。规章制度必须面向全体职工，使他们乐意接受，以有利于推进规划目标的实现。

3.项目经理的地位

（1）项目经理是施工工程中责、权、利的主体。

（2）项目经理是各种信息的集散中心。

（3）项目经理是协调各方面关系的桥梁与纽带。

（4）项目经理是项目实施阶段的第一责任人。

（二）项目经理责任制

1.项目经理责任制概述

项目经理责任制是指企业制定的，以项目经理为责任主体，确保项目管理目标实现的责任制度。项目经理责任制是项目管理目标实现的具体保障和基本条件，用以确定项目经理部与企业、职工三者之间的责、权、利关系。它是以施工项目为对象，以项目经理全面负责为前提，以"项目管理目标责任书"为依据，以创优质工程为目标，以求得项目产品的最佳经济效益为目的，实行从施工项目开工到竣工验收的一次性全过程的管理。

项目经理责任制作为项目管理的基本制度，是评价项目经理绩效的依据。项目经理责任制的核心是项目经理承担实现项目管理目标责任书确定的责任。项目经理与项目经理部在工程建设中应严格遵守和实行项目管理责任制度，确保项目目标全面实现。

施工企业在推行项目管理时，应实行项目经理责任制，注意处理好企业管理层、项目管理层和劳务作业层的关系，并应在"项目管理目标责任书"中明确项目经理的责任、权力和利益。企业管理层、项目管理层和劳务作业层的关系应符合下列规定：

（1）企业管理层应制定和健全施工项目管理制度，规范项目管理。

（2）企业管理层应加强计划管理，保持资源的合理分布和有序流动，并为项目生产要素的优化配置和动态管理服务。

（3）企业管理层应对项目管理层的工作进行全过程指导、监督和检查。

（4）项目管理层应该做好资源的优化配置和动态管理，执行和服从企业管理层对项目管理的监督检查和宏观调控。

（5）企业管理层与劳务作业层应签订劳务分包合同。项目管理层与劳务作业层应建立共同履行劳务分包合同的关系。

企业管理层对整个企业行使管理职能，而项目管理层只是对自身项目进行管理。企业管理层可以同时管理各个项目；而项目管理层的管理对象是唯一的。企业管理层对项目所进行的指导和管理，目的是保证项目的正常实施，保证项目目标的顺利实现，这一目标既包括工期、质量，同时又包括利润和安全；而项目管理层对项目所进行的管理是直接管理，其目的是保证项目各项目标的顺利实现。项目管理层是成本的控制中心；而企业管理层是利润的保证中心。二者之间对于施工项目的实施来说是直接与间接的关系，对于施工项目管理工作来说是微观与宏观的关系，对于企业经济利益来说是成本与利润的关系，其最终目的是统一的，都是实现施工项目的各项既定目标。

项目管理层与劳务作业层应建立共同履行劳务分包合同的关系，而劳务分包合同的订立，则应由企业管理层与劳务公司进行。项目管理层应是施工项目在实施期间的决策层，其职能是在"项目管理目标责任书"的要求下，合理有效地配置项目资源，组织项目实施，对项目各实施环节进行跟踪控制，其管理对象就是劳务作业层。劳务作业层是施工项目的具体实施者，它是按照劳务合同，在项目管理层的直接领导下，从事项目劳务作业。项目经理与企业法人代表之间应是委托与被委托的关系，也可以概括为授权与被授权的关系。他们之间不存在集权和分权的问题。

2.项目经理责任制的特点

（1）对象终一性

项目经理责任制以施工项目为对象，实行项目产品形成过程的一次性全面负责，不同于过去企业的年度或阶段性承包。

（2）主体直接性

项目经理责任制实行经理负责、全员管理、标价分离、指标考核、项目核算、确保上缴、集约增效、超额奖励的复合型指标责任制，重点突出了项目经理个人的主要责任。

（3）内容全面性

项目经理责任制是根据先进、合理、实用、可行的原则，以保证提高工程质量、缩短工期、降低成本、保证安全和文明施工等各项目标为内容的全过程的目标责任制。它明显区别于单项承包或利润指标承包。

（4）责任风险性

项目经理责任制充分体现了"指标突出、责任明确、利益直接、考核严格"的基本要求。其最终结果与项目经理部成员，特别是与项目经理的行政晋升、奖、罚等个人利益直接挂钩，经济利益与责任风险同在。

3.实行项目经理责任制的条件

项目经理责任制要求项目经理个人全面负责，项目管理班子集体全面管理，应注重发扬项目管理的团队精神。项目经理责任制的重点在于管理，在实施项目管理责任制的过程中，要注重现代化管理的内涵和运用，不断提高科学管理水平。

实行项目经理责任制的条件如下。

（1）有一批懂法律、会管理、敢负责并掌握施工项目管理技术的人才，组织一个精干、得力、高效的项目管理班子。

（2）建立企业业务工作系统化管理，使企业具有为项目经理部提供人力资源、材料、设备及生活设施等各项服务的功能。

（3）能按计划落实、提供各种工程技术资料、施工图纸、劳动力配备和三大主材等。

（4）项目任务落实、开工手续齐全，具有切实可行的项目管理规划大纲或施工组织总设计。

第四章　建筑工程造价概述

第一节　建筑工程造价的含义

建筑业是国民经济中一个独立的生产部门，建设工程是建筑业生产的产品。产品需要计算价格，建设工程造价就是对建设工程这种产品进行价格计算。对建设工程进行价格计算贯穿了整个建设程序，其中，预算就是对建设工程这种产品在施工之前预先进行价格计算。工程建设程序：项目建议书→可行性研究→初步设计→施工图设计→建设准备→建设实施+生产准备→竣工验收→交付使用。

项目建议书阶段：按照有关规定编制初步投资估算（利用投资估算指标），经有关部门批准，作为拟建项目列入国家长期计划和开展前期工作的控制造价。

可行性研究阶段：按照有关规定再次编制投资估算，经有关部门批准，即为该项目国家计划控制造价。

初步设计阶段：按照有关规定编制初步设计总概算（利用概算指标或概算定额），经有关部门批准，即为控制拟建项目工程造价的最高限额。

施工图设计阶段：按照有关规定编制施工图预算（利用预算定额），用于核实施工图阶段造价是否超过批准的初步设计概算。招投标中，施工单位的投标价、建设单位的招标控制价、中标价都属于施工图预算价。

建设实施阶段：按照有关规定编制结算，结算价是在预算价的基础上考虑了工程变更因素所组成的价格，计价方式与预算基本一致。

竣工验收阶段：全面汇集在工程建设过程中实际花费的全部费用，由建设单位编制竣工决算，如实体现该建设工程的实际造价。结算价是对应于承发包双方而言的；决算价是对应于投资和项目法人而言的。

直接准确确定一个还不存在的建设工程的价格（预算）是有很大难度的。为了计价，需要研究生产产品的过程（建筑施工过程）。通过对建筑产品的生产过程的研究，我们发现：任何一种建筑产品的生产总是消耗了一定的人工、材料和机械。因此，我们转而研究生产产品所消耗的人工量、材料量和机械量。通过确定生产产品直接消耗掉的人工、材料和机械的数量，计算出对应的人工费、材料费和机械费，进而在人工费、材料费和机械费的基础上组成产品的价格。生产产品所消耗的人工量、材料量和机械量目前是通过定额获得的。定额是用来规定生产产品的人工、材料和机械消耗量的标准。它反映的是生产关系和生产过程的规律，用现代的科学技术方法找出建筑产品生产和劳动消耗之间的数量关系，并且联系生产关系和上层建筑的影响，以寻求最大地节约劳动消耗和提高劳动生产率的途径。建设工程造价（预算）的含义是使用定额对建筑产品预先进行计价。

一、工程建设概述

（一）建设工程与工程建设

建设工程是人类有组织、有目的、大规模的经济活动，是固定资产再生产过程中形成综合生产能力或发挥工程效益的工程项目。其经济形态包括建筑、安装工程建设，购置固定资产及与此相关的一切其他工作。建设工程是指建设新的或改造原有的固定资产。固定资产是指在社会再生产过程中，可供较长时间使用，并在使用过程中基本不改变原有实物形态的劳动资料和其他物质资料。它是人类物质财富的积累，是人们从事生产和物质消费的基础。

建设工程的特定含义是通过"建设"形成新的固定资产，单纯的固定资产购置，如购进商品房屋，购进施工机械，购进车辆、船舶等，虽然新增了固定资产，但一般不视为建设工程。建设工程是建设项目从预备、筹建、勘察设计、设备购置、建筑安装、试车调试、竣工投产，直到形成新的固定资产的全部工作。工程建设是人们用各种施工机具、机械设备对各种建筑材料等进行建造和安装，使之成为固定资产的过程。

（二）建设项目的构成

建设项目是一个有机的整体，为了建设项目的科学管理和经济核算，将建设项目由大到小划分为建设项目、单项工程、单位工程、分部工程、分项工程。

1.建设项目

建设项目是指按一个总体设计进行施工的一个或几个单项工程的总体。建设项目在行政上具有独立的组织形式，经济上实行独立核算，如新建一个工厂、一所学校、一个住宅小区等都可称为一个建设项目。一个建设项目一般由若干个单项工程组成，特殊情况下也可以只包含一个单项工程。

2.单项工程

单项工程是建设项目的组成部分，是指具有独立的设计文件，竣工后可以独立发挥生产设计能力或效益的产品车间（联合企业的分厂）生产线或独立工程。一个建设项目可以包括若干个单项工程。例如，一个新建工厂的建设项目，其中的各个生产车间、辅助车间、仓库、住宅等工程都是单项工程。有些比较简单的建设项目本身就是一个单项工程，例如，只有一个车间的小型工厂、一条森林铁路等。

3.单位工程

单位工程是指不能独立发挥生产能力，但具有独立设计的施工图，可以独立组织施工的工程，如某幢住宅中的土建工程是一个单位工程，安装工程又是一个单位工程。单项工程由若干个单位工程组成。

4.分部工程

考虑到组成单位工程的各部分是由不同工人用不同工具和材料完成的，可以进一步把单位工程分解为分部工程。土建工程的分部工程是按建设工程的主要部位划分的，例如，基础工程、主体工程、地面工程等；安装工程的分部工程是按工程的种类划分的，例如，管道工程、电气工程、通风工程以及设备安装工程等。

5.分项工程

按照不同的施工方法、构造及规格可以把分部工程进一步划分为分项工程。分项工程是能通过较简单的施工过程生产出来的，可以用适当的计量单位计算并便于测定或计算其消耗的工程基本构成要素。在工程造价管理中，将分项工程作为一种"假象的"建筑安装工程产品。土建工程的分项工程是按建设工程的主要工种工程划分的，例如，土方工程、钢筋工程等；安装工程的分项工程按用途或输送不同介质、物料及设备组别划分，例如，给水工程中铸铁管、钢管、阀门等。

（三）建设项目的内容

建设项目一般包括建筑工程，设备安装工程，设备、工器具及生产家具的购置，其他工程建设工作四个部分的内容。

1.建筑工程

建筑工程是指永久性和临时性的建筑物、构筑物的土建、装饰、采暖、通风、给水排水、照明工程；动力、电信导线的敷设工程；设备基础、工业炉砌筑、厂区竖向布置工程；水利工程和其他特殊工程等。

2.设备安装工程

设备安装工程是指动力、电信、起重、运输、医疗、试验等设备的装配、安装工程。附属于被安装设备的管线敷设、金属支架、梯台和有关保温、油漆、测试、试车等工作。

3.设备、工器具及生产家具的购置

设备、工器具及生产家具的购置是指车间、试验室等所应配备的，符合固定资产条件的各种工具、器具、仪器及生产家具的购置。

4.其他工程建设工作

其他工程建设工作是指在上述内容之外的，在工程建设程序中所发生的工作，如征用土地、拆迁安置、勘察设计、建设单位日常管理、生产职工培训等。

二、工程造价概述

（一）工程造价的含义

建设工程预算是指预先计算工程的建设费用，也称工程造价。按照计价的范围和内容的不同，工程造价可分为广义的工程造价和狭义的工程造价两种情况。

广义的工程造价是指建设一项工程预期开支或实际开支的全部固定资产投资费用。其包括工程建设所包含的四部分内容的费用。狭义的工程造价即建成一项工程，预计或实际在土地市场、设备市场、技术劳务市场，以及承包市场等交易活动中所形成的建筑安装工程的价格和建筑工程总价格。

（二）建设项目总投资的构成

我国现行建设项目总投资由建设投资、建设期贷款利息、固定资产投资方向调节税和经营性项目铺底流动资金等几项组成。

建设投资是指用于建设项目的全部工程费用、工程建设其他费用及预备费用之和。建设投资由工程费用（建筑工程费、设备购置费、安装工程费）、工程建设其他费用和预备费用（基本预备费和价差预备费）组成。

建设期贷款利息是指建设项目贷款在建设期内发生并应计入固定资产的贷款利息等财务费用。

固定资产投资方向调节税是指国家为贯彻产业政策、引导投资方向、调整投资结构而征收的投资方向调整税金。现已暂停征收。

铺底流动资金是指生产经营性建设项目为保证投产后正常的生产营运所需，在项目资本金中的自有流动资金。非生产经营性建设项目不列入铺底流动资金。铺底流动资金一般占流动资金的30%，其余70%流动资金可申请短期贷款。

1.工程费用的组成

（1）设备及工器具购置费用

设备及工器具购置费用是由设备购置费和工具、器具及生产家具购置费组成的，是固定资产投资中的一部分。在生产性工程建设中，设备及工器具购置费用占工程造价比重的增大，意味着生产技术的进步和资本有机构成的提高。该费用由两项费用构成：一是设备购置费，由达到固定资产标准的设备工具、器具的费用组成；二是工具、器具及生产家具购置费，由不够固定资产标准的设备、仪器、工卡模具、器具、生产家具和备品备件等的购置费用组成。

（2）建筑安装工程费用

（狭义的工程造价）在工程建设中，建筑安装工程是创造价值的活动。建筑安装工程费用作为建筑安装工程价值的货币表现，也被称为建筑安装工程造价。其由建筑工程费用和安装工程费用两部分构成。

建筑工程费用的内容：各类房屋建筑工程和列入房屋建筑工程预算的供水、供暖、卫生、通风、燃气等设备费用及其装饰工程的费用，列入建筑工程预算的各种管道、电力、电信、电缆导线敷设工程的费用；设备基础、支柱、工作台、烟囱、水池水塔、筒仓等建筑工程，以及各种窑炉的砌筑工程、金属结构工程的费用；矿井开凿、井巷延伸、露天矿剥离，石油、天然气钻井，修建铁路、公路、桥梁、水库、堤坝、灌渠及防洪等工程的费用。

安装工程费用的内容：生产、动力、起重、运输、传动、试验、医疗等各种需要安装的机械设备的装配费用，与设备相连的工作平台、梯子、栏杆等装设工程费用，附属于安装设备的管线敷设工程费用，以及安装设备的绝缘防腐、保温、油漆等工程费用；对单台设备进行单机试运转，对系统设备进行联动无负荷试运转工作调试的费用。

2.工程建设其他费用的组成

工程建设其他费用是指应在建设项目的建设投资中开支的固定资产其他费用、无形资产费用和其他资产费用（递延资产）。

（1）固定资产其他费用

建设管理费是指建设单位从项目筹建开始直到工程竣工验收合格或交付使用为止发生的项目建设管理费用。该项费用内容包括以下几个部分。建设单位管理费：指建设单位发生的管理性质的开支。包括工作人员工资、工资性补贴、施工现场津贴、职工福利费、住房基金、基本养老保险费、基本医疗保险费、失业保险费、工伤保险费、办公费、差旅交通费、劳动保护费、工具用具使用费、固定资产使用费、必要的办公及生活用品购置费、必要的通信设备及交通工具购置费、零星固定资产购置费、招募生产工人费、技术图书资料费、业务招待费、设计审查费、工程招标费、合同契约公证费、法律顾问费、咨询费、完工清理费、竣工验收费、印花税和其他管理性质开支。工程监理费：指建设单位委托工程监理单位实施工程监理的费用。工程质量监督费：指工程质量监督检验部门检验工程质量而收取的费用。建设用地费是指按照《中华人民共和国土地管理法》等规定，建设项目征用土地或租用土地应支付的费用。①土地征用及补偿费：经营性建设项目通过出让方式购置的土地使用权（或建设项目通过划拨方式取得无限期的土地使用权）而支付的土地补偿费、安置补偿费、地上附着物和青苗补偿费、余物迁建补偿费、土地登记管理费等；行政事业单位的建设项目通过出让方式取得土地使用权而支付的出让金；建设单位在建设过程中发生的土地复垦费用和土地损失补偿费用；建设期间临时占地补偿费。②征用耕地按规定一次性缴纳的耕地占用税；征用城镇土地在建设期间按规定每年缴纳的城镇土地使用税；征用城市郊区菜地按规定缴纳的新菜地开发建设基金。③建设单位租用建设项目土地使用权在建设期支付的租地费用。

可行性研究费是指在建设项目前期工作中，编制和评估项目建议书（或预可行性研究报告）、可行性研究报告所需的费用。

研究试验费是指为本建设项目提供或验证设计数据、资料等进行必要的研究试验及按照设计规定在建设过程中必须进行试验、验证所需的费用。

勘察设计费是指委托勘察设计单位进行工程水文地质勘查、工程设计所发生的各项费用。包括工程勘察费、初步设计费（基础设计费）、施工图设计费（详细设计费）、设计模型制作费。

环境影响评价费是指按照《中华人民共和国环境保护法》《中华人民共和国环境影响评价法》等规定，为全面、详细评价本建设项目对环境可能产生的污染或造成的重大影响所需的费用。包括编制环境影响报告书（含大纲）、环境影响报告表和评估环境影响报告书（含大纲）、评估环境影响报告表等所需的费用。

劳动安全卫生评价费是指为预测和分析建设项目存在的职业危险、危害因素的种类和危险危害程度，并提出先进、科学、合理可行的劳动安全卫生技术和管理对策所需的费用。包括编制建设项目劳动安全卫生预评价大纲和劳动安全卫生预评价报告书，以及为编制上述文件所进行的工程分析和环境现状调查等所需的费用。

场地准备费及临时设施费是指建设场地准备费和建设单位临时设施费。场地准备费是指建设项目为达到工程开工条件所发生的场地平整和对建设场地余留的有碍于施工建设的设施进行拆除清理的费用。临时设施费是指为满足施工建设需要而提供到场地界区的、未列入工程费用的临时水、电、路、信、气等其他工程费用和建设单位的现场临时建（构）筑物的搭设、维修、拆除、摊销或建设期间租赁费用，以及施工期间专用公路养护费、维修费。

引进技术和引进设备其他费用是指引进技术和设备发生的未计入设备费的费用。其内

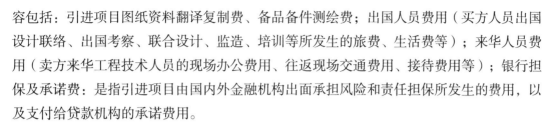

容包括：引进项目图纸资料翻译复制费、备品备件测绘费；出国人员费用（买方人员出国设计联络、出国考察、联合设计、监造、培训等所发生的旅费、生活费等）；来华人员费用（卖方来华工程技术人员的现场办公费用、往返现场交通费用、接待费用等）；银行担保及承诺费：是指引进项目由国内外金融机构出面承担风险和责任担保所发生的费用，以及支付给贷款机构的承诺费用。

工程保险费是指建设项目在建设期间根据需要对建筑工程、安装工程、机器设备和人身安全进行投保而发生的保险费用。包括建筑安装工程一切险、引进设备财产保险和人身意外伤害险等。

联合试运转费是指新建项目或新增加生产能力的工程，在交付生产前按照批准的设计文件所规定的工程质量标准和技术要求，进行整个生产线或装置的负荷联合试运转或局部联动试车所发生的费用净支出（试运转支出大于收入的差额部分费用）。试运转支出包括试运转所需原材料、燃料及动力消耗、低值易耗品、其他物料消耗、工具用具使用费、机械使用费、保险金、施工单位参加试运转人员工资以及专家指导费等；试运转收入包括试运转期间的产品销售收入和其他收入。

特殊设备安全监督检验费是指在施工现场组装的锅炉及压力容器、压力管道、消防设备、燃气设备、电梯等特殊设备和设施，由安全监察部门按照有关安全监察条例和实施细则以及设计技术要求进行安全检验，应由建设项目支付的、向安全监察部门缴纳的费用。

市政公用设施费是指使用市政公用设施的建设项目，按照项目所在地省一级人民政府有关规定建设或缴纳的市政公用设施建设配套费用，以及绿化工程补偿费用。例如，水增容费、供配电补贴费。

（2）无形资产费用（专利及专有技术使用费）

无形资产费用包括：国外设计及技术资料费，引进有效专利、专有技术使用费和技术保密费；国内有效专利、专有技术使用费用；商标权、商誉和特许经营权费等。

（3）递延资产其他费用（生产准备费及开办费）

生产准备费及开办费是指建设项目为保证正常生产（或营业、使用）而发生的人员培训费、提前进厂，以及投产使用必备的生产办公、生活家具用具与工器具等购置费用。

①人员培训费及提前进厂费：自行组织培训或委托其他单位培训的人员工资、工资性补贴、职工福利费、差旅交通费、劳动保护费、学习资料费等。

②为保证初期正常生产（或营业、使用）所必需的生产办公、生活家具用具购置费。

③为保证初期正常生产（或营业、使用）所必需的第一套不够固定资产标准的生产工具、器具、用具购置费，不包括备品备件费。

3.预备费用的组成

预备费用包括基本预备费和涨价预备费。

（1）基本预备费

基本预备费是指在初步设计与概算编制阶段难以包括的工程及其他支出发生的费用。

（2）涨价预备费

涨价预备费是指工程建设项目在建设期由于物价上涨而预留的费用。包括建设项目在建设期由于人工、设备、材料、施工机械价格及国家和省级政府发布的费率、利率、汇率等变化而引起工程造价变化的预测预留费用。

（三）工程造价两种含义之间的关系

广义的工程造价是对应于投资和项目法人而言的；狭义的工程造价是针对承发包双方而言的。

广义的工程造价的外延是全方位的，即工程建设所有费用；狭义的工程造价即使是针对"交钥匙"工程而言也不是全方位的。例如，建设项目的贷款利息、项目法人本身对项目管理的管理费等都是不可能纳入工程承发包范围的。在总体数目额及内容组成等方面，广义的工程造价总是大于狭义的工程造价的总和。

与两种造价含义相对应，就有两种造价管理：一是建设成本的管理；二是承包价格的管理。前者属于投资管理范畴，努力提高投资效益，是投资主体、建设单位须具体从事的，国家对此实施政策指导和监督的管理形式；后者属于建筑市场价格管理范畴，国家通过宏观调控、市场管理来求得建筑产品价格的总体合理，建设单位、施工单位对具体项目的工程承包实施微观治理的管理形式。

建设成本的管理要服从于承包价的市场管理，承包价的管理要适当顾及建设成本的承受能力。

（四）工程造价的特点

1.工程造价的大额性

要发挥工程项目的投资效用，其工程造价都非常昂贵，动辄数百万、数千万元，特大的工程项目造价可达百亿元人民币。工程造价的大额性使它关系到有关各方面的重大经济利益，同时，也会对国家宏观经济产生重大影响。这就决定了工程造价的特殊地位，也说明了工程造价管理的重要意义。

2.工程造价的个别性和差异性

建筑工程的特点是先设计后施工，由于建筑工程的用途不同，技术水平、建筑等级和建筑标准的差别，工程所在地气候、地质、地震、水文等自然条件的差异，使得每一个建

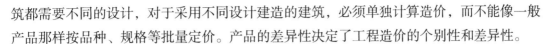

筑都需要不同的设计，对于采用不同设计建造的建筑，必须单独计算造价，而不能像一般产品那样按品种、规格等批量定价。产品的差异性决定了工程造价的个别性和差异性。

3.工程造价的层次性

建筑工程包含的内容很多，为了进行计价，首先需要将工程分解到计价的最小单元（分项工程），通过计算分项工程的价格汇总得到分部工程价格，分部工程价格汇总得到单位工程价格，单位工程价格汇总得到单项工程价格。这就是建筑工程计价的层次性特点。

4.工程造价的动态性

任何一项工程从决策到竣工交付使用，都有一个较长的建设工期，在建设期内，往往由于不可控因素，造成许多影响工程造价的动态因素，如设计变更、材料、设备价格、工资标准，以及取费费率的调整，贷款利率、汇率的变化，都必然会影响工程造价。所以，工程计价是伴随着工程建设的进程而不断进行的，在整个建设期处于不确定的状态，直至竣工决算后才能最终确定工程的实际造价。

第二节　建筑工程造价原理

对工程造价的研究是从研究建筑产品的特性开始的。与其他工业产品的生产特点不同，建筑产品生产的单件性、建设地点的固定性、施工生产的流动性等特性是造成建筑产品必须通过编制设计概算、施工图预算、工程量清单报价确定工程造价的根本原因。

一、建筑产品的特性

（一）产品生产的单件性

建筑产品的单件性是指每个建筑产品都具有特定的功能和用途，在建筑物的造型、结构、尺寸、设备配置和内外装修等方面都有不同的具体要求。即使用途完全相同的工程项目，在建筑等级、基础工程等方面都可能会不一样。可以这么说，在实践中找不到两个完全相同的建筑产品。因此，建筑产品的单件性使建筑物在实物形态上千差万别，各不相同，进而导致每个建筑物的工程造价各不相同。

（二）建设地点的固定性

建设地点的固定性是指建筑产品的生产和使用必须固定在某一个地点，一般情况下，建成后不能随意移动。建筑产品固定性的客观事实，使得建筑物的结构和造型受到当地自然气候、地质、水文、地形等因素的影响和制约，使得功能相同的建筑物在实物形态上仍有较大的差别，从而使每个建筑产品的工程造价各不相同。

（三）施工生产的流动性

施工生产的流动性是指施工企业必须在不同的建设地点组织施工、建造房屋。建筑产品的固定性是产生施工生产流动性的根本原因。因为建筑物固定了，施工队伍就必然相应地流动了。由于每个建设地点离施工单位基地的距离不同、资源条件不同、运输条件不同、工资水平不同等，建筑产品的工程造价也不同。

二、确定工程造价的重要基础

建筑产品的三大特性决定了其人工、材料、机械台班等要素在价格上千差万别的。这种差别形成了制定统一建筑产品价格的障碍，给建筑产品定价带来了困难，通常工业产品的定价方法已经不适用于建筑产品的定价。

当前，建筑产品价格主要有两种表现形式：一是政府指导价；二是市场竞争价。施工图预算确定的工程造价属于政府指导价；编制工程量清单报价，通过招标投标确定的承包价，属于市场竞争价。

产品定价的基本规律除了价值规律外，还应该有两条：一是通过市场竞争形成价格；二是同类产品的价格水平应该保持一致。对于建筑产品来说，价格水平一致性的要求和建筑产品单件性的差别特性是一对需要解决的矛盾，因为我们无法做到以一个建筑物为对象来整体定价而达到保持价格水平一致的要求。

通过长期实践和探讨，人们找到了用编制施工图预算或编制工程量清单报价确定产品价格的方法来解决价格水平一致的问题。因此，施工图预算或编制工程量清单报价是确定建筑产品价格的特殊方法。这个特殊的方法就是将复杂的建筑工程分解为具有共性的基本构造要素——分项工程，然后编制单位分项工程人工、材料、机械台班消耗量及货币量的消耗量定额（预算定额），从而建立了确定建筑工程造价的重要基础。

（一）确定工程造价原理的重要基础

1.假定建筑产品——分项工程

建筑产品是结构复杂、体型庞大的工程，要对这样一类完整产品进行统一定价，不太容易办到，这就需要按照一定的规则，将建筑产品进行合理分解，层层分解到构成完整建筑产品的共同构造要素——分项工程为止，这样才能实现对建筑产品进行定价的目标。

从建设项目划分的内容来看，将单位工程按结构构造部位和工程工种来划分，可以分解为若干个分部工程。但是，从对建筑产品定价的要求来看，仍然不能满足要求。因为以分部工程为对象定价，影响因素较多。例如，同样是砖墙，构造可能不同（如实砌墙或空花墙），材料也可能不同（如标准砖或灰砂砖），受这些因素影响，分部工程人工、材料消耗的差别较大。所以，还必须按照不同的构造、材料等要求，将分部工程分解为更为简单的组成部分——分项工程，例如，M5混合砂浆砌240mm厚灰砂砖墙和现浇C20钢筋混凝土圈梁，是两个分项工程项目。

因此，分项工程是经过逐步分解的能够用较为简单的施工过程生产出来的，可以用适当计量单位计算的工程基本构造要素。

2.假定建筑产品的消耗量标准——预算定额（消耗量定额）

将建筑工程层层分解后，就能采用一定的方法，编制出单位分项工程的人工、材料、机械台班消耗量标准——预算定额。

虽然不同的建筑工程由不同的分项工程项目和不同的工程量构成，但是有了预算定额后，就可以计算出价格水平基本一致的工程造价。这是因为预算定额确定的每一单位分项工程的人工、材料、机械台班消耗量起到了统一建筑产品劳动消耗量水平的作用，从而使我们能够对千差万别的各建筑工程不同的工程数量，计算出符合统一价格水平的工程造价。例如，甲工程砖基础工程量为68.56m³，乙工程砖基础工程量为205.66m³，虽然其工程量不同，但使用统一的预算定额后，它们的人工、材料、机械台班消耗量水平（单位消耗量）是一致的。如果在预算定额消耗量的基础上再考虑价格因素，用货币反映出定额基价，那么就可以计算出直接费、间接费、利润和税金，而后就能算出整个建筑产品的工程造价。

（二）施工图预算确定工程造价的方法

1.单位估价法

单位估价法是编制施工图预算常采用的方法。该方法根据施工图和预算定额，通过分项工程量和定额直接费计算，将分项工程定额直接费汇总成单位工程定额直接费后，再根据措施费费率、间接费费率、利润率、税率等分别计算出各项费用和税金，最后汇总成单位工程造价。

2.实物金额法

当预算定额中只有人工、材料、机械台班消耗量，而没有定额基价的货币量时，我们可以采用实物金额法计算工程造价。实物金额法的基本做法是：先算出分项工程的人工、材料、机械台班消耗量，然后汇总成单位工程的人工、材料、机械台班消耗量，再将这些消耗量分别乘以各自的单价，最后汇总成单位工程直接费。后面各项费用的计算同单位估价法。

3.分项工程完全单价计算法

分项工程完全单价计算法的特点是，以分项工程为对象计算工程造价，再将分项工程造价汇总成单位工程造价。该方法在形式上类似于工程量清单计价法，但二者又有本质上的区别。

三、定额编制原理与方法

（一）概述

马克思主义政治经济学论述的"价值规律"告诉我们，产品的价值是由生产这个产品的社会必要劳动（量）时间确定的。定额就是研究生产建筑产品社会必要劳动（量）时间的工作成果。

1.定额的概念

定额是国家行政主管部门颁发的、用于规定完成建筑安装产品所需消耗的人力、物力和财力的数量标准。定额反映了在一定时期社会生产力水平条件下，施工企业的社会平均生产技术水平和管理水平。建筑工程定额按用途主要分为劳动定额、材料消耗定额、机械台班使用定额、施工定额预算定额、概算定额、概算指标和费用定额。

2.定额的分类

（1）概算指标

概算指标是以整个建筑物或构筑物为对象，以"m²""m³""座"等为计量单位，确定其人工、材料、机械台班消耗量指标的数量标准。概算指标是建设项目投资估算的依据，也是评价设计方案经济合理性的依据。

（2）概算定额

概算定额亦称扩大结构定额，它规定了完成单位扩大分项工程所必须消耗的人工、材料、机械台班的数量标准。概算定额是由预算定额综合而成的，是将预算定额中有联系的若干个分项工程项目综合为一个概算定额项目。例如，将预算定额中人工挖地槽土方、基础垫层、砖基础、墙基防潮层、地槽回填土、余土外运等若干个分项工程项目综合成一个概算定额项目，即砖基础项目。概算定额是编制设计概算的依据，也是评价设计方案经济合理性的重要依据。

（3）预算定额

预算定额是由工程造价行政主管部门颁发的，用于确定一定计量单位的分项工程或人

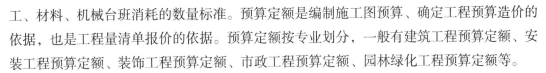

工、材料、机械台班消耗的数量标准。预算定额是编制施工图预算、确定工程预算造价的依据，也是工程量清单报价的依据。预算定额按专业划分，一般有建筑工程预算定额、安装工程预算定额、装饰工程预算定额、市政工程预算定额、园林绿化工程预算定额等。

（4）间接费定额

间接费定额是指与施工生产的个别项目无直接关系，而为维持企业经营管理活动所发生的各项费用开支的标准。间接费定额是计算工程间接费的依据。

（5）企业定额

企业定额是确定单位分项工程人工、材料、机械台班消耗的数量标准，也是企业内部管理的基础，是企业确定工程投标报价的依据。

（6）劳动定额

劳动定额亦称人工定额，它规定了在正常施工条件下，某工种某等级的工人（或工人小组），生产单位合格产品所必须消耗的劳动时间，或者是在单位工作时间内生产合格产品的数量。劳动定额是编制企业定额、预算定额的依据，也是企业内部管理的基础。

（7）材料消耗定额

材料消耗定额规定了在正常施工条件和合理使用材料的条件下，生产单位合格产品所必须消耗的一定品种规格的原材料、半成品、成品或结构构件的数量标准。材料消耗定额是编制企业定额、预算定额的依据，也是企业内部管理的基础。

（8）机械台班定额

机械台班定额规定了在正常施工条件下，利用某种施工机械，生产单位合格产品所必须消耗的机械工作时间，或者在单位时间内机械完成合格产品的数量标准。机械台班定额是编制企业定额、预算定额的依据，也是企业内部管理的基础。

（9）工期定额

工期定额是指单位工程或单项工程从正式开工起，到完成承包工程全部设计内容并达到国家质量验收标准的全部有效施工天数。工期定额是编制施工计划、签订承包合同、评价优良工程的依据。

（10）费用定额

费用定额是指规定措施费、企业管理费、规费、利润费率和税金税率及上述各项费用的计算基础的数量标准。

（二）施工过程研究

1.施工过程的概念

施工过程是指在建筑工地范围内所进行的各种生产过程。施工过程的最终目的是建造、恢复、改造、拆除或移动工业、民用建筑物的全部或一部分。例如人工挖地槽土方、

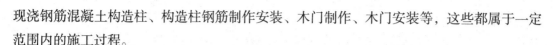

现浇钢筋混凝土构造柱、构造柱钢筋制作安装、木门制作、木门安装等，这些都属于一定范围内的施工过程。

2.施工过程的分解

施工过程按其组织上的复杂程度，一般可以划分为工序、工作过程和综合工作过程。

（1）工序

工序是指在劳动组织上不可分割，而在技术操作上属于同一类的施工过程。工序的主要特征是劳动者、劳动对象和劳动工具均不发生变化。如果其中有一个条件发生变化，就意味着从一个工序转入另一个工序。从施工的技术组织观点来看，工序是最基本的施工过程，是定额技术测定工作中的主要观察和研究对象。例如砌砖这一工序中，工人和工作地点是相对固定的，材料（砖）、工具（砖刀）也是不变的。如果材料由砖换成了砂浆或工具由砖刀换成了灰铲，那么，就意味着转入了铲灰浆或铺灰浆工序。从劳动过程的观点看，工序又可以分解为更小的组成部分操作；操作又可以分解为最小的组成部分——动作。

（2）工作过程

工作过程是指同一工人或工人小组所完成的，在技术操作上相互有联系的工序组合。工作过程的主要特征是：劳动者不变，工作地点不变，而材料和工具可以变换。例如调制砂浆这一工作过程，其人员是固定不变的，工作地点是相对稳定的，但时而要用沙子，时而要用水泥，即材料在发生变化；时而用铁铲，即工具在发生变化。

（3）综合工作过程

综合工作过程是指在施工现场同时进行的，在组织上有直接联系的，并且最终能获得一定劳动产品的施工过程的总和。例如，砌砖墙这一综合工作过程由调制砂浆、运砂浆、运砖、砌墙等工作过程构成，它们在不同的空间同时进行，在组织上有直接联系，并最终形成了共同产品一定数量的砖墙。施工过程的工序（或其组成部分），如果以同样的内容和顺序不断循环，并且每重复一次循环可以生产出同样的产品，则称为循环施工过程，反之，则称为非循环施工过程。

3.分解施工过程的目的

对施工过程进行分解并加以研究的主要目的是：使我们在技术上有可能采取不同的现场观察方法来研究工料消耗的数量，取得编制定额的各项基础数据。

（三）工作时间研究

完成任何施工过程，都必须消耗一定的时间，若要研究施工过程中的工时消耗量，就必须对工作时间进行分析。工作时间是指工作班的延续时间，建筑企业工作班的延续时

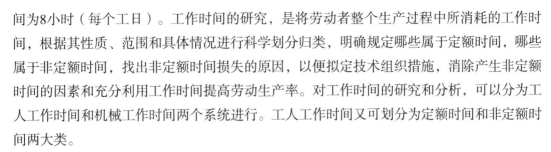

间为8小时（每个工日）。工作时间的研究，是将劳动者整个生产过程中所消耗的工作时间，根据其性质、范围和具体情况进行科学划分归类，明确规定哪些属于定额时间，哪些属于非定额时间，找出非定额时间损失的原因，以便拟定技术组织措施，消除产生非定额时间的因素和充分利用工作时间提高劳动生产率。对工作时间的研究和分析，可以分为工人工作时间和机械工作时间两个系统进行。工人工作时间又可划分为定额时间和非定额时间两大类。

1.定额时间

定额时间是指工人在正常施工条件下，为完成一定数量的产品或任务所必须消耗的工作时间，包括有效工作时间、休息时间、不可避免的中断时间。

（1）有效工作时间

有效工作时间是指与完成产品有直接关系的工作时间的消耗，包括准备与结束工作时间、基本工作时间、辅助工作时间。

准备与结束工作时间是指工人在执行任务前的准备工作和完成任务后的整理工作时间，如领取工具、材料，工作地点布置，检查安全措施，保养机械设备，清理工地，交接班等时间。

基本工作时间是指工人完成与产品生产直接有关的工作时间，例如砌砖施工过程中的挂线、铺灰浆、砌砖等工作时间。

辅助工作时间是指与施工过程的技术作业没有直接关系，而为了保证基本工作时间顺利进行而做的辅助性工作所需消耗的工作时间，例如校验工具、移动工作梯、工人转移工作地点等所需的时间。辅助工作一般不改变产品的形状、位置和性能。

（2）休息时间

休息时间是指工人在工作中，为了恢复体力所需的短时间休息，以及由于生理上的要求所必要的时间（如喝水、上厕所等）。

（3）不可避免的中断时间

不可避免的中断时间是指由于施工过程中技术和组织上的原因，以及施工工艺特点所引起的工作中断时间，例如汽车司机等待装卸货物的时间、安装工人等待构件起吊的时间等。

2.非定额时间

（1）多余或偶然工作时间

多余或偶然工作时间是指在正常施工条件下不应发生的时间消耗或由于意外情况所引起的时间消耗，例如拆除所砌的超过图示高度的多余墙体的时间。

（2）停工时间

停工时间包括由施工本身原因造成的停工和非施工本身造成的停工两种情况。

由施工本身造成的停工时间是指由于施工组织和劳动组织不合理，材料供应不及时，施工准备工作做得不好而引起的停工时间。

由非施工本身造成的停工时间是指由于外部原因影响，非施工单位的责任而引起的停工时间，包括设计图纸不能及时交给施工单位，水电供应临时中断，由于气象条件变化（如大雨、风暴、严寒、酷热等）所造成的停工损失时间等。

（3）违反劳动纪律损失的时间

违反劳动纪律损失的时间是指工人不遵守劳动纪律而造成的时间损失，例如在工作时间工人由于迟到、早退、闲谈、办私事等原因造成的时间损失。上述非定额时间，在编制定额时一般不予考虑。

（四）技术测定法

技术测定法是一种科学的调查研究方法。它是通过对施工过程的具体活动进行实地观察，详细记录工人和机械的工作时间消耗量、完成产品的数量及有关影响因素，将记录结果进行科学的研究、分析并整理出可靠的原始数据资料，为制定定额提供可靠依据的一种科学的方法。技术测定资料对于编制定额、科学组织施工、改进施工工艺、总结先进生产者的工作方法等方面，都具有十分重要的作用。

1.测时法

测时法是一种精确度比较高的技术测定方法，主要适用于研究以循环方式不断重复进行的施工过程。它主要用于观测研究循环施工过程组成部分的工作时间消耗，不研究工人休息、准备与结束工作及其他非循环施工过程的工作时间消耗。采用测时法，可以为制定人工定额提供完成单位产品所必需的基本工作时间的可靠数据；可以分析研究工人的操作方法，总结先进经验，帮助工人班组提高劳动生产率。

（1）选择测时法

选择测时法又称为间隔计时法或重点计时法。采用选择测时法时，不是连续地测定施工过程全部循环工作的组成部分，而是每次有选择地、不按顺序地测定其中某一组成部分的工时消耗。经过若干次选择测时后，直到填满表格中规定的测时次数，完成各个组成部分全部测时工作为止。选择测时法的观测精度较高，观测技术比较复杂。选择测时法的对象必须是循环施工过程。

（2）测时法的观察次数

为了确定必要而又能保证测时资料准确性的观察次数，需要提供测时所必需的观察次数表和有关精度的计算方法，可供测定过程中检查所测次数是否满足需要。

（3）测时数据的整理

测时数据的整理，一般可采用算术平均法。在整理测时数据时，可对其中个别延续时间误差较大的数值进行必要的清理，删除那些明显是错误的及误差很大的数值。在清理测时数列时，首先应删掉完全由于人为因素影响而出现的偏差，如工作时间闲谈、材料供应不及时造成的等候、测定人员记录时间的疏忽等；其次，应删掉由于施工因素影响而出现的偏差极大的延续时间，如手压刨刨料碰到结疤极多的木板、挖土机挖土时挖斗的边齿刮到大石块等造成的延续时间。但是，此类误差大的数值还不能认为完全无用，可作为该项施工因素影响的资料，进行专门研究。

2.写实记录法

写实记录法是技术测定的方法之一。它可以用来研究所有性质的工作时间消耗，包括基本工作时间、辅助工作时间、不可避免中断时间、准备与结束工作时间、休息时间及各种损失时间。通过写实记录，可以获得分析工作时间消耗和制定定额时所必需的全部资料。该方法比较简单，易于掌握，并能保证必要的精确度，因此，写实记录法在实际工作中得到了广泛应用。采用写实记录法记录时间的方法有数示法、图示法和混合法三种。计时工具采用有秒针的普通计时表即可。

（1）数示法

数示法是采用直接用数字记录时间的方法，这种方法可同时对两个以内的工人进行测定。该方法适用于组成部分较少且比较稳定的施工过程。

（2）图示法

图示法是用在表格中画出不同类型线条的方式表示完成施工过程所需时间的方法，该方法适用于观察三个以内的工人共同完成某一产品施工过程。与数示法相比，图示法具有记录时间简便明了的优点。

第三节　建筑工程造价影响因素

一、建筑工程造价影响因素分析

我国建设工程投资是由固定资产和流动资产组成的。固定资产投资中，工程费用和工程建设其他费用是占比最大的因素。

从整个建设工程投资来讲，预备费、建设期贷款利息、工程项目其他费用（土地费用、建设单位行政管理费、贷款利息、前期报建费用、设计费用等）都是由建设单位进行决策和管理。此部分费用高低，与建设单位的管理能力、建设单位决策者意识有非常大的关系。工程费用是整个建设工程的重点，同时也是成本控制的重点，建安工程费用一般会占到建设总投资的50%~60%。

建设工程造价在建设项目推进的各个阶段由粗到细的体现，建设项目每个阶段工程造价工作的开展，都是以前一个阶段工程造价管理结果为依据进行的。也就是说整个工程造价管理工作是环环相扣的，前面的工程造价管理的准确性直接影响工程造价的后期工作。从建设工程时间顺序上，可以把建设项目中工程造价影响因素分为前期阶段、设计阶段、建设阶段、后期运营阶段等方面。

从建设工程造价费用计算和确定的角度分析，工程造价的金额确定主要就是计价方式、价格和工程量的确定。工程量的确定主要就是设计给出的图纸、现场工程量增加、设计图纸漏洞出现变更工程量等。价格的确定除了市场价格原因变动外，政策调整也会使整个计价方式发生变化。从影响工程造价确定的原因角度，可以将整个工程造价的影响因素分为建设单位管理、设计因素、施工管理和社会因素等。

通过大量的文献阅读并结合实际工作中的经验可以知道，建设单位作为整个建筑工程的投资和管理单位，主要是负责前期国家相关手续、进行项目的规划和招投标工作、监督工程实施等。从而可以将建设单位管理划分成前期规划、建设手续完成度、增加工作内容、经营因素（主要指计价依据、计价方式、合同签订方式、结算方法和各方参与工程造价的权责等的选择和规范）等。设计方面按照推进工作的先后顺序可以分成很多的阶段，但是设计各个阶段在设计过程中对造价产生的影响主要有施工图设计标准、设计的深度和质量、设计对图纸细部结构的处理等。施工管理指的主要是对三大指标即质量、进度、成本的管理。从对造价的影响程度可以划分为施工组织设计，现场的施工质量、施工进度的组织和安排，主要体现在对参与建设施工的各施工单位的管理、现场遇到临时情况的决策、施工管理过程的管理、对质量和现场的把控，以上发生工程造价变化主要体现在施工中的签证变更的发生和把控等。社会因素主要是指不可抗力发生、国家政策性调整，比如计价模式的转换、市场价格的波动等情况引起的变动，对造价影响最为明显的就是计价模式的转换和市场价格的波动。

工程造价具有单件性和计价方法多样性的特点，所以对于不同的项目，同一个工程造价影响因素会体现出不同的影响程度。不同的结构形式、不同的计价方式、不同的层高、不同的产品定位等都会对项目的工程造价产生影响，用定量的方式统计分析会呈现出很大的分散性。

建筑行业为劳动密集型行业，其具有人员、资金、机械、材料等资源投入量大，建设周期长，参建单位多等特点。建筑工程造价与建设工程总投资，从建设单位的角度理解是同一概念。所有与建筑相关的因素都会影响建筑工程，同时也会影响建筑工程造价。每个因素的变动，都会或多或少引起项目造价的变动。建筑工程单件性的特点，使同一个影响因素在不同的建筑项目上影响程度不相同，所以从表面的现象不能直接分析出某个变动的影响因素对造价的影响程度。

二、建设单位管理对工程造价的影响分析

建设单位是指建筑工程的投资方，拥有工程产权。建设单位也称为业主单位或项目业主，因为它是建筑项目的投资主体或投资者，也是建筑项目管理的主体，主要履行提出建设规划、提供建设用地和建设资金的责任。但在整个建筑项目完成后，建设单位把建筑项目以产品的形式卖给购买人时，建筑产品的业主就变成了购买人。

建设单位的管理主要体现在建设单位对建筑项目的管理上，主要包括对建设项目整体规划、项目各相关部门运营的管理、项目各项成果把控、工程管理，等等。

建设单位的管理工作对工程造价的影响接近90%，增加工作内容和经营因素受到前期规划及建设手续完善的影响。

（一）前期规划及建设手续的完善

在建设工程进行土地交易时国家对土地的用途是有一个整体规划的，比如此土地是用作住宅还是商业又或者是工厂，那么建设单位在获取土地后就要根据国家规划和自身考虑对整个土地做细部规划。比如土地规划为民用住宅，那么建设单位选择别墅、高档公寓、商业住宅或者一般住宅，容积率和层高、绿化面积、配套设施等都需要在这个阶段完成。前期规划对工程造价的全过程管理影响非常大，因为产品类型一旦确定，后面的设计工作就要依据此规划方案来开展。这个阶段可以进行一个设计的快速规划和成本的拿地测算，预估工程造价。建设单位需要结合多方资料和历史数据，对规划方案做出决策，选出最适合本单位开发的产品方案。

在完成建设工程的土地手续并确定前期规划方案后，需要按照国家规定办理施工用地规划许可证、施工许可证、质量安全备案和协商用电用水事宜，等等。项目开工前需要完成"三通一平"、夜间施工许可、材料的进出场与堆放点确定、现场临时设施的布置区域确定等。以上工作需要在施工单位进入现场施工前完成，所以这些手续及工作的处理直接影响项目施工时间，从而影响整个建设工期。

现在的建设项目在土地交易完成后，为追求项目快速进场施工，尽快产生经济效益，在许多政府许可文件未拿且水电都没有通的情况下，就开始通知施工单位入场施工。许多扯皮事件就是因为前期施工手续不完善就开始施工，导致施工完成后无法付款，或是施工完成后无法追责。所以前期手续的完善，无论对施工单位还是对建设单位都是一种保障。那么在无水无电情况下，就要用临时发电机进行发电来支持施工。在没有通电的情况下，桩机、土方、总包单位的施工用电量是很大的，在进行施工前就要与建设单位协商这

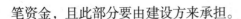

笔资金，且此部分要由建设方来承担。

（二）增加工作内容

增加工作内容就是在工程建设过程中，建设单位临时增加的工作。此部分工作增加的原因，一般是在规划中存在但在招投标过程中漏掉，后期因现场条件和社会情况而增加，因前期考虑问题不全面引起不必要增加的工作。

前期招标过程中的漏项指的是应该考虑在施工单位承包范围内但却未考虑，且金额超过合同金额5%以上的项目。比如说总包单位可以直接做防水工程，但是在招标过程中并未把防水放入总包合同，后期施工中对防水不能重新招标而把防水工作安排给施工总承包公司或者其他公司进行施工的情况。

后期因现场条件和社会情况而增加工作内容，主要是指前期在规划时并未考虑项目后期在实际工作中增加的情况。比如营销用的销售厅和样板房，在前期规划1个销售厅和5套样板房；建设完成实际进行销售时销售非常火爆，销售厅面积过小就需要另加1个销售厅和2套样板房配合销售；这里增加的销售厅和样板房就是后期根据实际情况增加而前面没有考虑到的情况。

因为前期规划时考虑问题不全面而引起不必要增加的工作，比如施工单位的临时设施按照甲方要求建设在了指定地点，在施工时间过半发现此位置在施工后期将被占用，需要拆除临时设施重新搭设，那么二次拆除和搭建的费用就要由建设单位给予补偿。当然如果合同签订时明确此类情况不给予索赔，可以避免此类情况带来的损失。

以上情况均是由建设单位管理原因造成的工作内容增加，此部分情况在前期规划和施工管理中均应该予以避免。因为大多数的建设单位对工程造价都是有一个目标的，即目标成本，增加工作内容所涉及金额比较大时，将使工程造价失去控制。

（三）经营因素

建筑工程中的经营因素主要是指计价依据、承包商、计价方式、合同方式、结算方法、进度款支付方式的选用和合同双方工程造价能力的评估等。

此部分主要是体现在招投标阶段，合同的草拟及合同谈判、进度款的支付情况、结算的办理情况、各施工单位间的关系处理方面等。经营因素中对施工单位的选择非常重要，双方在经济方面达成一致，顺利推动建设工程工作的开展，才能使整个建设进程取得良好的效果，最终实现双赢的良好局面。

建设单位作为建设项目的投资者对建设项目负有全部责任，同时也管理全部建设内部事务，建设单位在管理建设项目时所做出的决策、管理的方法和管理能力，是决定建设项目是否成功的主要因素。建设单位的前期的手续、规划对后续工作开展十分重要，项目考

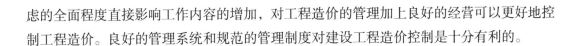

虑的全面程度直接影响工作内容的增加，对工程造价的管理加上良好的经营可以更好地控制工程造价。良好的管理系统和规范的管理制度对建设工程造价控制是十分有利的。

三、工程设计对造价的影响分析

在我国，在建筑工程造价管理中，设计工作经常被忽略，因设计总费用占建设项目总投资的比例非常小，一般在1%左右。建设单位经常把控制项目工程造价的重点放在实施阶段，因为实施阶段投入的建设资源最多，占用时间最长，建安成本占建设项目总投资的比例很大。很少考虑设计的合理性，建筑产品的功能性、适用性、经济合理性等方面的影响。

对工程造价影响最大的为初步设计阶段，它影响了75%~90%的工程造价；其次是施工图设计阶段，它影响了30%~75%的工程造价；最后才是施工阶段，施工阶段只影响了5%~25%的工程造价。但是对于工程造价来讲，20%的份额是非常庞大的数字，所以对施工阶段的工程造价管理工作依然重要。但是相比设计阶段对工程造价的影响，施工阶段对工程造价的影响就要小很多。我国现在对设计阶段管理比较完善的房地产公司是非常少的，对设计阶段的管理是现今房地产开发的一个薄弱点。主要原因首先是设计院普遍对设计安全和标准要求比较保守，经常为保证提交成果的时间而不进行方案对比，盲目地追求安全度和设计费；其次是施工单位在收到施工图之后，便履行合同中"按图施工"的约定进行施工，因为施工单位无权随意改动图纸，更加没有义务去花时间和精力做图纸优化；最后，建设单位给设计单位下发的限额设计任务书中的指标普遍偏高，很多指标值都偏离市场实际数值，所以给设计单位预留的空间过大，致使设计单位的设计忽略了经济性。我国设计工作中还有很大的空间可以进行优化，不应该仅仅局限在不突破限额，而是应该把设计调整到经济适用性最优的状态。

设计工作包括了建筑工程主体设计、景观园林设计、地质勘查设计、室外工程（包括道路及管网工程）设计、精装修（包括硬装和软装工程）设计、设计优化工作，等等。下面以研究建筑工程主体设计为例，从限额设计和配置标注、设计质量、设计细部处理三个方面进行分析。

（一）设计标准的限额设计

限额设计一般是指将按图施工的工程造价控制在设计概算范围内，同时满足建设单位要求和国家政策规范，并且保证各专业的使用功能。要保证此目标的实现就需要层层把关，首先是将设计概算控制在投资估算范围内，其次才是将施工图预算控制在设计概算范围内，最后是将工程造价控制在施工图预算范围内，从而实现对工程造价的有效控制。在设计阶段要有效控制施工图预算就要准确编制设计概算，将设计限额分解到各建筑专业，通过各建筑专业的控制达到对设计概算的控制。

限额设计在满足技术要求的同时，满足工程投资或工程造价限额的设计。它主要包括工程总投资或者工程总造价在满足要求的基础上满足设计要求，以及组成项目的各个专业在满足设定投资或者规定的限额工程造价的基础上满足设计要求。

设计限额一般是指施工图限额，即建设工程按照图纸施工所产生的工程费用的最高值。在设计过程中建设单位下设的设计部或者设计院会指定不同阶段的限额指标，比如初步设计限额、水电安装工程限额、园林景观工程限额、结构部分限额等。确定设计限额需要根据项目的建设规模、市场平均施工及相关技术水平、国家对环境安全和职业卫生的要求、项目的建设标准等进行综合考虑。设计限额的确定对设计工作和工程造价的控制都十分重要，设计限额设置合理则施工过程及设计过程对限额的把控会比较顺利，如果设计限额设置过高就会失去限额的设置意义，设置过低则依据设计院的能力不同有可能无法实现。设计限额的确定是在图纸未开始进行设计前，主要确定依据为上一步确定的工程造价，比如施工图设计限额是在施工图设计之前就开始确定，它主要依据的是设计概算。

限额设计的控制是指对经济技术指标和造价指标的控制。造价指标指的是在满足建设工程总投资或者总工程造价基础上的单方造价、平米造价等成本限制值，主要计算方式就是用总投资额或者工程造价除以建筑面积或者相应的工程量。技术经济指标主要是指控制工程造价各专业或者各主要分项在满足技术要求的基础上不超过限制值，以此来控制工程造价在规定限制值内。

限额设计是保证建设工程总投资或工程造价最高限额不被突破的有力手段，但是现在限额指标通常情况下都比正常使用值高。在此种情况下，设计限额虽然可以保证投资总额不被突破，却也无法保证不浪费资源做到工程造价最优。想要解决此类问题，除了要进行限额设计还应该提出相应优化和奖励机制，同时更应该注意设计限额的合理设置，这样才能使工程造价最优。

（二）设计质量

设计质量是指根据使用者的使用目的、经济状况及企业内部条件确定所需设计的质量等级或质量水平。它反映着设计目标的完善程度，表现为工程质量和设计图纸的完善程度。

设计质量是在设计图纸的过程中形成的，在设计过程中采取先进的管理办法、建立健全的管理制度对设计质量将起到良好的控制作用。为保证设计质量，设计过程中应该处理好设计图纸的质量，即设计图纸是否可以直接指导施工，是否存在设计缺陷，是否有无法施工问题，是否有需要优化的问题，等等。比如在施工过程中经常会出现建筑图与结构图不相符，或者建筑图与水电图纸不相符的情况，因为设计院的人员是分专业进行设计的，

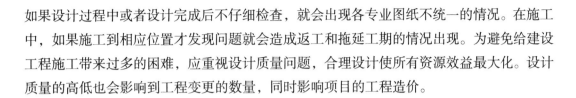

如果设计过程中或者设计完成后不仔细检查，就会出现各专业图纸不统一的情况。在施工中，如果施工到相应位置才发现问题就会造成返工和拖延工期的情况出现。为避免给建设工程施工带来过多的困难，应重视设计质量问题，合理设计使所有资源效益最大化。设计质量的高低也会影响到工程变更的数量，同时影响项目的工程造价。

（三）设计的细部处理

设计的细部处理是指在全面的设计完成后对建筑工程细部进行深化的过程。设计的细部处理主要集中在入口、大厅、材料、色彩、阳台、屋面等位置。这些也是最容易出现工程质量问题和不易施工的位置，经常会出现变更和后期拆除整改的情况。针对这些情况，在整个设计完成后，应对细部位置做深化处理。比如在设置窗子线条时，除了考虑美观外也应该同时考虑施工难度情况，在很多设计中窗子的外立面都设有各种不规则形状的线条，此部分线条在混凝土搭设模板时很多时候无法完成，即使可以完成也要花费一般模板搭设的2~3倍的时间；无法一起浇筑时还要进行二次施工，而二次施工的质量保证又是一个问题，因为位置原因，所以二次施工难度也非常大。所以处理好设计的细部也是非常重要的。

设计费用只占一个项目总投资的1%却可以决定整个项目总造价的75%~90%。这也是近年来越来越多的建设单位开始对设计加大力度，甚至在公司内部自己成立设计部的最主要原因。随着建筑行业越来越成熟，限额设计被普遍推行；因为现场施工过程中图纸替换及对工程品质的追求，设计质量也在慢慢引起建设单位的重视；为了追求高品质和高质量的产品，设计的局部处理也日趋显示出它的重要性。设计阶段对工程造价的影响应该引起我们的重视，实际工作中应该严格控制和审核设计的成果文件。

四、施工管理对造价的影响分析

施工管理主要是指建筑工程项目施工期间的管理。按照建筑时间可以分成建设前期、建设期和建设后期的管理。经过对施工管理相关文献和资料的整理，按照主要影响原因来分析可以分为施工组织设计、施工进度、施工安全和质量三个方面。

（一）施工组织设计

施工组织设计是用来指导施工项目全过程各项活动的技术、经济和组织的综合性文件，是施工技术与施工项目管理有机结合的产物，它能保证工程开工后施工活动有序、高效、科学合理地进行。

施工组织设计主要包括工程概况、施工部署和施工方案、施工进度计划、施工总平面图、主要技术经济指标等五项基本内容。工程概况主要是介绍建设工程各组成部分的基本情况、工程性质、建设标准、建设目标等。施工部署和施工方案需要在总进度计划编制完成后，按照总进度计划上面对工程进度的要求，安排现场的施工方法、施工工艺并且做好施工前的准备工作。施工进度计划，主要是依据建设工程合同工期及工程的实际情况，结合社会的平均劳动水平、机械的普遍使用水平等编制施工进度计划。施工进度计划根据建设单位的管理方式和管理要求不同，分成施工总进度、周进度及月进度计划，这是最常见的分法。施工总平面图主要是为了体现施工现场的布置情况，比如行政办公、住宿食堂、文化活动、物料堆放、大型机械进出场通道等情况需要体现在施工总平面图上。主要技术经济指标是指对应施工组织设计中的工期、成本、质量、安全、工作效率等。

编制完善符合现场实际的施工组织设计，可以使现场施工管理工作井然有序。施工组织设计是对未施工项目提前进行组织和计划，主要是在施工前进行编制，在施工中按照此计划执行。虽然建设单位和施工单位都很重视施工组织设计，但实际的建设工程施工操作中一般未落到实处，因为建设工期、施工单位能力、建设单位其他原因等引起的施工组织设计不能按时完成的情况也常常发生。

施工组织设计是由施工单位编制，经过内部审批后报送建设单位审批，作为指导施工的关键性指导文件。建设单位必须认真地审查施工单位提交的施工组织计划，要求施工单位在施工过程中严格执行，防止施工单位从利益角度出发不顾施工质量及施工安全，擅自减少机械设备、材料及人员的投入，从而确保建设项目可以顺利进行并实现预期效果。

（二）施工进度

进度管理一直是建设单位工程部门重点把控的，因为建设单位进行投资就是为了获得收益。工程进度直接影响到了收益的时间节点，同时也影响到工程造价，工程进度一般情况下与工程造价呈负相关关系。进度、质量、成本是施工单位对建设工程的三要素也是建设工程追求的三大目标，如何对这三个因素进行协调是工程造价控制的重点。我们经常会听到某某工地抢工期的事情，那么抢工期会带来什么样的情况呢？

首先为了满足工期要求，施工单位的人员安排增加。如果是施工单位自己没有保证时间节点，费用方面就由施工单位自行承担；但如果甲方要求施工单位在原有施工进度计划的基础上提前完成某项工作，那么施工单位经常会把许多的涉及抢工期的费用都算在签证变更中。同时因为施工进度是和进度款相关联的，所以施工进度会受到进度款的影响。现在很多的施工单位都是小型的，它的资金流动受到很大的限制。一旦建设单位的资金不能按时拨付，施工单位的资金链就会出现问题，无法支付现场材料款或者人工费造成停工就会使进度受到影响。

近些年来对于施工进度和工程造价之间的研究也是非常多的，所有单位都在寻求各自最佳工期使成本达到最优。

在实际施工管理过程中，会遇到很多在前期施工组织设计中未考虑到的情况，那么要实现预期的目标，现场的施工管理决策就显得非常重要。施工组织设计的合理性和可行性是影响现场施工进度的主要因素，而如何确定最优成本对应的合理工期是应该注意的问题。在确定了合理工期后，对现场施工的进度管理也是施工管理中的重点工作。

（三）施工安全和质量

我国的建筑工程到现在为止仍然是劳动密集型产业，人员密集的地方安全就是一个大问题。虽然所有工地的管理和施工人员都知道"安全第一"，但因为疏忽大意而出现的质量安全事故仍层出不穷，所以在施工管理过程中对安全的管理仍是不可缺少的。随着建筑行业规范和安全生产法的执行，国家、企业和相关责任人对安全生产也越来越重视，安全生产管理也日趋规范化。

施工质量是对一个施工单位的认可，但这里也不能说和建设单位毫无关系。我国的施工企业水平参差不齐，一些施工单位在建设单位监管不力的情况下，就会出现偷换材料、偷工减料及施工标准降低等情况。对此，建设单位应该建立相应的质量监管体系，对建筑工程质量负责。要做好施工质量的监管主要是控制好建筑材料、施工质量及隐蔽工程验收等关键环节。

建安成本中的60%~70%是材料费，材料是影响建筑工程质量的直接原因，所以控制好材料的质量对施工管理及工程造价管理非常重要。现在许多建设单位，已经不将建筑材料的价格作为招投标中的竞争项目，直接由自己找单位进行供应。这样首先可以杜绝恶性竞争，使材料质量得到保证，其次是可以直接控制材料的价格，再次还可以控制材料的用量，有效地控制施工单位，减小偷工减料的风险。由施工单位供应的材料，建设单位和监理单位应对进场的材料，是否有出厂合格证，是否与施工单位的投标清单和建设单位的招标文件要求相符合进行严格检查。对主要装修材料和配件在进场前必须先提供产品样品，进场后要及时开箱检验，对与样品不符或配件品牌不统一的材料，应及时退货或更换。材料品牌的变更必须经建设单位同意，以此达到控制材料的目的。

隐蔽项目大多是指基础、钢筋工程、预留预埋等。此类项目一旦施工完成，人的肉眼就无法直接看见，只能依靠专业仪器甚至于有些只能破坏已完成的构件才能看见。所以在隐蔽验收时一定要谨慎，因为一旦验收完成，后续发生事故追究事故责任时，隐蔽验收记录是具有法律效应的，同时也是对施工方按照要求进行施工的证明。此部分的资料不仅施工单位需要存档，建设单位也应存档，方便后续查阅。特别是类似于桩基础等大型隐蔽工作，在移交和验收时一定要有相关记录和证明文件。

施工质量主要是指施工过程中，在项目模板支撑完成、钢筋绑扎完成、混凝土浇筑完成等关键节点，均应按照相应的质量要求对施工单位完成工作进行检查。

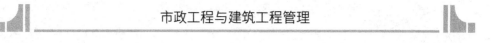

　　施工阶段是建筑产品形成的阶段，也是投入建设资源最多、经历时间最长的阶段。在此阶段，施工图设计的质量直接影响了设计变更的数量；现场工程师的管理能力直接决定了工程签证的数量。在我国现有建筑工程施工管理中，工程签证的金额控制占建安工程总费用的3%~5%，为一般水平。施工组织设计的执行和前期工作的好坏，直接影响了施工管理和工程造价控制的难易程度。

第五章　建筑工程项目风险管理

第一节　建筑工程项目风险管理概述

风险管理是指人们对潜在的意外损失进行辨识、评估，并根据具体情况采取相应的措施进行处理，即在主观上尽可能做到有备无患，或在客观上无法避免时亦能寻求切实可行的补救措施，从而减少意外损失或化解风险。

建筑工程项目风险管理是指参与工程项目的各方，包括发包方、承包方和勘察、设计、监理单位等在工程项目的筹划、设计、施工建造，以及竣工后投入使用等各阶段所采取的辨识、评估、处理项目风险的措施和方法。

一、风险的概念

（一）风险的定义

项目风险是一种不确定的事件或条件，一旦发生，就会对一个或多个项目目标造成积极或消极的影响，如范围、进度、成本或质量。

风险既是机会又是威胁。人们从事经济社会活动，既有可能获得预期的利益，也有可能蒙受意想不到的损失或损害。正是风险蕴含的机会吸引人们从事包括项目在内的各种活动；而风险蕴含的威胁，则需要人们提高警觉，设法回避、减轻、转移或分散风险。机会和威胁是项目活动的一对孪生兄弟，是项目管理人员必须正确处理的一对矛盾。承认项目有风险，就是承认项目既蕴含机会又蕴含威胁。本章的内容，除非特别强调，所指风险大多指风险蕴含的威胁。

（二）风险源与风险事件

1.风险源

给项目带来机会，造成损失或损害、人员伤亡的风险因素，就是风险源。风险源是风险事件发生的潜在原因，是造成损失或损害的内在或外部原因。如果消除了所有风险源，损失或损害就不会发生。对于建筑施工项目，不合格的材料、漏洞百出的合同条件、松散的管理、不完全的设计文件、变化无常的建材市场都是风险源。

2.转化条件和触发条件

风险是潜在的，只有具备一定条件时，才有可能发生风险事件，在这里，一定的条件称为转化条件。即使具备转化条件，风险也不一定会演变成风险事件。只有具备另外一些条件时，风险事件才会真的发生，这后面的条件称为触发条件。了解风险由潜在转变为现实的转化条件、触发条件及其过程，对于控制风险来说非常重要。控制风险，实际上就是控制风险事件的转化条件和触发条件。当风险事件只能造成损失和损害时，应设法消除转化条件和触发条件；当风险事件可以带来机会时，则应努力创造转化条件和触发条件，促使其实现。

3.风险事件

活动或事件的主体未曾预料到，或虽然预料到其发生，却未预料到其后果的事件称为风险事件。要避免损失或损害，就要把握导致风险事件发生的风险源和转化其触发条件，减少风险事件的发生。

（三）风险的分类

可以从不同的角度，根据不同的标准对风险进行分类。

1.按风险来源划分

风险根据其产生的根源可分为政治风险、经济风险、金融风险、管理风险、自然风险和社会风险等。

（1）政治风险。政治风险是指政治方面的各种事件和原因导致项目蒙受意外损失。

（2）经济风险。经济风险是指在经济领域潜在或出现的各种可导致项目经营损失的事件。

（3）金融风险。金融风险是指在财政金融方面，内在的或主客观因素而导致的各种风险。

（4）管理风险。管理风险通常是指人们在经营过程中，因不能适应客观形势的变化或因主观判断失误或对已发生的事件处理欠妥而产生的威胁。

（5）自然风险。自然风险是指因自然环境如气候、地理位置等构成的障碍或不利条件。

（6）社会风险。社会风险包括企业所处的社会背景、秩序、宗教信仰、风俗习惯及人际关系等形成的影响企业经营的各种束缚或不便。

2.按风险后果划分

风险按其后果可分为纯粹风险和投机风险。

（1）纯粹风险。不能带来机会、没有获得利益可能的风险，称为纯粹风险。纯粹风险只有两种可能的后果：造成损失和不造成损失。纯粹风险造成的损失是绝对的损失。建筑施工项目蒙受损失，全社会也会跟着受损失。例如，某建筑施工项目发生火灾所造成的损失不但是这个建筑施工项目的损失，也是全社会的损失，没有人从中获得好处。纯粹风险总是与威胁、损失和不幸相联系。

（2）投机风险。极可能带来机会、获得利益，又隐含威胁、造成损失的风险，称为投机风险。投机风险有三种可能的后果：造成损失、不造成损失和获得利益。对于投机风险，如果建筑施工项目蒙受了损失，则全社会不一定也跟着受损失；相反，其他人有可能因此而获得利益。例如，私人投资的房地产开发项目如果失败，投资者就要蒙受损失，而发放贷款的银行却可将抵押的土地和房屋收回，等待时机，高价卖出，不但可收回贷款，而且有可能获得高额利润，当然也可能面临亏损。

纯粹风险和投机风险在一定条件下可以相互转化。项目管理人员必须避免投机风险转化为纯粹风险。

3.按风险是否可控划分

风险按其是否可控，可分为可控风险和不可控风险。可控风险是指可以预测，并可采取措施进行控制的风险；反之，则为不可控风险。风险是否可控，取决于能否消除风险的不确定性及活动主体的管理水平。要消除风险的不确定性，就必须掌握有关的数据、资料等信息。随着科学技术的发展与信息的不断增加及管理水平的提高，有些不可控风险可以变成可控风险。

4.按风险影响范围划分

风险按影响范围，可分为局部风险和总体风险。局部风险影响小，总体风险影响大，项目管理人员要特别注意总体风险。例如，项目所有活动都有拖延的风险，而处在关键线路上的活动一旦延误，就要推迟整个项目的完成时间，形成总体风险。

5.按风险的预测性划分

按照风险的预测性，风险可以分为已知风险、可预测风险和不可测风险。已知风险就是在认真、严格地分析项目及其计划之后能够明确哪些是经常发生的，而且其后果亦可预见的风险。可预测风险就是根据经验，可以预见其发生，但不可预见其后果的风险。不可测风险是指有可能发生，但其发生的可能性即使是最有经验的人亦不能预见的风险。

6.按风险后果的承担者划分

项目风险，若按其后果的承担者来划分，则有项目业主风险、政府风险、承包方风险、投资方风险、设计单位风险、监理单位风险、供应商风险、担保方风险和保险公司风险等。这样划分有助于合理分配风险，提高项目的风险承受能力。

二、建筑工程项目风险的特点

建筑工程项目风险具有风险多样性、存在范围广、影响面大等特点。

（1）风险多样性。在一个工程项目中存在许多种类的风险，如政治风险、经济风险、法律风险、自然风险、合同风险、合作者风险等。这些风险之间有着复杂的内在联系。

（2）风险存在范围广。风险在整个项目生命期中都存在。例如，在目标设计中可能存在构思的错误，重要边界条件的遗漏，目标优化的错误；可行性研究中可能有方案的失误，调查不完全，市场分析错误；技术设计中存在专业不协调，地质不确定，图纸和规范错误；施工中有物价上涨，实施方案不完备，资金缺乏，气候条件变化；运行中有市场变化，产品不受欢迎，运行达不到设计能力，操作失误等。

（3）风险影响面大。在建筑工程中，风险影响常常不是局部的，而是全局的。例如，反常的气候条件造成工程的停滞，会影响整个后期计划，影响后期所有参与者的工作，不仅会造成工期的延长，而且会造成费用的增加，以及对工程质量的危害。即使局部的风险，其影响也会随着项目的发展逐渐扩大。例如，一个活动受到风险干扰，可能影响与它相关的许多活动，所以在项目中，风险影响随时间推移有扩大的趋势。

（4）风险具有一定的规律性。建筑工程项目的环境变化、项目的实施有一定的规律性，所以风险的发生和影响也有一定的规律性，是可以预测的。重要的是人们要有风险意识，重视风险，对风险进行有效的控制。

三、建筑工程项目风险管理过程

项目风险管理过程应包括项目实施全过程的风险识别、风险评估、风险响应和风险控制。

（1）风险识别。确定可能影响项目风险的种类，即可能有哪些风险发生，并将这些风险的特性整理成文档，决定如何采取和计划一个项目的风险管理活动。

（2）风险评估。对项目风险发生的条件、概率及风险事件对项目的影响进行分析，并评估它们对项目目标的影响，按它们对项目目标的影响顺序排列。

（3）风险响应。即编制风险应对计划，制定一些程序和技术手段，用来提高实现项目目标的概率和减少风险的威胁。

（4）风险控制。在项目的整个生命期阶段进行风险预警，在发生风险的情况下，实施降低风险计划，保证对策措施的应用性和有效性，监控残余风险，识别新风险，更新风险计划，以及评估这些工作的有效性等。

项目实施全过程的风险识别、风险评估、风险响应和风险控制，既是风险管理的内容，也是风险管理的程序和主要环节。

四、建筑工程项目全过程的风险管理

风险管理必须落实于工程项目的全过程，并有机地与各项管理工作融为一体。

（1）在项目目标设计阶段，就应开展风险确定工作，对影响项目目标的重大风险进行预测，寻找目标实现的风险和可能的困难。风险管理强调事前的识别、评估和预防措施。

（2）在可行性研究中，对风险的分析必须细化，进一步预测风险发生的可能性和规律性，同时，必须研究各风险状况对项目目标的影响程度，即项目的敏感性分析，应在各种策划中着重考虑这种敏感性分析的结果。

（3）在设计和计划过程中，随着技术水平的提高和建筑设计的深入，实施方案也逐步细化，项目的结构分析逐渐清晰。这时风险分析不仅要针对风险的种类，而且必须细化落实到各项目结构单元直到最低层次的工作包上。要考虑对风险的防范措施，制订风险管理计划，包括风险准备金的计划、备选技术方案、应急措施等。在招标文件（合同文件）中应明确规定工程实施中风险的分组。

（4）在工程实施中加强风险的控制。通过风险监控系统，能及早地发现风险，及早做出反应；当风险发生时，采取有效措施保证工程正常实施，保证施工和管理秩序，及时修改方案、调整计划，以恢复正常的施工状态，减少损失。

（5）项目结束，应对整个项目的风险、风险管理进行评估，以作为今后进行同类项目的经验和教训，这样就形成了一个前后连贯的管理过程。

第二节　建筑工程项目风险识别

风险识别是指确定项目实施过程中各种可能的风险事件，并将它们作为管理对象，不能有遗漏和疏忽。全面风险管理强调事先分析与评估，迫使人们想在前，看到未来和为此做准备，把风险干扰减至最小。

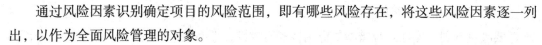

通过风险因素识别确定项目的风险范围，即有哪些风险存在，将这些风险因素逐一列出，以作为全面风险管理的对象。

风险因素识别是基于人们对项目系统风险的基本认识，通常首先罗列对整个工程建设有影响的风险，然后再注意对本组织有重大影响的风险。罗列风险因素通常要从多角度、多方面进行，形成对项目系统风险的多方位透视。风险因素分析可以采用结构化分析方法，即由总体到细节、由宏观到微观分析，层层分解。

一、建筑工程项目风险因素类别

风险因素是指促使和增加损失发生的频率或严重程度的任何事件。风险因素范围广、内容多，总的来说，其可以分为有形风险因素和无形风险因素两类。

（一）有形风险因素

有形风险因素是指导致损失发生的物质方面的因素。如财产所在地域、建筑结构和用途等。例如，北京的建筑施工企业到外地或国外承包工程项目与在北京地区承包工程项目相比，前者发生风险的频率和损失可能更大一些；又如，两个建筑工程项目，一个是高层建筑、结构复杂，另一个是多层建筑、结构简单，则高层建筑就比多层建筑发生安全事故的可能性大。但如果高层建筑采取了有效的安全技术措施，多层建筑施工管理水平低，缺少必要的安全技术措施，相比之下，高层建筑发生安全事故的可能性就比多层建筑的小了。

（二）无形风险因素

无形风险因素是指非物质形态因素影响损失发生的可能性和程度。这种风险因素包括道德风险因素和行为风险因素两种。

1.道德风险因素

道德风险因素通常是指人有不良企图、不诚实以致采用欺诈行为故意促使风险事故发生，或扩大已发生的风险事故所造成的损失的因素。例如，招标活动中故意划分标段，将工程发包给不符合资质的施工企业；低资质施工企业骗取需高资质企业才能承包的项目；或发包方采用压标和陪标方式以低价发包等。

2.行为风险因素

行为风险因素是指由于人们在行为上的粗心大意和漠不关心而引发的风险事故的机会和扩大损失程度的因素。如投标中现场勘察不认真，未能发现施工现场存在的问题而给施工企业带来的损失，未认真审核施工图纸和设计文件给投标报价、项目实施带来的损失，均属此类风险因素。

二、建筑工程项目风险识别程序

识别项目风险应遵循以下程序：

（1）收集与项目风险有关的信息。风险管理需要大量信息，要对项目的系统环境有深入的了解，并要进行预测。不熟悉实际情况，不掌握相关数据，不可能进行有效的风险管理。风险识别是要确定具体项目的风险，必须掌握该项目和项目环境的特征数据，例如，与本项目相关的数据资料、设计与施工文件，以了解该项目系统的复杂性、规模、工艺的成熟程度。

（2）确定风险因素。通过调查、研究、座谈、查阅资料等手段分析工程、工程环境、其他各类微观和宏观环境、已建类似工程等，列出风险因素一览表。在此基础上通过甄别、选择、确认，把重要的风险因素筛选出来加以确认，列出正式风险清单。

（3）编制项目风险识别报告。编制项目风险识别报告，是在风险清单的基础上，补充文字说明，作为风险管理的基础。风险识别报告通常包括已识别风险、潜在的项目风险、项目风险的征兆。

三、建筑工程项目风险因素分析

风险因素分析是确定一个项目的风险范围，即有哪些风险存在，将这些风险因素逐一列出，以作为工程项目风险管理的对象。风险因素分析是基于人们对项目系统风险的基本认识，通常首先罗列对整个工程建设有影响的风险，然后再注意对自己有重大影响的风险。罗列风险因素通常要从多角度、多方面进行，形成对项目系统风险的多方位透视。风险因素通常可以从以下几个角度进行分析：

（一）按项目系统要素进行分析

1.项目环境要素风险

项目环境系统结构的建立和环境调查对风险分析是有很大帮助的，最常见的风险因素为以下几点：

（1）政治风险。例如，政局的不稳定性，战争状态、动乱、政变的可能性，国家的对外关系，政府信用和政府廉洁程度，政策及政策的稳定性，经济的开放程度或排外性，国有化的可能性，国内的民族矛盾，保护主义倾向等。

（2）经济风险。国家经济政策的变化、产业结构的调整、银根紧缩、项目产品的市场变化，项目的工程承包市场、材料供应市场、劳动力市场的变动，工资的提高，物价上涨，通货膨胀速度加快，原材料进口价格和外汇汇率的变化等。

（3）法律风险。法律不健全，有法不依、执法不严，相关法律内容的变化，法律对项目的干预；人们对相关法律未能全面、正确理解，工程中可能有触犯法律的行为等。

（4）社会风险。包括宗教信仰的影响和冲击、社会治安的稳定性、社会的禁忌、劳动者的文化素质、社会风气等。

（5）自然条件。如地震、风暴，特殊的未预测到的地质条件，如泥石流、河塘、垃圾场、流沙、泉眼等，反常的恶劣的雨雪天气、冰冻天气，恶劣的现场条件，周边存在对项目的干扰源，工程项目的建设可能造成对自然环境的破坏，不良的运输条件可能造成供应的中断。

2.项目系统结构风险

它是以项目结构图上的项目单元作为对象确定的风险因素，即各个层次的项目单元，直到工作包在实施以及运行过程中可能遇到的技术问题，人工、材料、机械、费用消耗的增加，在实施过程中可能的各种障碍、异常情况。

3.项目行为主体产生的风险

它是从项目组织角度进行分析的，主要有以下几种情况：

（1）业主和投资者：①业主的支付能力差，企业的经营状况恶化，资信不好，企业倒闭，投资者撤走资金，或改变投资方向，改变项目目标；②业主不能完成他的合同责任，如不及时供应他负责的设备、材料，不及时交付场地，不及时支付工程款；③业主违约、苛求、刁难、随便改变主意，但又不赔偿，做出错误的行为，发出错误的指令，非程序地干预工程。

（2）承包商（分包商、供应商）：①技术能力和管理能力不足，没有适合的技术专家和项目经理，不能积极地履行合同，由于管理和技术方面的失误，工程中断；②没有得力的措施保证进度、安全和质量；③财务状况恶化，无力采购和支付工资，企业处于破产境地；④工作人员罢工、抗议或软抵抗；⑤错误理解业主意图和招标文件，方案错误，报价失误，计划失误；⑥设计单位设计错误，工程技术系统之间不协调，设计文件不完备，不能及时交付图纸，或无力完成设计工作。

（3）项目管理者：①项目管理者的管理能力、组织能力、工作热情和积极性、职业道德、公正性差；②管理者的管理风格、文化偏见可能会导致他不正确地执行合同，在工程中苛刻要求；③在工程中起草错误的招标文件、合同条件，下达错误的指令。

4.其他方面

例如，中介人的资信、可靠性差；政府机关工作人员、城市公共供应部门（如水、电等部门）的干预、苛求和个人需求；项目周边或涉及的居民或单位的干预、抗议或苛刻的要求等。

（二）按风险对目标的影响分析

由于项目管理上层系统的情况和问题存在不确定性，目标建立于对当时情况和将来的预测上，所以会有许多风险。这是按照项目目标系统的结构进行分析的，是风险作用的结果。从这个角度看，常见的风险因素简要介绍如下：

（1）工期风险。即造成局部的（工程活动、分项工程）或整个工程的工期延长，不能及时投入使用。

（2）费用风险。包括财务风险、成本超支、投资追加、报价风险、收入减少、投资回收期延长或无法收回、回报率降低。

（3）质量风险。包括材料、工艺、工程不能通过验收，工程试生产不合格，经过评价，工程质量未达标准。

（4）生产能力风险。项目建成后达不到设计生产能力，可能是由于设计、设备问题，或生产用原材料、能源、水、电供应问题。

（5）市场风险。工程建成后产品未达到预期的市场份额，销量不足，没有销路，没有竞争力。

（6）信誉风险。即造成对企业形象、职业责任、企业信誉的损害。

（7）法律责任。即可能被起诉或承担相应法律的或合同的处罚。

（三）按管理的过程分析

按管理的过程进行风险分析包括极其复杂的内容，常常是分析责任的依据，具体情况简要介绍如下：

（1）高层战略风险，如指导方针、战略思想可能有错误而造成项目目标设计错误。

（2）环境调查和预测的风险。

（3）决策风险，如错误的选择，错误的投标决策、报价等。

（4）项目策划风险。

（5）计划风险，包括对目标（任务书、合同、招标文件）理解错误，合同条款不准确、不严密、错误、二义性，过于苛刻的单方面约束性、不完备的条款，方案错误、报价（预算）错误、施工组织措施错误。

（6）技术设计风险。

（7）实施控制中的风险。①合同风险。合同未履行，合同伙伴争执，责任不明，产生索赔要求。②供应风险。如供应拖延、供应商不履行合同、运输中的损坏，以及在工地上的损失。③新技术、新工艺风险。④由于分包层次太多，计划的执行和调整、实施控制有困难。⑤工程管理失误。

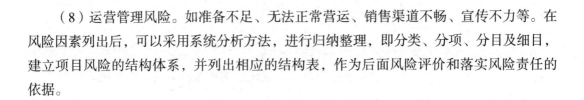

（8）运营管理风险。如准备不足、无法正常营运、销售渠道不畅、宣传不力等。在风险因素列出后，可以采用系统分析方法，进行归纳整理，即分类、分项、分目及细目，建立项目风险的结构体系，并列出相应的结构表，作为后面风险评价和落实风险责任的依据。

四、风险识别的方法

在大多数情况下，风险并不显而易见，它往往隐藏在工程项目实施的各个环节，或被种种假象所掩盖，因此，风险识别要讲究方法：一方面，可以通过感性认识和经验认识识别风险；另一方面，可以通过对客观事实、统计资料的归纳、整理和分析进行风险识别。风险识别常用的方法有以下几种：

（一）专家调查法

（1）头脑风暴法。头脑风暴法是最常用的风险识别方法，它借助于由项目管理专家组成的专家小组，利用专家们的创造性思维集思广益，通过会议方式罗列项目风险因素，主持者以明确的方式向所有参与者阐明问题，专家畅所欲言，发表自己对项目风险的直观预测，然后根据风险类型进行分类。

不进行讨论和判断性评论是头脑风暴法的主要规则。头脑风暴法的核心是想出风险因素，注重风险的数量而不是质量。通过专家之间的信息交流和相互启发，从而引导专家们产生"思维共振"，以达到相互补充并产生"组合效应"，获取更多的未来信息，使预测和识别的结果更接近实际、更准确。

（2）德尔菲法。德尔菲法是邀请专家背对背匿名参加项目风险分析，主要通过信函方式来进行。项目风险调查员使用问卷方式征求专家对项目风险方面的意见，再将问卷意见整理、归纳，并匿名反馈给专家，以便进一步识别。这个过程经过几个来回，可以在主要的项目风险上达成一致意见。

问卷内容的制作及发放是德尔菲法的核心。问卷内容应对调查的目的和方法做出简要说明，让每一个被调查对象都能对德尔菲法有所了解；问卷问题应集中、用词得当、排列合理，问题内容应描述清楚，无歧义；还应注意问卷的内容不宜过多，内容越多，调查结果的准确性就越差；问卷发放的专家人数不宜太少，一般10~50人为宜，这样可以保证风险分析的全面性和客观性。

（二）财务报表分析法

财务报表能综合反映一个企业的财务状况，企业中存在的许多经济问题都能从财务报表中反映出来。财务报表有助于确定一个特定企业或特定的项目可能遭受哪些损失，以及

在何种情况下遭受这些损失。

财务报表分析法是通过分析资产负债表、现金流量表、损益表、营业报表及补充记录，识别企业当前的所有资产、负债、责任和人身损失风险，将这些报表与财务预测、预算结合起来，可以发现企业或项目未来的风险。

（三）流程图法

流程图法是将项目实施的全过程，按其内在的逻辑关系或阶段顺序形成流程图，针对流程图中的关键环节和薄弱环节进行调查和分析，标出各种潜在的风险或利弊因素，找出风险存在的原因，分析风险可能造成的损失和对项目全过程造成的影响。

（四）现场风险调查法

从建筑项目本身的特点可以看出，不可能有两个完全相同的项目，两个不同的项目也不可能有完全相同的项目风险。因此，在识别项目风险的过程中，对项目本身的风险调查必不可少。

现场风险调查法的步骤如下：

（1）做好调查前的准备工作。确定调查的具体时间和调查所需的时间；对每个调查对象进行描述。

（2）现场调查和询问。根据调查前对潜在风险事件的罗列和调查计划，组织相关人员，通过询问进行调查或对现场情况进行实际勘察。

（3）汇总和反馈。将调查得到的信息进行汇总，并将调查时发现的情况通知有关项目管理者。

第三节　建筑工程项目风险评估

风险评估就是对已识别的风险因素进行研究和分析，考虑特定风险事件发生的可能性及其影响程度，定性或定量地进行比较，从而对已识别的风险进行优先排序，并为后续分析或控制活动提供基础的过程。

一、项目风险评估的内容

（一）风险因素发生的概率

风险发生的可能性有其自身的规律性，通常可用概率表示。既然被视为风险，则它必然在必然事件（概率等于1）和不可能事件（概率等于0）之间。它的发生有一定的规律性，但也有不确定性，所以人们经常用风险发生的概率表示风险发生的可能性。风险发生的概率需要利用已有数据资料和相关专业方法进行估计。

（二）风险损失量的估计

风险损失量是个非常复杂的问题，有的风险造成的损失较小，有的风险造成的损失很大，可能引起整个工程的中断或报废。风险之间常常是有联系的，某个工程活动受到干扰而拖延，则可能影响它后面的许多活动，例如，经济形势的恶化不但会造成物价上涨，而且可能引起业主支付能力的变化；通货膨胀引起了物价上涨，会影响后期的采购、人工工资及各种费用支出，进而影响整个后期的工程费用；设计图纸提供不及时，不仅会造成工期拖延，而且会造成费用提高（如人工和设备闲置、管理费开支），还可能导致在原本可以避开的冬雨期施工，从而造成更长时间的拖延，增加一些不必要的费用。

1.风险损失量的估计内容

风险损失量的估计应包括下列内容：

（1）工期损失的估计。

（2）费用损失的估计。

（3）对工程的质量、功能、使用效果等方面的估计。

2.风险损失量估计过程

由于风险对目标的干扰常常首先表现在对工程实施过程的干扰上，所以风险损失量估计，一般通过以下分析过程：

（1）考虑正常状况下（没有发生该风险）的工期、费用、收益。

（2）将风险加入这种状态，分析实施过程、劳动效率、消耗、各个活动发生变化。

（3）两者的差异则为风险损失量。

（三）风险等级评估

风险因素非常多，涉及各个方面，但人们并不是对所有的风险都予以十分重视，否则将大大提高管理费用，干扰正常的决策过程。所以，组织应根据风险因素发生的概率和损失量确定风险程度，进行分级评估。

1.风险位能的概念

对一个具体的风险，它如果发生，设损失为R_H，发生的可能性为E_w，则风险的期望值R_w为：

$$R_w = R_H \times E_w \qquad (5-1)$$

例如，一种自然环境风险如果发生，则损失达20万元，而发生的可能性为0.1，则损失的期望值R_w=20万元×0.1=2万元。

引用物理学中位能的概念，损失期望值高的，则风险位能高。可以在二维坐标上作等位能线（损失期望值相等），如图5-1所示，具体项目中的任何一项风险都可以在图上找到一个表示它位能的点。

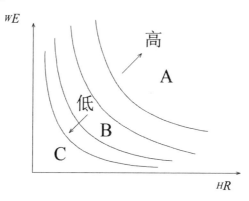

图5-1　二维坐标风险位能线

2.位能的风险类别

A、B、C分类法：不同位能的风险可分为不同的类别。

（1）A类：高位能，即损失期望很大的风险。通常发生的可能性很大，而且一旦发生损失也很大。

（2）B类：中位能，即损失期望值一般的风险。通常发生的可能性不大，损失也不大，或发生可能性很大但损失极小，或损失比较大但可能性极小。

（3）C类：低位能，即损失期望极小的风险，发生的可能性极小，即使发生损失也很小。

在工程项目风险管理中，A类是重点，B类要顾及，C类可以不考虑。另外，也有不用A、B、C分类的形式，而采用级别的形式划分，如1级、2级、3级等，其意义是相同的。

3.风险等级评估表

组织进行风险分级时可使用表5-1。

表5-1　风险分级

风险等级 　　后果 可能性	轻度损失	中度损失	重大损失
很大	Ⅲ	Ⅳ	Ⅴ
中等	Ⅱ	Ⅲ	Ⅳ
极小	Ⅰ	Ⅱ	Ⅲ

二、项目风险评估分析的步骤

（一）收集信息

建筑工程项目风险评估分析时必须收集的信息主要有：承包商类似工程的经验和积累的数据；与工程有关的资料、文件等；对上述两个来源的主观分析结果。

（二）对信息的整理加工

根据收集的信息和主观分析加工，列出项目所面临的风险，并将发生的概率和损失的后果列成一个表格，其中风险因素、发生概率、损失后果、风险程度一一对应，如表5-2。

表5-2　风险程度（R）分析

风险因素	发生概率P（%）	损失后果C（万元）	风险程度R（万元）
物价上涨	10	50	5
地质特殊处理	30	100	30
恶劣天气	10	30	3
工期拖延罚款	20	50	10
设计错误	30	50	15
业主拖欠工程款	10	100	10
项目管理人员不胜任	20	300	60
合计	—	—	133

（三）评价风险程度

风险程度是风险发生的概率和风险发生后的损失严重性的综合结果。其表达式为：

$$R = \sum_{i=1}^{n} R_i = \sum_{i=1}^{n} P_i \times C_i \qquad （5-2）$$

式中：R——风险程度；

R_i——每一风险因素引起的风险程度；

P_i——每一风险发生的概率；

C_i——每一风险发生的损失后果。

（四）提出风险评估报告

风险评估分析结果必须用文字、图表表达说明，作为风险管理的文档，即以文字、表格的形式做风险评估报告。评估分析结果不仅作为风险评估的成果，而且应作为人们风险管理的基本依据。

三、风险评估的方法

项目风险的评估往往采用定性与定量相结合的方法进行。目前，常用的项目评估方法主要有调查打分法、蒙特卡洛模拟法、敏感性分析法等。

（一）调查打分法

调查打分法是一种常用的、易于理解的、简单的风险评估方法。它是指将识别出的项目可能遇到的所有风险因素列入项目风险调查表，将项目风险调查表交给有关专家，专家们根据经验对可能的风险因素的等级和重要性进行评估，确定项目的主要因素。

调查打分法的步骤如下：

（1）识别出影响待评估工程项目的所有风险因素，列出项目风险调查表。

（2）将项目风险调查表提交给有经验的专家，请他们对项目风险表中的风险因素进行主观打分评价。

①确定每个风险因素的权数W，取值范围为0.01～1.0，由专家打分加权确定。

②确定每个风险因素的权重，即风险因素的风险等级C，其分为五级，分别为0.2、0.4、0.6、0.8、1.0，由专家打分加权确定。

（3）回收项目风险调查表。将各专家打分评价后的项目风险调查表整理出来，计算出项目风险水平。将每个风险因素的权数W与权重C相乘，得出该项风险因素得分WC。将各项风险因素得分加权平均，得出该项目风险总分，即项目风险度，风险度越大，风险就越大。

（二）蒙特卡洛模拟法

风险评估时经常面临不确定性、不明确性和可变性。而且，即使我们可以对信息进行前所未有的访问，仍无法准确预测未来。蒙特卡洛模拟法允许我们查看做出的决策的所有可能结果并评估风险影响，从而在存在不确定因素的情况下做出更好的决策。蒙特卡洛模拟法是一种计算机化的数学方法，允许人们评估定量分析和决策制定过程中的风险。

应用蒙特卡洛模拟法可以直接处理每个风险因素的不确定性，并把这种不确定性在成本方面的影响以概率分布的形式表示出来。

（三）敏感性分析法

敏感性分析法是研究和分析由于客观条件的影响（如政治形势、通货膨胀、市场竞争等风险），项目的投资、成本、工期等主要变量因素发生变化，导致项目的主要经济效果评价指标（如净现值、收益率、折现率等）发生变动的敏感程度。

第四节　建筑工程项目风险响应

一、风险的分配

合理的风险分配是高质量风险管理的前提。一方面，业主希望承包人在自己能够接受的价格条件下保质保量地完成工程，所以在分担风险前，应综合考虑自身条件及尽可能对工程风险做出准确的判断，而不是认为只需将风险在合同中简单地转嫁给承包人。另一方面，只要承包人认为能获得相应的风险费，他就可能愿意承担相应的风险。事实上，许多有实力的承包人更愿意去承担风险较大而潜在利润也较大的工程。因此，可以认为，风险的划分是可以根据工程具体条件及双方承担风险的态度来进行的，这样才更有利于风险的管理及整个工程实施过程中的管理。

风险分配的原则是，任何一种风险都应由最适宜承担该风险或最有能力制约损失的一方承担，具体介绍如下：

（1）归责原则

如果风险事件的发生完全是由一方的错误行为或失误造成的，那么其应当承担该引起

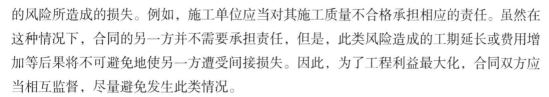

的风险所造成的损失。例如，施工单位应当对其施工质量不合格承担相应的责任。虽然在这种情况下，合同的另一方并不需要承担责任，但是，此类风险造成的工期延长或费用增加等后果将不可避免地使另一方遭受间接损失。因此，为了工程利益最大化，合同双方应当相互监督，尽量避免发生此类情况。

（2）风险收益对等原则

当一个主体在承担风险的同时，它也应当有权利享有风险变化所带来的收益，并且该主体所承担的风险程度应与其收益相匹配。正常情况下，没有任何一方愿意只承受风险而不享有收益。

（3）有效控制原则

应将工程风险分配至能够最佳管理风险和减少风险的一方，即风险在该方控制之内或该方可以通过某种方式转移该风险。

（4）风险管理成本最低原则

风险应当由该风险发生后承担其代价或成本最小的一方来承担。代价和成本最低应当是针对整个建筑施工项目而言的，如果业主为了降低自身的风险而将不应由承包商承担的风险强加给承包商，承包商势必通过抬高报价或降低工程质量来平衡该风险可能造成的损失，其结果可能会给业主造成更大的损失。

（5）可预见风险原则

根据风险的预见和认知能力，如果一方能更好地预见和避免该风险的发生，则该风险应由此方承担。例如，工程施工过程中可能遇到的各种技术问题潜在的风险，承包商应当比业主更有经验来预见和避免此类风险事件的发生。

二、风险响应对策

对分析出来的风险应有响应，即确定针对项目风险的对策。风险响应是通过采用将风险转移给另一方或将风险自留等方式，研究如何对风险进行管理，包括风险规避、风险减轻、风险转移、风险自留及其组合等策略。

（一）建筑工程项目风险规避

建筑工程项目风险规避是指承包商设法远离、躲避可能发生的风险的行为和环境，从而达到避免风险发生的可能性，其具体做法简要介绍如下：

1.拒绝承担风险

承包商拒绝承担风险大致有以下几种情况：

（1）对某些存在致命风险的工程拒绝投标。

（2）利用合同保护自己，不承担应该由业主承担的风险。

（3）不接受实力差、信誉不佳的分包商和材料、设备供应商，即使其是业主或者有实权的其他任何人推荐的。

（4）不委托道德水平低下或其他综合素质不高的中介组织或个人。

2.承担小风险，回避大风险

在建筑工程项目决策时要注意放弃明显导致亏损的项目。对于风险超过自己的承受能力，成功把握不大的项目，不参与投标，不参与合资。甚至有时在工程进行到一半时，预测后期风险很大，必然有更大的亏损，不得不采取中断项目的措施。

3.为了避免风险而损失一定的较小利益

利益可以计算，但风险损失是较难估计的，在特定情况下可采用此种做法，如在建材市场，有些材料价格波动较大，承包商与供应商提前订立购销合同并付一定数量的定金，从而避免因涨价带来的风险；采购生产要素时应选择信誉好、实力强的分包商，虽然价格略高于市场平均价，但分包商违约的风险减小了。

虽然规避风险是一种风险响应策略，但应该承认，这是一种消极的防范手段。因为规避风险固然可以避免损失，但同时也失去了获利的机会。如果企业想生存、图发展，又想回避其预测的某种风险，最好的办法就是采用除规避以外的其他策略。

（二）建筑工程项目风险减轻

承包商的实力越强，市场占有率越高，抵御风险的能力也就越强，一旦出现风险，其造成的影响就相对显得小些。如承包商承担一个项目，出现风险会使他难以承受；若承包若干个工程，其中一旦在某个项目上出现风险损失，还可以由其他项目的成功加以弥补。这样，承包商的风险压力就会减轻。

在分包合同中，通常要求分包商接受建设单位合同文件中的各项合同条款，使分包商分担一部分风险。有的承包商直接把风险比较大的部分分包出去，将建设单位规定的误期损失赔偿费如数计入分包合同，分散这项风险。

（三）建筑工程项目风险转移

建筑工程项目风险转移是指承包商在不能回避风险的情况下，将自身面临的风险转移给其他主体来承担。

风险的转移并非转嫁损失，有些承包商无法控制的风险因素，其他主体却可以控制。风险转移一般是指对分包商和保险机构而言。

1.转移给分包商

工程风险中的很大一部分可以分散给若干分包商和生产要素供应商。例如，对待业主拖欠工程款的风险，可以在分包合同中规定在业主支付给总包后若干日内向分包方支付工

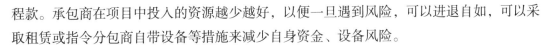

程款。承包商在项目中投入的资源越少越好，以便一旦遇到风险，可以进退自如，可以采取租赁或指令分包商自带设备等措施来减少自身资金、设备风险。

2.工程保险

购买保险是一种非常有效的转移风险的手段，将自身面临的风险很大一部分转移给保险公司来承担。

工程保险是指业主和承包商为了工程项目的顺利实施，向保险人（公司）支付保险费，保险人根据合同约定对在工程建设中可能产生的财产和人身伤害承担赔偿保险金责任。

3.工程担保

工程担保是指担保人（一般为银行、担保公司、保险公司以及其他金融机构、商业团体或个人）应工程合同一方（申请人）的要求向另一方（债权人）做出的书面承诺。工程担保是工程风险转移的一项重要措施，它能有效地保障工程建设的顺利进行，许多国家政府都在法规中规定要求进行工程担保，在标准合同中也含有关于工程担保的条款。

（四）建筑工程项目风险自留

建筑工程项目风险自留是指承包商将风险留给自己承担，不予转移。这种手段有时是无意识的，即当初并不曾预测的，不曾有意识地采取种种有效措施，以致最后只好由自己承受；但有时也可以是主动的，即经营者有意识、有计划地将若干风险主动留给自己。

决定风险自留必须符合以下条件之一：

（1）自留费用低于保险公司所收取的费用。

（2）企业的期望损失低于保险人的估计。

（3）企业有较多的风险单位，且企业有能力准确地预测其损失。

（4）企业的最大潜在损失或最大期望损失较小。

（5）短期内企业有承受最大潜在损失或最大期望损失的经济能力。

（6）风险管理目标可以承受年度损失的重大差异。

（7）费用和损失支付分布于很长的时间里，因而导致很大的机会成本。

（8）投资机会很好。

（9）内部服务或非保险人服务优良。

如果实际情况与以上条件相反，则应放弃风险自留的决策。

三、建筑工程项目风险管理计划

建筑工程项目风险响应的结果应形成以项目风险管理计划为代表的书面文件，其中应详细说明风险管理目标、范围、职责、对策的措施、方法、定性和定量计算、可行性，以及需要的条件和环境等。

建筑工程风险管理计划的编制应该确保在相关的运行活动开展以前实施，并且与各种项目策划工作同步进行。

风险管理计划可分为专项计划、综合计划和专项措施等。专项计划是指专门针对某一项风险（如资金或成本风险）制订的风险管理计划；综合计划是指项目中所有不可接受风险的整体管理计划；专项措施是指将某种风险管理措施纳入其他项目管理文件中，如新技术应用中的风险管理措施可编入项目设计或施工方案，与施工措施有机地融为一体。

从操作角度上讲，项目风险管理计划是否需要形成专门的单独文件，应根据风险评估的结果进行确定。

第五节　建筑工程项目风险控制

风险监控是建筑施工项目风险管理的一项重要工作，贯穿项目的全过程。风险监测是在采取风险应对措施后，对风险和风险因素发展变化的观察和把握；风险控制则是在风险监测的基础上，采取的技术、作业或管理措施。在项目风险管理过程中，风险监测和控制交替进行，即发现风险后经常需要马上采取控制措施，或风险因素消失后立即调整风险应对措施。因此，常将风险监测和控制整合起来考虑。

一、风险预警

建筑施工项目进行中会遇到各种风险，要做好风险管理，就要建立完善的项目风险预警系统，通过跟踪项目风险因素的变动趋势，测评风险所处状态，尽早地发出预警信号，及时向业主、项目监管方和施工方发出警报，为决策者掌握和控制风险争取更多的时间，尽早采取有效措施防范和化解项目风险。

在工程中需要不断地收集和分析各种信息。捕捉风险前奏的信号，可通过以下几条途径进行：

（1）天气预测警报。

（2）股票信息。

（3）各种市场行情、价格动态。

（4）政治形势和外交动态。

（5）各投资者企业状况报告。

（6）在工程中通过工期和进度的跟踪、成本的跟踪分析、合同监督、各种质量监控报告、现场情况报告等手段，了解工程风险。

（7）在工程的实施状况报告中应包括风险状况报告。

二、建筑工程项目风险监控

在建筑工程项目推进过程中，各种风险在性质和程度上都是在不断变化的，有可能增大或者衰退。因此，在项目整个生命周期中，需要时刻监控风险的发展与变化情况，并确定随着某些风险的消失而带来的新的风险。

（一）风险监控的目的

风险监控的目的有以下三个：

（1）监视风险的状况，例如，风险是已经发生、仍然存在还是已经消失。

（2）检查风险的对策是否有效，监控机制是否在运行。

（3）不断识别新的风险并制定对策。

（二）风险监控的任务

风险监控的任务主要包括以下三个方面：

（1）在项目进行过程中跟踪已识别风险、监控残余风险并识别新风险。

（2）保证风险应对计划的执行并评估风险应对计划的执行效果。评估的方法可以采用项目周期性回顾、绩效评估等。

（3）对突发的风险或"接受"风险采取适当的权变措施。

（三）风险监控的方法

风险监控常用的方法有以下三种：

（1）风险审计：专人检查监控机制是否得到执行，并定期做出风险审核。例如，在大的阶段点重新识别风险并进行分析，对没有预计到的风险制订新的应对计划。

（2）偏差分析：与基准计划比较，分析成本和时间上的偏差。例如，未能按期完工、超出预算等都是潜在的问题。

（3）技术指标：比较原定技术指标和实际技术指标之间的差异。例如，测试未能达到性能要求，缺陷数大大超过预期等。

三、建筑工程项目风险控制对策

（一）实施风险控制对策应遵循的原则

1.主动性原则

对风险的发生要有预见性与先见性，项目的成败结果不是在结束时出现的，而是在开始时产生的，因此，要在风险发生之前采取主动措施来防范风险。

2."终身服务"原则

从建筑工程项目的立项到结束的全过程，都必须进行风险的研究与预测、过程控制及风险评价。

3.理智性原则

回避大的风险，选择相对小的或者适当的风险。对于可能明显导致亏损的拟建项目就应该放弃，而对于某些风险超过其承受能力，并且成功把握不大的拟建项目应该尽量回避。

（二）常用的风险控制对策

（1）加强项目的竞争力分析。竞争力分析是研究建筑工程项目在国内外市场竞争中获胜的可能性和获利能力。评价人员应站在战略的高度，首先分析建筑工程项目的外部环境，寻求建筑工程项目的生存机会以及存在的威胁；客观认识建筑工程项目的内部条件，了解自身的优势和劣势，提高项目的竞争力，从而降低项目的风险。

（2）科学筛选关键风险因素。建筑工程项目中的风险有一定的范围和规律性，这些风险必须在项目参加者（例如，投资者、业主、项目管理者、承包商、供应商等）之间进行合理的分配、筛选，最大限度地发挥各方风险控制的积极性，提高建筑工程项目的效益。

（3）确保资金运行顺畅。在建设过程中，资金成本、资金结构、利息率、经营成果等资金筹措风险因素是影响项目顺利进行的关键因素，当这些风险因素出现时，会出现资金链断裂、资源损失浪费、产品滞销等情况，造成项目投资时期停建，无法收尾。因此，投资者应该充分考虑社会经济背景及自身经营状况，合理选择资金的构成方式，来规避筹资风险，确保资金运行顺畅。

（4）充分了解行业信息，提高风险分析与评价的可靠度。借鉴不同案例中的基础数据和信息，为承担风险的各方提供可供借鉴的决策经验，提高风险分析与评价的可靠度。

（5）采用先进的技术方案。为降低风险发生的概率，应该选择有弹性、抗风险能力强的技术方案。

（6）组建有效的风险管理团队。风险具有两面性，既是机遇又是挑战。这就要求风险管理人员加强监控，因势利导。一旦发生问题，要及时采取转移或缓解风险的措施。如果发现机遇，就要把握时机，利用风险中蕴藏的机会来获得回报。

当然，风险应对策略远不止这些，应该不断提高项目风险管理的应变能力，适时地采取行之有效的应对策略，以保证风险程度最低化。

任何人对自己承担的风险应有准备和对策，应有计划，应充分利用自己的技术、管理、组织的优势和经验，在分析与评价的基础上建立完善的风险应对管理制度，采取主动行动，合理地使用规避、减少、分散或转移等方法和技术对建筑工程项目所涉及的潜在风险因素进行有效的控制，妥善地处理风险因素对建筑工程项目造成的不利后果，以保证建筑工程项目安全、可靠地实现既定目标。

第六章　建筑工程项目成本管理

第一节　建筑工程项目成本管理理论

一、项目成本

（一）项目成本的概念

项目成本是施工项目在施工过程中所耗费的生产资料转移价值和劳动者必要劳动所创造的价值的货币形式。项目成本包括所耗费的主、辅材料，构配件，周转材料的摊销费或租赁费，施工机械的台班费或租赁费，支付给生产工人的工资、奖金，以及在施工现场进行施工组织与管理所发生的全部费用支出。

施工项目成本不包括工程造价组成中的利润和税金，也不应包括构成施工项目价值的一切非生产性支出。

施工项目成本是施工企业的主要产品成本，也称工程成本，一般以项目的单位工程作为成本核算对象，通过对各单位工程成本核算的综合来反映总成本。

（二）项目成本的构成

1.直接成本

直接成本指施工过程中耗费的构成工程实体和有助于工程形成的各项费用支出，包括人工费、材料（包含工程设备）费、施工机具使用费。当直接费用发生时就能够确定其用于哪些工程，可以直接记入该工程成本。

2.间接成本

间接成本指项目经理部为准备施工，组织施工生产和管理所支出的全部费用，当间接费用发生时不能明确区分其用于哪些工程，只能采用分摊费用方法计入。

二、项目成本管理

（一）建筑项目成本管理的特点

1.事前计划性

从工程项目投标报价开始到工程竣工结算前，对于工程项目的承包人而言，各阶段的成本数据都是事前的计划成本，包括投标书的预算成本、合同预算成本、设计预算成本、组织对项目经理的责任目标成本、项目经理部的施工预算及计划成本等，基于这样的认识，人们把动态控制原理应用于项目的成本控制过程。其中，项目总成本的控制，是对不同阶段的计划成本进行相互比较，以反映总成本的变动情况。只有在项目的跟踪核算过程中，才能对已完的工作任务或分部、分项工程进行实际成本偏差的分析。

2.投入复杂性

（1）工程项目成本的形成从投入情况看，在承包组织内部有组织层面的投入和项目层面的投入，在承包组织外部有分包商的投入，甚至业主以甲供材料设备的方式投入等。

（2）工程项目最终作为建筑产品的完全成本和承包人在实施工程项目期间投入的完全成本，其内涵是不一样的。作为工程项目管理范围的项目成本，显然要根据项目管理的具体要求来界定。

3.核算困难大

工程项目成本核算的关键问题在于动态地对已完的工作任务或分部、分项工程的实际成本进行正确的统计，以便与相同范围的计划成本进行比较分析，把握成本的执行情况，为后续的成本控制提供指导。但是，由于成本的发生或费用的支出与已完的工程任务量，在时间和范围上不一定一致，这就给实际成本的统计归集造成很大的困难，影响核算结果的数据可比性和真实性，以致失去对成本管理的指导作用。

4.信息不对称

建筑工程项目的实施通常采用总分包的模式，出于保护商业机密的目的，分包方往往对总包方隐瞒实际成本，这给总包方的事前成本计划带来一定的困难。

（二）建筑项目成本管理的基本原则

1.全面成本管理原则

长期以来，在建筑项目成本管理中，存在"三重三轻"问题，即重实际成本的计算和分析，轻全过程的成本管理和对其影响因素的控制；重施工成本的计算分析，轻采购成本、工艺成本和质量成本；重财会人员的管理，轻群众性的日常管理。因此，为了确保不断降低建设项目成本，达到成本最低化目的，必须实行全面成本管理。

全面成本管理是全企业、全员和全过程的管理，亦称"三全"管理。项目成本的全过程管理是指在工程项目确定以后，自施工准备开始，经过工程施工，到竣工交付使用乃至保修期结束都在发生费用，其中每一项经济业务都要进行计划与控制。

项目成本的全员管理是指成本是一项综合性很强的指标，项目成本的高低取决于项目组织中各个部门、单位和班组的工作业绩，也与每个职工的切身利益密切相关，需要大家都来关心成本、控制成本，人人都有权利和义务对成本实施控制，仅靠项目经理和专业成本管理人员及少数人的努力，是无法收到预期效果的。全员管理应该有一个系统的实质性内容，包括各部门、各单位的责任网络和班组的经济核算等。

2.成本最低化原则

建筑项目成本管理的根本目的，在于通过成本管理的各种手段，不断降低建设项目成本，以达到可能实现最低目标成本的要求。但是，在实行成本最低化原则时，应注意研究降低成本的可能性和合理的成本最低化。一方面挖掘各种降低成本的潜力，使可能性变为现实；另一方面要从实际出发，制定通过主观努力可能达到的合理的最低成本水平，并据此进行分析、考核评比。

3.动态管理原则

动态管理原则即中间管理原则，对于具有一次性特点的施工项目成本来说，必须重视和搞好项目成本的中间控制。因为施工准备阶段的成本管理，只是根据上级要求和施工组织设计的具体内容确定成本目标、编制成本计划、制订成本控制的方案，为今后的成本控制运行做好准备；而竣工阶段的成本管理，由于成本盈亏已经基本成定局，即使发生了偏差，也已来不及纠正。因此，成本管理工作的重心应放在基础、结构、装饰等主要施工阶段上，及时发现并纠正偏差，在生产过程中进行动态管理。

4.成本管理科学化原则

成本管理要实现科学化，必须把有关自然科学和社会科学中的理论、技术和方法运用于成本管理。在建设项目成本管理中，可以运用预测与决策方法、目标管理方法、量本利分析方法和价值工程方法等。

5.目标管理原则

目标管理是贯彻执行计划的一种方法，它把计划的方针、任务、目的和措施等逐一加以分解，提出进一步的具体要求，并分别落实到执行任务的部门、单位甚至个人。

6.过程控制与系统控制原则

（1）项目成本是由施工过程的各个环节的资源消耗形成的。因此，项目成本的控制必须采用过程控制的方法，分析每一个过程影响成本的因素，制定工程程序和控制程序，使之时刻处于受控状态。

（2）项目成本形成的每一个过程又是与其他过程互相关联的，一个过程成本的降

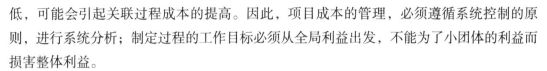

低，可能会引起关联过程成本的提高。因此，项目成本的管理，必须遵循系统控制的原则，进行系统分析；制定过程的工作目标必须从全局利益出发，不能为了小团体的利益而损害整体利益。

7.节约原则

进行成本管理，提高经济效益的核心是人力、物力、财力消耗的节约。节约首先要严格执行成本开支范围、费用开支标准和有关财务制度，对各项成本费用的支出进行限制和监督；其次，要提高项目的科学管理水平，优化施工方案，提高生产效率，降低资源消耗；最后，要采取预防成本失控的技术组织措施，制止可能产生的浪费。

8.责、权、利相结合原则

实践表明，要使成本控制真正发挥及时、有效的作用，达到预期的效果，必须实行经济责任制。责任、权力、利益相统一的成本管理才是名实相符的项目成本控制。这一条原则，从内部承包责任制和签订内部承包合同中体现出来。从项目经理到每一个管理者和操作者，都必须对成本管理承担自己的责任，而且授以相应的权力，在考评业绩时同奖金挂钩，奖罚分明。

（三）建筑项目成本管理的程序

建筑项目成本管理是从成本估算开始，经编制成本计划，明确降低成本的措施，进行成本控制，直到成本核算与分析为止的一系列管理工作步骤。

（四）建筑项目成本管理的主要任务和措施

建筑项目成本管理就是要在保证工期和质量满足要求的情况下，利用组织措施、经济措施、技术措施、合同措施，把成本控制在计划范围内，并进一步寻求最大限度的成本节约。实际上项目一旦确定，收入也就确定了。如何降低工程成本、获取最大利润，是项目管理的目标。建筑项目成本管理的任务主要包括成本预测、成本计划、成本控制、成本核算、成本分析和成本考核。其各项措施如下：

1.经济措施

经济措施是最易为人接受和采用的措施。管理人员应编制资金使用计划，确定、分解项目成本管理目标；对项目成本管理目标进行风险分析，并制定防范性对策。通过偏差原因分析和对未完项目进行成本预测，可发现一些可能导致未完项目成本增加的潜在问题，对这些问题应以主动控制为出发点，及时采取预防措施。

2.组织措施

项目成本管理不仅是专业成本管理人员的工作，各级项目管理人员也都负有成本控制责任。组织措施是从项目成本管理的组织方面采取的措施，如实行项目经理责任制，落实项目成本管理的组织机构和人员，明确各级项目成本管理人员和职能分工、权利和责任，编制本阶段项目成本控制工作计划和详细的工作流程图等。组织措施是其他各类措施的前提和保障，而且一般不需要增加什么费用，运用得当就可以收到良好的效果。

3.技术措施

技术措施不仅对解决项目成本管理过程中的技术问题是不可缺少的，而且对纠正项目成本管理目标偏差也有相当重要的作用。运用技术措施的关键，一是要能提出多个不同的技术方案，二是要对不同的技术方案进行技术经济分析。在实践中，要避免仅从技术角度选定方案而忽视对其经济效果的分析论证。

4.合同措施

成本管理要以合同为依据，因此合同措施就显得尤为重要。除了参加合同谈判、修订合同条款、处理合同执行过程中的索赔问题、防止和处理好与业主和分包商之间的索赔之外，还应分析不同合同之间的相互联系和影响，对每一个合同做总体和具体的分析。

第二节　建筑工程项目成本计划

一、建筑工程项目成本计划的作用

成本计划通常包括从开工到竣工所必需的施工成本，它是以货币形式预先规定项目进行中的施工生产耗费的计划总水平，是实现降低成本费用的指导性文件。

成本计划是成本控制各项工作的龙头。成本计划的过程包括确定项目成本目标、优化实施方案，以及计划文件的编制等。由于这些环节是互动的过程，工程项目成本计划具有以下作用：

（1）它是对生产耗费进行控制、分析和考核的重要依据。

（2）它是编制核算单位其他有关生产经营计划的基础。

（3）它是国家编制国民经济计划的一项重要依据。

（4）可以动员全体职工深入开展增产节约、降低产品成本的活动。

二、施工项目成本计划的编制原则

为了使成本计划能够发挥它的积极作用，在编制成本计划时应掌握以下原则：

（1）从实际情况出发的原则。

（2）与其他计划结合的原则。

（3）采用先进的技术经济定额的原则。

（4）统一领导、分级管理的原则。

（5）弹性原则。

三、建筑工程项目成本计划的编制程序

（一）收集、整理资料

（1）上年度成本计划完成情况及历史最好水平资料（产量、成本、利润）。

（2）企业的经营计划、生产计划、劳动工资计划、材料供应计划及技术组织措施计划等。

（3）上级主管部门下达的降低成本指标和要求的资料。

（4）施工定额及其他有关的各项技术经济定额。

（5）施工图纸、施工图预算和施工组织设计。

（6）其他资料。

此外，还应深入分析当前情况和未来的发展趋势，了解影响成本升降的各种有利和不利因素，研究克服不利因素和降低成本的具体措施，为编制成本计划提供丰富、具体和可靠的成本资料。

（二）估算计划成本

估算计划成本即确定目标成本。目标成本是指在分析、预测，以及对项目可用资源进行优化的基础上，经过努力可以实现的成本。

工作分解法又称工程分解结构，它的特点是以施工图设计为基础，以本企业做出的项目施工组织设计及技术方案为依据，以实际价格和计划的物资、材料、人工、机械等消耗量为基准，估算工程项目的实际成本费用，据此确定成本目标。具体步骤是：首先把整个工程项目逐级分解为内容单一、便于进行单位工料成本估算的小项或工序，然后按小项自下而上估算、汇总，从而得到整个工程项目的估算。估算汇总后还要考虑风险系数与物价指数，对估算结果加以修正。

利用工作分解法系统进行成本估算时，工作划分得越细、越具体，价格的确定和工程量估计就越容易，工作分解自上而下逐级展开，成本估算自下而上，将各级成本估算逐级累加，便得到整个工程项目的成本估算。在此基础上分级分类计算的工程项目的成本，既是投标报价的基础，又是成本控制的依据，也是和甲方工程项目预算作比较和进行盈利水平估计的基础。

（三）编制成本计划草案

对大中型项目，经项目经理部批准下达成本计划指标后，各职能部门应充分发动群众进行认真的讨论，在总结上期成本计划完成情况的基础上，结合本期计划指标，找出完成本期计划的有利和不利因素，提出挖掘潜力、克服不利因素的具体措施，以保证计划任务的完成。为了使指标得到真正落实，各部门应尽可能将指标分解落实下达到各班组及个人，使目标成本的降低额和降低率得到充分讨论、反馈、再修订，使成本计划既能切合实际，又成为群众共同奋斗的目标。

各职能部门亦应认真讨论项目经理部下达的费用控制指标，拟定具体实施的技术经济措施方案，编制各部门的费用预算。

（四）综合平衡，编制正式的成本计划

各职能部门上报了部门成本计划和费用预算后，项目经理部首先应结合各项技术经济措施，检查各计划和费用预算是否合理可行，并进行综合平衡，使各部门计划和费用预算之间相互协调、衔接；其次，要从全局出发，在保证企业下达的成本降低任务或本项目目标成本实现的情况下，以生产计划为中心，分析研究成本计划与生产计划、劳动工时计划，材料成本与物资供应计划、工资成本与工资基金计划、资金计划等的相互协调平衡；经反复讨论，多次综合平衡，最后确定的成本计划指标，即可作为编制成本计划的依据。项目经理部正式编制的成本计划，上报企业有关部门后即可正式下达至各职能部门执行。

四、建筑工程项目成本计划的编制方法

施工项目成本计划工作主要是在项目经理负责下，在成本预、决算基础上进行的。编制中的关键前提是确定目标成本，这是成本计划的核心，是成本管理所要达到的目的。成本目标通常以项目成本总降低额和降低率来定量地表示。项目成本目标的方向性、综合性和预测性，决定了必须选择科学的确定目标的方法。

（一）定额估算法

在概、预算编制力量较强、定额比较完备的情况下，特别是施工图预算与施工预算编制经验比较丰富的施工企业，工程项目的成本目标可由定额估算法产生。所谓施工图预算，是以施工图为依据，按照预算定额和规定的取费标准及图纸工程量计算出项目成本，反映为完成施工项目建筑安装任务所需的直接成本和间接成本。它是招标投标中计算标底的依据、评标的尺度，是控制项目成本支出、衡量成本节约或超支的标准，也是施工项目考核经营成果的基础。施工预算是施工单位（各项目经理部）根据施工定额编制的，作为

施工单位内部经济核算的依据。

过去，通常以两算对比差额与技术组织措施带来的节约来估算计划成本的降低额，公式为：

计划成本降低额=两算对比定额差+技术组织措施计划节约额

这种定额估算法的步骤及公式如下：

（1）根据已有的投标、预算资料，确定中标合同价与施工图预算的总价格，以及施工图预算与施工预算的总价格差。

（2）根据技术组织措施计划确定技术组织措施带来的项目节约数。

（3）对施工预算未能包容的项目，包括施工有关项目和管理费用项目，参照估算。

（4）对实际成本可能明显超出或低于定额的主要子项，按实际支出水平估算出其实际与定额水平之差。

（5）充分考虑不可预见因素、工期制约因素以及风险因素、市场价格波动因素，进行试算调整，得出施工项目降低成本计划综合影响性系数。

（6）综合计算整个项目的目标成本降低额和目标成本降低率。

目标成本降低额=[（1）+（2）－（3）±（4）]×[1+（5）]

目标成本降低率=目标成本降低额/项目的预算成本

（二）计划成本法

施工项目成本计划中的计划成本的编制方法，通常有以下四种：

1.施工预算法

施工预算法是指主要以施工图中的工程实物量，套以施工工料消耗定额，计算工料消耗量，并进行工料汇总，然后统一以货币形式反映其施工生产耗费水平的方法。以施工工料消耗定额所计算施工生产耗费水平，基本是一个不变的常数。一个施工项目要实现较高的经济效益（提高降低成本的水平），就必须在这个常数基础上采取技术节约措施，以降低消耗定额的单位消耗量和降低价格等措施来达到成本计划的目标成本水平。因此，采用施工预算法编制成本计划时，必须考虑结合技术节约措施计划，以进一步降低施工生产耗费水平。用公式表示为：

施工预算法的计划成本（目标成本）=施工预算施工生产耗费水平（工料消耗费用）－技术节约措施计划节约额

2.技术节约措施法

技术节约措施法是指以该施工项目计划采取的技术组织措施和节约措施所能取得的经济效果为施工项目成本降低额，然后求施工项目的计划成本的方法。用公式表示为：

施工项目计划成本=施工项目预算成本－技术节约措施计划节约额（降低成本额）

3.成本习性法

成本习性法是固定成本和变动成本在编制成本计划中的应用，主要按照成本习性，将成本分成固定成本和变动成本两类，以此作为计划成本。具体划分可采用费用分解法。

①材料费。与产量有直接联系，属于变动成本。

②人工费。在计时工资形式下，生产工人工资属于固定成本。因为不管生产任务完成与否，工资照发，与产量增减无直接联系。如果采用计件超额工资形式，其计件工资部分属于变动成本，奖金、效益工资和浮动工资部分亦应计入变动成本。

③机械使用费。其中有些费用随产量增减而变动，如燃料、动力费，属变动成本。有些费用不随产量变动，如机械折旧费、大修理费、机修工、操作工的工资等，属于固定成本。此外，还有机械的场外运输费和机械组装拆卸、替换配件、润滑擦拭等经常修理费，由于不直接用于生产，也不随产量增减成正比例变动，而是在生产能力得到充分利用、产量增长时，所分摊的费用就少些，在产量下降时，所分摊的费用就要大一些，所以这部分费用为介于固定成本和变动成本之间的半变动成本，可按一定比例划归固定成本与变动成本。

④其他直接费。水、电、风、气等费用，以及现场发生的材料二次搬运费，多数与产量发生联系，属于变动成本。

⑤施工管理费。其中大部分在一定产量范围内与产量的增减没有直接联系，如工作人员工资、生产工人辅助工资、工资附加费、办公费、差旅交通费、固定资产使用费、职工教育经费、上级管理费等基本上属于固定成本。检验试验费、外单位管理费等与产量增减有直接联系，则属于变动成本。此外，劳动保护费中的劳保服装费、防暑降温费、防寒用品费，劳动部门都有规定的领用标准和使用年限，基本上属于固定成本。工具用具使用费中，行政使用的家具费属固定成本；工人领用工具，随管理制度不同而不同，有些企业对机修工、电工、钢筋工、车工、钳工、刨工的工具按定额配备，规定使用年限，定期以旧换新，属于固定成本，而对民工、木工、抹灰工、油漆工的工具采取定额人工数、定价包干，则又属于变动成本。在成本按习性划分为固定成本和变动成本后，可用下列公式计算：

施工项目计划成本=施工项目变动成本总额+施工项目固定成本总额

4.按实计算法

按实计算法就是施工项目经理部有关职能部门（人员）以该项目施工图预算的工料分析资料作为控制计划成本的依据。根据施工项目经理部执行施工定额的实际水平和要求，由各职能部门归口计算各项计划成本。

①人工费的计划成本，由项目管理班子的劳资部门（人员）计算，公式为：

人工费的计划成本=计划用工量×实际水平的工资率

式中，计划用工量=某项工程量×工日定额（工日定额可根据实际水平，考虑先进性，适当提高定额）。

②材料费的计划成本，由项目管理班子的材料部门（人员）计算，公式为：

材料费的计划成本=（主要材料的计划用量×实际价格）+（装饰材料的计划用量×实际价格）+构配件费用。

第三节　建筑工程项目成本控制

一、工程项目成本控制的概念

工程项目的成本控制，通常是指在项目成本的形成过程中，对生产经营所消耗的人力资源、物质资源和费用开支进行指导、监督、调节和限制，及时纠正将要发生和已经发生的偏差，把各项生产费用控制在计划成本的范围之内，以保证成本目标的实现。施工项目成本控制的目的在于降低项目成本、提高经济效益。

二、工程项目成本控制的依据

（一）工程承包合同

工程项目成本控制要以工程承包合同为依据，围绕降低工程成本这个目标，从预算收入和实际成本两方面，努力挖掘增收节支潜力，以获得最大的经济效益。

（二）施工成本计划

施工成本计划是根据施工项目的具体情况制订的施工控制方案，既包括预定的具体成本控制目标，又包括实现控制目标的措施和规划，以获得最大的经济效益。

（三）进度报告

进度报告提供了每一时刻工程实际完成量、工程施工成本实际支付情况等重要信息，施工成本控制工作正是通过实际情况与施工成本计划相比较，找出两者之间的差距，分析产生偏差的原因，从而采取措施改进以后的工作。

（四）工程变更

工程变更一般包括设计变更、进度计划变更、施工条件变更、技术规范与标准变

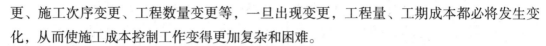

更、施工次序变更、工程数量变更等，一旦出现变更，工程量、工期成本都必将发生变化，从而使施工成本控制工作变得更加复杂和困难。

此外，相关法律法规及合同文本等也都是成本控制的依据。

三、工程项目成本控制的原则

（一）开源与节流相结合的原则

在成本控制中，应该坚持开源与节流相结合的原则。要求做到：每发生一笔金额较大的成本费用，都要查一查有无与其相对应的预算收入，是否支大于收；在经常性的分部分项工程成本核算和月度成本核算中，也要进行实际成本与预算收入的对比分析，以便从中探索成本节超的原因，纠正项目成本的不利偏差，提高项目成本的利用水平。

（二）全面控制原则

①项目成本的全员控制。项目成本是一项综合性很强的指标，它涉及项目组织中各个部门、单位和班组的工作业绩，也与每个职工的切身利益有关。因此，项目成本的高低需要大家关心，施工项目成本控制（管理）也需要项目建设者群策群力，仅靠项目经理和专业成本管理人员及少数人的努力是无法收到预期效果的。项目成本的全员控制，并不是抽象的概念，而应该有一个系统的实质性内容，其中包括各部门、各单位的责任网络和班组经济核算等。

②项目成本的全过程控制。项目成本的全过程控制，是指在工程项目确定以后，自施工准备开始，经过工程施工，到竣工交付使用后的保修期结束，其中每一项经济业务，都要纳入成本控制的轨道。也就是说，成本控制工作要随着项目施工进展的各个阶段连续进行，既不能疏漏，又不能时紧时松，使施工项目成本自始至终置于有效的控制之下。

（三）中间控制原则

中间控制原则又称动态控制原则，对于具有一次性特点的施工项目成本来说，应该特别强调项目成本的中间控制。因为施工准备阶段的成本控制，只是根据上级要求和施工组织设计的具体内容确定成本目标、编制成本计划、制订成本控制的方案，为今后的成本控制做好准备；而竣工阶段的成本控制，由于成本盈亏基本已成定局，即使发生了偏差，也已来不及纠正。因此，把成本控制的重心放在基础、结构、装饰等主要施工阶段上，是十分必要的。

（四）目标管理原则

目标管理是贯彻执行计划的一种方法，它把计划的方针、任务、目的和措施等逐一加以分解，提出进一步的具体要求，并分别落实到执行计划的部门、单位甚至个人。目标管理的内容包括：目标的设定和分解，目标的责任到位和执行，检查目标的执行结果，评价目标和修正目标，形成目标管理的P（计划）D（实施）C（检查）A（处理）循环。

（五）节约原则

节约人力、物力、财力的消耗，是提高经济效益的核心，也是成本控制的一项最主要的基本原则。节约要从三方面入手：一是严格执行成本开支范围、费用开支标准和有关财务制度，对各项成本费用的支出进行限制和监督；二是提高施工项目的科学管理水平，优化施工方案，提高生产效率，节约人、财、物的消耗；三是采取预防成本失控的技术组织措施，制止可能发生的浪费。做到了以上三点，成本目标就能实现。

（六）例外管理原则

在工程项目建设过程的诸多活动中，有许多活动是例外的，如施工任务单和限额领料单的流转程序等，通常是通过制度来保证其顺利进行的。但也有一些不经常出现的问题，我们称之为"例外"问题。这些"例外"问题，往往是关键性问题，对成本目标的顺利完成影响很大，必须予以高度重视。例如，在成本管理中常见的成本盈亏异常现象，即盈余或亏损超过了正常的比例；本来是可以控制的成本，突然发生了失控现象；某些暂时的节约，但有可能给今后的成本带来隐患（如由于平时机械维修费的节约，可能会造成未来的停工修理和更大的经济损失）等，都应该视为"例外"问题，进行重点检查、深入分析，并采取相应的积极的措施加以纠正。

（七）责、权、利相结合的原则

要使成本控制真正发挥及时有效的作用，必须严格按照经济责任制的要求，贯彻责、权、利相结合的原则。

首先，在项目施工过程中，项目经理、工程技术人员、业务管理人员，以及各单位和生产班组都负有一定的成本控制责任，从而形成整个项目的成本控制责任网络。其次，各部门、各单位、各班组在肩负成本控制责任的同时，还应享有成本控制的权力，即在规定的权力范围内可以决定某项费用能否开支、如何开支和开支多少，以进行对项目成本的实质性控制。最后，项目经理还要对各部门、各单位、各班组在成本控制中的业绩进行定期的检查和考评，并与工资分配紧密挂钩，实行有奖有罚。实践证明，只有责、权、利相结

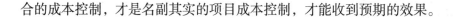

合的成本控制，才是名副其实的项目成本控制，才能收到预期的效果。

四、工程项目成本控制的步骤

在确定了施工成本计划之后，必须定期进行施工成本计划值与实际值的比较，当实际值偏离计划值时，分析产生偏差的原因，采取适当的纠偏措施，以保证施工成本控制目标的实现，具体步骤如下：

（一）比较

将施工成本计划值与实际值逐项进行比较，以发现施工成本是否已超支。

（二）分析

在比较的基础上，对比较的结果进行分析，以确定偏差的严重性及偏差产生的原因，这是施工成本控制工作的核心，其主要目的在于找出偏差的原因，从而采取有针对性的措施，减少或避免相同原因事件的再次发生，或减少由此造成的损失。

（三）预测

根据项目实施情况估算整个项目完成时的施工成本，预测的目的在于为决策提供支持。

（四）纠偏

当工程项目的实际施工成本出现了偏差时，应根据工程的具体情况，针对偏差分析和预测的结果采取适当的纠偏措施，以期达到使施工成本偏差尽可能小的目的。

（五）检查

检查是指对工程的进展进行跟踪和检查，及时了解工程进展情况及纠偏措施的执行情况和效果，为今后的工程积累经验。

上述五个步骤构成了一个周期性的循环过程。

五、工程项目成本控制的方法

（一）项目成本的过程控制方法

施工阶段是控制建筑工程项目成本发生的主要阶段，它通过确定成本目标并按计划成本进行施工资源配置，对施工现场发生的各种成本费用进行有效控制，其具体的控制方法包括人工费的控制、材料费的控制、施工机械使用费的控制、施工分包费的控制。

1.人工费的控制

人工费的控制实行"量价分离"的方法，将作业用工及零星用工按定额工日的一定比例综合确定用工数量与单价，通过劳务合同进行控制。

2.材料费的控制

材料费的控制同样按照"量价分离"原则，控制材料用量和材料价格。

①材料用量的控制。在保证符合设计要求和质量标准的前提下，合理使用材料，通过定额管理、计量管理等手段有效控制材料物资的消耗，具体方法有定额控制、指标控制、计量控制、包干控制。

②材料价格的控制。材料价格主要由材料采购部门控制。由于材料价格是由买价、运杂费、运输中的合理损耗等组成的，因此主要是通过掌握市场信息，应用招标和询价等方式控制材料、设备的采购价格。

3.施工机械使用费的控制

合理选择施工机械设备、合理使用施工机械设备对成本控制具有十分重要的意义，尤其是高层建筑施工。施工机械使用费主要由台班数量和台班单价决定，为有效控制施工机械使用费支出，主要从以下几个方面进行控制：

①合理安排施工生产，加强设备租赁计划管理，减少因安排不当引起的设备闲置；

②加强机械设备的调度工作，尽量避免窝工，提高现场设备利用率；

③加强现场设备的维修保养，避免因不正当使用造成机械设备的停置；

④做好机上人员与辅助生产人员的协调与配合，提高施工机械台班产量。

4.施工分包费的控制

分包工程价格的高低，必然对项目经理部的施工项目成本产生一定的影响。因此，施工项目成本控制的重要工作之一是对分包价格的控制。项目经理部应在确定施工方案的初期就确定需要分包的工程范围。决定分包范围的因素主要是施工项目的专业性和项目规模。对分包费用的控制，主要是做好分包工程的询价、订立平等互利的分包合同、建立稳定的分包关系网络、加强施工验收和分包结算等工作。

（二）赢得值（挣值）法

赢得值法作为一项先进的项目管理技术，最初是由美国国防部于1967年首次确立的。赢得值法被普遍应用于工程项目的费用、进度综合分析控制。

1.赢得值法的三个基本参数

用赢得值法进行费用、进度综合分析控制，基本参数有三项，即已完工作预算费用、计划工作预算费用和已完工作实际费用。

2.赢得值法的四个评价指标

在赢得值法的三个基本参数的基础上，可以确定四个评价指标：费用偏差、进度偏差、费用绩效指数、进度绩效指数。它们也都是时间的函数。

费用（进度）偏差反映的是绝对偏差，结果很直观，有助于费用管理人员了解项目费用出现偏差的绝对数额，并依此采取一定措施，制订或调整费用支出计划和资金筹措计划。但是绝对偏差有其不容忽视的局限性。

3.偏差分析的方法

偏差分析可采用不同的方法，常用的有横道图法、表格法和曲线法。

①横道图法。用横道图法进行费用偏差分析，是用不同的横道标志已完工作预算费用、计划工作预算费用和已完工作实际费用，横道的长度与其金额成正比。

横道图法具有形象、直观、一目了然等优点，它能够准确表达出费用的绝对偏差，而且能一眼感受到偏差的严重性。但这种方法反映的信息量少，一般在项目的较高管理层应用。

②表格法。表格法是进行偏差分析最常用的一种方法。它将项目编号、名称、各费用参数以及费用偏差数综合归纳入一张表格中，并且直接在表格中进行比较。由于各偏差参数都在表中列出，费用管理者能够综合地了解并处理这些数据。

用表格法进行偏差分析具有如下优点：灵活、适用性强，可根据实际需要设计表格，进行增减项；信息量大，可以反映偏差分析所需的资料，从而有利于费用控制人员及时采取针对性措施，加强控制；表格处理可借助于计算机，从而节约大量数据处理所需的人力，并大大提高速度。

③曲线法。在项目实施过程中，以上三个参数可以形成三条曲线，即计划工作预算费用曲线、已完工作预算费用曲线、已完工作实际费用曲线。

4.偏差原因分析与纠偏措施

①偏差原因分析。偏差原因分析的一个重要目的就是要找出引起偏差的原因，从而采取有针对性的措施，减少或避免同一原因相同事件的再次发生。

②纠偏措施。纠偏措施包括：寻找新的、更好更省的、效率更高的设计方案；购买部分产品，而不是采用完全由自己生产的产品；重新选择供应商，但会产生供应风险，选择需要时间；改变实施过程；变更工程范围；索赔，如向业主、承（分）包商、供应商索赔以弥补费用超支。

赢得值法是对项目费用和进度的综合控制，可以克服过去费用与进度分开控制的缺陷；当发现费用超支时，很难立即知道是由于费用超出预算还是由于进度提前；当发现费用低于预算时，也很难立即知道是由于费用节省还是由于进度拖延。而采用赢得值法，就可以定性、定量地判断进度和费用的执行效果。

第四节　建筑工程项目成本核算

一、项目成本核算的概念

工程项目成本核算主要发生在施工阶段。成本核算就是将施工过程中的各项费用进行归集分配，确定项目的实际成本。成本核算过程，是对企业生产经营过程中各种耗费如实反映的过程，也是为更好地实施成本管理进行成本信息反馈的过程，因此，成本核算对企业成本计划的实施、成本水平的控制和目标成本的实现起着至关重要的作用。

做好成本核算工作，关键在于建立健全原始记录；建立并严格执行材料的计量、检验、领发料、盘点、退库等制度；严格落实原材料、燃料、动力、工时等消耗定额；严格遵守各项制度规定，并根据具体情况确定成本核算的组织方式。

二、项目成本核算的原则

（一）确认原则

各项经济业务中发生的成本，都必须按一定的标准和范围加以认定和记录。

（二）实际成本计价原则

成本核算要采用实际成本计价。

（三）分期核算原则

将生产经营活动划分为若干时期，并分期计算各期项目成本。

（四）一致性原则

企业成本核算所采用的方法应前后一致。

（五）重要性原则

一些主要费用或对成本有重大影响的工程内容，要作为核算的重点，详细计算。

（六）权责发生制原则

权责发生制原则要求：凡是应计入当期的收入或支出的项目，无论款项是否收付，都应作为当期的收入或支出处理；凡是不属于当期的收入和支出的项目，即使款项已经在当期收付，也不应作为当期的收入和支出。

（七）合法性原则

合法性原则是指计入成本的费用都必须符合法律、法令、制度等的规定。不符合规定的费用不能计入成本。

（八）及时性原则

及时性原则是指企业成本的核算、成本信息的提供应在要求时期内完成。

三、项目成本核算的内容

项目成本一般以单位工程为成本核算对象，但也可以按照承包工程项目的规模、工期、结构类型、施工组织和施工现场等情况，结合成本管理要求，灵活划分成本核算对象。项目成本核算的基本内容包括以下九个方面：

（一）人工费核算

1.内包人工费

是指内、外包两层分开后企业所属的劳务分公司（内部劳务市场自有劳务）与项目经理部签订的劳务合同结算的全部工程价款，适用于类似外包工式的合同定额结算支付办法，按月结算计入项目单位工程成本。

2.外包人工费

按企业或项目经理部与劳务分包公司或直接与劳务分包公司签订的包清工合同，以当月验收完成的工程实物量，计算出定额工日数乘以合同人工单价确定人工费，并按月凭项目经济员提供的"包清工工程款月度成本汇总表"（分外包单位和单位工程）预提计入项目单位工程成本。

上述内包、外包合同履行完毕，根据分部分项的工期、质量、安全、场容等验收考核情况进行合同结算，以结账单按实据以调整项目实际成本。对估点工任务单必须当月签发、当月结算，严格管理，按实计入成本；隔月不予结算，一律作废。

（二）材料费核算

工程耗用的材料，根据限额领料单、退料单、报损报耗单、大堆材料耗用计算单等，由项目料具员按单位工程编制"材料耗用汇总表"，据以计入项目成本。各类材料按实际价格核算，计入项目成本。

（三）周转材料费核算

（1）周转材料实行内部租赁制，以租费的形式反映其消耗情况，按"谁租用谁负担"的原则核算其项目成本。

（2）按周转材料租赁办法和租赁合同，由出租方与项目经理部按月结算租赁费。租赁费按租用的数量、时间和内部租赁单价计算，计入项目成本。

（3）周转材料在调入移出时，项目经理部都必须加强计量验收制度，如有短缺、损坏，一律按原价赔偿，计入项目成本（缺损数=进场数−退场数）。

（4）租用周转材料的进退场运费，按其实际发生数，由调入项目负担。

（5）对U形卡、脚手扣件等零件，除执行项目租赁制外，考虑到其比较容易散失，按规定实行定额预提摊耗，摊耗数计入项目成本，相应减少次月租赁基数及租赁费。单位工程竣工，必须进行盘点，盘点后的实物数与前期逐月按控制定额摊耗后的数量差，据实调整清算，计入成本。

（6）实行租赁制的周转材料，一般不再分配负担周转材料差价。退场后发生的修复整理费用，应由出租单位做出租成本核算，不再向项目另行收费。

（四）结构件费核算

（1）项目结构件的使用必须有领发手续，并根据这些手续，按照单位工程使用对象编制"结构件耗用月报表"。

（2）项目结构件的单价，以项目经理部与外加工单位签订的合同为准计算耗用金额，计入成本。

（3）根据实际施工形象进度、已完施工产值的统计、各类实际成本报耗三者在月度时点上的"三同步"原则（配比原则的引申与应用），结构件耗用的品种和数量应与施工产值相对应。结构件数量金额账的结存数，应与项目成本员的账面余额相符。

（4）结构件的高进高出价差核算同材料费的高进高出价差核算一致。结构件内三材数量、单价、金额均按报价书核定，或按竣工结算单的数量按实结算。报价内的节约或超支由项目自负盈亏。

（5）如发生结构件的一般价差，可计入当月项目成本。

（6）部位分项分包，如铝合金门窗、卷帘门、轻钢龙骨、石膏板、平顶、屋面防水等，按照企业通常采用的类似结构件管理和核算方法，项目经济员必须做好月度已完工程部分验收记录，正确计报部位分项分包产值，并书面通知项目成本员及时、正确、足额计入成本。预算成本的折算、归类可与实际成本的出账保持同口径。分包合同价可包括制作费和安装费等有关费用，工程竣工按部位分包合同结算书，据以按实调整成本。

（7）在结构件外加工和部位分包施工过程中，项目经理部通过自身努力获取的经营利益或转嫁压价让利风险所产生的利益，均受益于施工项目。

（五）机械使用费核算

（1）机械设备实行内部租赁制，以租赁费形式反映其消耗情况，按"谁租用谁负担"的原则核算其项目成本。

（2）按机械设备租赁办法和租赁合同，由机械设备租赁单位与项目经理部按月结算租赁费。租赁费根据机械使用台班、停置台班和内部租赁单价计算，计入项目成本。

（3）机械进出场费，按规定由承租项目负担。

（4）项目经理部租赁的各类大、中、小型机械，其租赁费全额计入项目机械费成本。

（5）根据内部机械设备租赁市场运行规则要求，结算原始凭证由项目指定专人签证开班和停班数，据以结算费用。现场机工、电工、维修工等人的奖金由项目考核支付，计入项目机械费成本并分配到有关单位工程。

上述机械租赁费结算，尤其是大型机械费及进出场费应与产值对应，防止只有收入无成本的不正常现象，或反之，形成收入与支出不配比的状况出现。

（六）措施费核算

措施费的核算内容包括环境保护费，文明施工费，安全施工费，临时设施费，夜间施工费，材料二次搬运费，大型机械设备进出场费及安拆费，混凝土、钢筋混凝土、模板及支架费，脚手架费，已完工程保护费，施工排水、降水费。

（1）发生费用时能够分清受益对象的，在发生时直接计入受益对象的成本。

（2）发生费用时不能分清受益对象的，由公司财务部门按照一定的分配标准计入受益对象的成本。

（3）场地清理、材料二次倒运等发生的人工费、机械使用费、材料费难以和成本中的其他项目区分的，可以将这些费用与"人工费""材料费""机械使用费"等项目合并核算。

（七）施工间接费核算

为了明确项目经理部的经济责任，分清成本费用的可控区域，正确合理地反映项目管理的经济效益，对施工间接费实行项目与项目之间分灶吃饭，"谁受益谁负担，多受益多负担，少受益少负担，不受益不负担"。项目经理部对全部项目成本负责，不但应该掌握并控制直接成本，而且应该掌握并控制间接成本。

企业的管理费用、财务费用作为期间费用，不再构成项目成本，企业与项目在费用上分开核算。项目发生的施工间接费必须是自己可控的，即有办法知道将发生什么耗费；有办法计量它的耗费；有办法控制并调节它的耗费。凡项目发生的可控费用，均下沉到项目去核算，企业不再硬性将公司本部发生费用向下分摊。

（1）要求以项目经理部为单位编制工资单和奖金单列支工作人员薪金。项目经理部工资总额每月必须正确核算，以此计提职工福利费、工会经费、教育经费、劳保统筹费等。

（2）劳务分公司所提供的炊事人员代办食堂承包，服务、警卫人员提供区域岗点承包服务以及其他代办服务费用计入施工间接费。

（3）内部银行的存贷利息，计入"内部利息"（新增明细子目）。

（4）施工间接费先在项目"施工间接费"总账归集，再按一定的分配标准计入受益成本核算对象（单位工程）"工程施工—间接成本"。分配方法可参照费用计算基数，以实际成本中直接成本为分配依据。

（八）分包工程成本核算

项目经理部将所管辖的个别单位工程以分包形式发给外单位承包，其核算要求包括：

（1）包清工工程，纳入"人工费—外包人工费"内核算。

（2）部位分项分包工程，纳入"结构件费"内核算。

（3）双包工程，是指将整幢建筑物以包工包料的形式分包给外单位施工的工程。对双包工程，可根据施工合同取费情况和分包合同支付情况（上下合同差）测定目标盈利率。月度结算时，以双包工程已完工价款做收入，应付双包单位工程款做支出，适当负担施工间接费，预结降低额。

（4）机械作业分包工程，是指利用分包单位专业化施工优势，将打桩、吊装、大型土方、深基础等施工项目分包给专业单位施工的形式。对机械作业分包产值统计的范围是，只统计分包费用，不包括物耗价值，即打桩只计打桩费而不计桩材费，吊装只计吊装费而不包括构件费。机械作业分包实际成本与此对应，包括分包结账单内除工期奖之外的全部工程费用。总体反映其全貌成本。

同双包工程一样，总分包企业合同差包括总包单位管理费、分包单位让利收益等。在月度结算成本时，可先预结一部分，或在月度结算时做收支持平处理，到竣工结算时，再作为项目效益反映。

双包工程和机械作业分包工程由于收入和支出较易辨认（计算），所以项目经理部也可以对这两类分包工程采用竣工点交办法，即月度不结盈亏处理。

项目经理部应增设"分建成本"成本项目，核算反映双包工程、机械作业分包工程成本状况。

（5）各类分包形式（特别是双包），对分包单位领用、租用、借用本企业物资、工具、设备、人工等费用，必须根据项目经理部管理人员开具的，且经分包单位指定专人签字认可的专用结算单据（如"分包单位领用物资结算单"及"分包单位租用工器具设备结算单"等）结算依据入账，抵作已付分包工程款。同时要注意对分包资金的控制，对分包付款、供料控制，应依据合同及要料计划实施制约，单据应及时流转结算，账上支付额（包括抵作额）不得突破合同价款。应注意阶段控制，防止资金失控，引起成本亏损。

第五节　建筑工程项目成本分析与考核

一、项目成本分析的内容

施工项目的成本分析包括两个方面：一方面，根据统计核算、业务核算和会计核算提供的资料，对项目成本的形成过程和影响成本升降的因素进行分析，以寻求进一步降低成本的途径（包括项目成本中的有利偏差的挖潜和不利偏差的纠正）；另一方面，通过成本分析，可从账簿、报表反映的成本现象看清成本的实质，从而提高项目成本的透明度和可控性，为加强成本控制、实现项目成本目标创造条件。总体上，施工项目成本分析的内容包括以下三个方面：

（一）随着项目施工的进展而进行的成本分析

（1）分部分项工程成本分析。

（2）月（季）度成本分析。

（3）年度成本分析。

（4）竣工成本分析。

（二）按成本项目进行的成本分析

（1）人工费分析。

（2）材料费分析。

（3）机械使用费分析。

（4）其他直接费分析。

（5）间接成本分析。

（三）针对特定问题和与成本有关事项的分析

（1）成本盈亏异常分析。

（2）工期成本分析。

（3）资金成本分析。

（4）技术组织措施节约效果分析。

（5）其他有利因素和不利因素对成本影响的分析。

二、项目成本分析的方法

由于施工项目成本涉及的范围很广，需要分析的内容也很多，因此，应该在不同的情况下采取不同的分析方法。

（一）成本分析基本方法

1.比较法

比较法又称"指标对比分析法"。就是通过技术经济指标的对比，检查计划的完成情况，分析产生差异的原因，进而挖掘内部潜力的方法。这种方法通俗易懂、简单易行、便于掌握，因而得到了广泛的应用，但在应用时必须注意各技术经济指标的可比性。

2.因素分析法

因素分析法又称连锁置换法或连环替代法。这种方法，可用来分析各种因素对成本形成的影响程度。在进行分析时，首先要假定众多因素中的一个因素发生了变化，而其他因素则不变，然后逐个替换，并分别比较其计算结果，以确定各个因素的变化对成本的影响程度。

3.差额计算法

差额计算法是因素分析法的一种简化形式，它利用各个因素的计划与实际的差额来计算其对成本的影响程度。

4.比率法

比率法是指用两个以上的指标的比例进行分析的方法。它的基本特点是：先把对比分析的数值变成相对数，再观察其相互之间的关系。

（二）综合成本分析法

所谓综合成本，是指涉及多种生产要素，并受多种因素影响的成本费用，如分部分项工程成本、月（季）度成本、年度成本等。

1.分部分项工程成本分析

分部分项工程成本分析是施工项目成本分析的基础。分析对象是已完分部分项工程；分析方法是进行预算成本、目标成本和实际成本的"三算"对比，分别计算实际偏差和目标偏差，分析产生偏差原因，为今后寻求节约途径。

2.月（季）度成本分析

月（季）度成本分析是施工项目定期的、经常性的中间成本分析。对于有一次性特点的施工项目来说，有着特别重要的意义。因为，通过月（季）度成本分析，可以及时发现问题，以便按照成本目标指示的方向进行监督和控制，保证项目成本目标的实现。月（季）度成本分析的依据是当月（季）的成本报表。

3.年度成本分析

企业成本要求一年结算一次，不得将本年成本转入下一年度。企业成本要求一年一结算，而项目是以寿命周期为结算期，然后算出成本总量及其盈亏。由于项目周期一般较长，除月（季）度成本核算和分析外，还要进行年度成本核算和分析，这不仅是为了满足企业汇编年度成本报表的需要，同时也是项目成本管理的需要。因为通过年度成本的综合分析，可以总结一年来成本管理的成绩和不足，为今后的成本管理提供经验和教训，从而可对项目成本进行更有效的管理。

三、项目成本考核

（一）项目成本考核的含义

项目成本考核应该包括两方面的考核，即项目成本目标（降低成本目标）完成情况的考核和成本管理工作业绩的考核。这两方面的考核都属于企业对施工项目经理部成本监督的范畴。应该说成本降低水平与成本管理工作有着必然的联系，又同受偶然因素的影响，但都是对项目成本评价的一个方面，都是企业对项目成本进行考核和奖惩的依据。

施工项目成本考核的目的，在于贯彻落实责、权、利相结合的原则，促进工程项目成本管理工作的健康发展，更好地完成工程项目的成本目标。

（二）项目成本考核的内容

1.企业对项目经理考核的内容

①项目成本目标和阶段成本目标的完成情况；

②建立以项目经理为核心的成本管理责任制的落实情况；

③成本计划的编制和落实情况；

④对各部门、各施工队和班组责任成本的检查和考核情况；

⑤在成本管理中贯彻责、权、利相结合原则的执行情况。

2.项目经理对所属各部门、各施工队和班组考核的内容

①对各部门的考核内容：本部门、本岗位责任成本的完成情况；本部门、本岗位成本管理责任的执行情况。

②对各施工队的考核内容：对劳务合同规定的承包范围和承包内容的执行情况；劳务合同以外的补充收费情况；对班组施工任务单的管理情况，以及班组完成施工任务后的考核情况。

③对生产班组的考核内容（平时由施工队考核）：以分部分项工程成本作为班组的责任成本，以施工任务单和限额领料单的结算资料为依据，与施工预算进行对比，考核班组责任成本的完成情况。

（三）项目成本考核的实施

1.项目成本的考核采取评分制

具体方法先按考核内容评分，然后可按7：3的比例加权平均，即责任成本完成情况的评分占七成，成本管理工作业绩的评分占三成，这是一个经验比例，施工项目可以根据自身情况进行调整。

2.施工项目成本的考核要与相关指标的完成情况相结合

成本考核的评分是奖惩的依据，相关指标的完成情况是奖惩的条件，也就是在根据评分计奖的同时，还要参考相关指标的完成情况加奖或扣罚。与成本考核相结合的相关指标，一般有工期、质量、安全和现场标准化管理。

3.强调项目成本的中间考核

①月度成本考核。在进行月度成本考核的时候，将报表数据、成本分析资料和施工生产、成本管理的实际情况相结合做出正确的评价。

②阶段成本考核。一般可分为基础、结构、装饰、总体四个阶段进行成本考核。

4.正确考核施工项目的竣工成本

施工项目的竣工成本是在工程竣工和工程款结算的基础上编制的，是竣工成本考核的

依据。

5.施工项目成本奖罚

施工项目成本奖罚的标准应通过经济合同的形式明确规定，这样不仅使奖罚标准具有法律效力，而且为职工群众创建了争取的目标。企业领导和项目经理还可对完成项目成本目标有突出贡献的部门、施工队、班组和个人进行随机奖励。这种奖励形式往往能够在短期内大大提高员工的工作积极性。

第六节　建筑智能化工程项目成本的控制研究

一、建筑智能化工程项目成本的事前控制研究

项目成本管理具有事先能动性的显著特征，一般在项目管理的起始点就要对成本进行预测，制订计划，明确目标，然后以目标为出发点，采取各种技术、经济和管理措施以实现目标。

（一）建筑智能化工程项目成本的事前控制的基本方法

1.强化成本控制观念

加强成本控制观念，建筑智能化工程项目成本控制不单是项目经理、财务人员的职责，它涉及企业的所有部门、班组和每一位职工，项目成本控制需要全员全过程参与。建筑智能化工程承包企业要经常加强成本管理教育，强化成本控制观念，只有使企业的每位职工都认识到加强成本控制不仅是企业盈利和生存发展的需要，更是自身经济的需要，成本控制才能在建筑智能化企业成本管理中得以贯彻和实施。

2.加强工程投标管理

建筑智能化企业要根据日常工作的积累、良好的前瞻性以及对市场的敏感度，通过对工程项目事前的目标成本预测控制，确定工程项目的成本期望值，合理确定本企业投标报价。对工程投标项目部的费用进行与标价相关联的总额控制，规范标书费、差旅费、咨询费、办公费等开支范围和标准，以达到降低工程投标成本的目的。

3.加强合同管理

工程中标后，建筑智能化企业要与建设单位签订建筑智能化合同，签订合同时要确保构成合同的各种文件齐全、合同条款齐全、合同用词准确、对工程可能出现的各种情况

有足够的预见性。规范的合同管理，有利于维护企业的合法权益。合同管理是建筑智能化企业管理的重要内容，也是降低工程成本、提高经济效益的有效途径。企业应加强合同管理。

4.搞好成本预测

工程项目中标后，建筑智能化企业要组建以项目经理为第一责任人的项目经理部，项目经理要责成各有关人员结合中标价格，根据建设单位的要求、建筑智能化图纸及建筑智能化现场的具体条件，对项目的成本目标进行科学预测，根据实际情况制订出最优建筑智能化方案，拟定项目成本与所完成工程量的投入、产出，做到量效挂钩。

（二）应用价值工程优化建筑智能化方案的事前成本控制

对同一工程项目的建筑智能化，可以有不同的方案，选择最合理的方案是降低工程成本的有效途径。在建筑智能化准备阶段，采用价值工程，优化建筑智能化方案，可以降低建筑智能化成本，做到工程成本的事前控制。

1.价值工程的主要思想及特点

所谓价值工程，指的是通过集体智慧和有组织的活动对产品或服务进行功能分析，使目标以最低的总成本（寿命周期成本），可靠地实现产品或服务的必要功能，从而提高产品或服务的价值。价值工程主要思想是通过对选定研究对象的功能及费用分析，提高对象的价值。

价值工程虽然起源于材料和代用品的研究，但这一原理很快就扩散到各个领域，有广泛的应用范围，大体可应用在两大方面：一是在工程建设和生产发展方面，二是在组织经营管理方面。价值工程不仅是一种提高工程和产品价值的技术方法，而且是一项指导决策，有效管理的科学方法，体现了现代经营的思想。价值工程的主要特点如下：

价值工程的目的是以降低总成本来可靠地实现必要的功能。在价值工程中，价值工程恰恰就要在有组织的活动中首先保证产品的质量（功能），在此基础上充分应用成本控制的节约原则，节约人力、物力、财力，在建筑智能化项目实施过程中减少材料的发生，降低设备的投资，以达到降低建筑智能化项目成本的目的。这一步是建立在功能分析的基础上的，只有这样才能把握好保证质量与材料节约的"度"，使产量与质量、质量与成本的矛盾得到完美的统一。

价值工程是一项有组织、有领导的集体活动。在应用价值工程时，必须有一个组织系统，把专业人员（如建筑智能化技术、质量安全、建筑智能化管理、材料供应、财务成本等人员）组织起来，发挥集体力量，利用集体智慧方能达到预定的目标。组织的方法有多种，在建筑智能化工程项目中，把价值工程活动同质量管理活动结合起来进行，不失为一种值得推荐的方法。

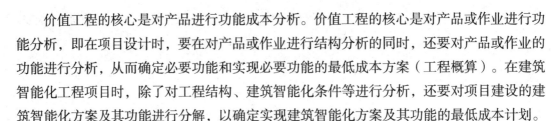

价值工程的核心是对产品进行功能成本分析。价值工程的核心是对产品或作业进行功能分析，即在项目设计时，要在对产品或作业进行结构分析的同时，还要对产品或作业的功能进行分析，从而确定必要功能和实现必要功能的最低成本方案（工程概算）。在建筑智能化工程项目时，除了对工程结构、建筑智能化条件等进行分析，还要对项目建设的建筑智能化方案及其功能进行分解，以确定实现建筑智能化方案及其功能的最低成本计划。

2.建筑智能化工程项目的价值分析工作程序

价值工程已发展成为一项比较完善的管理技术，在实践中已形成了一套科学的实施程序。这套实施程序实际上是发现矛盾、分析矛盾和解决矛盾的过程，通常是围绕以下七个合乎逻辑程序的问题展开的：这是什么？这是干什么用的，它的成本多少？它的价值多少？有其他方法能实现这个功能吗？新的方案成本多少？功能如何？新的方案能满足要求吗？解决这七个问题的过程就是价值工程的工作程序和步骤：选定对象；建立组织机构；收集情报资料；进行功能分析与评价；提出改进方案，并分析和评价方案；实施方案，评价活动成果。

（1）选择对象

价值工程的最终目标是提高效益。所以在选择对象时要根据既定的经营方针和客观条件正确选择开展价值工程的研究对象。正确地选择价值工程研究对象，是开展价值工程活动取得良好收效的关键。

对象选择的方法很多，主要有经验分析法、百分比法、强制确定法等。价值工程的应用对象和需要分析的问题，应根据项目的具体情况来确定，一般可从下列三方面来考虑。一是设计方面。如设计标准是否过高，设计内容中有无不必要的功能等。二是建筑智能化方面。主要是寻找实现设计要求的最佳建筑智能化方案，如分析建筑智能化方法、流水作业、机械设备等有无不必要的功能（不切实际的过高要求）。三是成本方面。主要是寻找在满足质量要求的前提下降低成本的途径，应选择价值大的工程进行重点分析。

（2）组建价值工程小组、制订工作计划

价值工程活动和生产经营管理一样离不开严密的计划来组织和指导。价值工程计划管理主要是活动计划的制订、执行与控制。任何存在劳动分工与协作的集体活动客观上都需要组织管理，价值工程活动也不例外。既然价值工程是有组织的集体设计活动，就必须建立一套完整的组织体系，将企业同各方面联合起来协调各部门间的纵横关系，才能完成价值工程活动计划。可以这么说，强有力的领导，周密的组织和管理是保证价值工程活动计划的顺利实施并取得成效的前提条件。

价值工程小组，要根据选定的对象来组织。可在项目经理部组织，也可在班组中组织，还可上下结合起来组织。价值工程的工作计划，其主要内容应该包括预期目标、小组成员分工、开展活动的方法和步骤等。

（3）收集信息情报

价值工程所需要的信息情报是在各个工作步骤进行分析和决策时所需要的各种资料，包括基础资料、技术资料和经济资料。在选择价值工程研究对象的同时就要收集有关的技术情报及经济情报并为进行功能分析、创新方案和评价方案等步骤准备必要的资料。收集情报是价值工程全过程中不可缺少的重要环节，收集信息资料的工作是整个价值工程活动的基础。信息情报收集的目的在于了解对象和明确范围、统一思想认识和寻找改进依据。

（4）功能系统分析与评价

从功能入手，系统地研究、分析产品及劳务，这是价值工程的主要特征和方法的核心。通过功能系统分析，加深对分析对象的理解，明确对象功能的性质和相互关系从而调整功能结构，使功能结构平衡，功能水平合理。价值工程的主要目的就是要在功能系统分析的基础上探索功能要求，通过创新，获得以最低成本可靠地实现这些功能的手段和方法，提高对象的价值。功能系统分析包括功能定义、功能整理和功能计算三个环节。

功能评价包括研究对象的价值评价和成本评价两方面的内容。价值评价着重计算、分析研究对象的成本与功能间的关系是否协调，平衡评算功能价值的高低，评定需要改进的具体对象。功能价值是指"可靠地"实现用户功能要求的最低成本。在计算得到的功能价值的基础上，还要根据企业的现实条件，如生产、技术、经营、管理的水平和条件，以及市场情况、清户要求等具体分析、研究制订本次活动的成本目标值即确定对象的功能目标成本。

（5）提出改进方案，并进行分析与评价

方案创新和评价阶段是价值工程活动中解决问题的阶段，在建筑智能化项目价值分析中，主要包括提出改进方案、评价改进方案和选择最优方案三个步骤。提出改进方案，目的是寻找有无其他方法能实现这项功能；评价改进方案，主要是对提出的改进方案，从功能和成本两方面进行评价，具体计算新方案的成本和功能值；选择最优方案，即根据改进方案的评价，从中选择最佳方案。

（6）实施方案，评价活动成果

对建筑智能化项目进行价值分析的最后阶段是实施方案，评价活动成果。由于改动建筑智能化方案关系着业主和承包商两方的利益，所以根据改进方案的比较评价结果，确定采纳方案之后，要形成提案，交有关部门验收，具体步骤如下：提出新方案，报送项目经理审批，有的还要得到监理工程师、设计单位甚至业主的认可；实施新方案，并对新方案的实施进行跟踪检查；进行成果验收和总结。

3.利用价值工程优化建筑智能化工程实施方案

结合价值工程活动，制订技术先进可行、经济合理的建筑智能化方案，主要表现在以下几个方面：通过价值工程活动，进行技术经济分析，确定最佳建筑智能化方案；结合建筑智能化方案，进行材料和设备使用的比选，在满足功能要求的前提下，制订计划，组织实施。为保证方案得以顺利实施，首先要编制具体实施计划，对方案的实施做出具体的安排和落实。一般应做到四个落实：组织落实、经费落实、时间落实和条件落实；实施建筑智能化，做好各阶段的记录工作，动态分析功能成本比，即价值，为日后的项目积累经验；通过价值工程活动，结合项目的建筑智能化工程组织设计和所在地的自然地理条件，对降低材料和设备的库存成本和运输成本进行分析，以确定最节约的材料采购方案和运输方案，以及合理的材料储备。

4.运用价值工程分析建筑智能化方案的优势

由于价值工程扩大了成本控制的工作范围，从控制项目的寿命周期费用出发，结合建筑智能化，研究工程设计的技术经济的合理性，探索有无改进的可能性，包括功能和成本两个方面，以提高建筑智能化项目的价值系数。同时，通过价值分析来发现并消除工程设计中的不必要功能，达到降低成本、降低造价的目的。表面看起来，这样对于项目经理部并没有太多的益处，甚至还会因为降低了造价而减少工程结算收入。但是，我们应看到，其带来的优势确实是很重要的，主要有以下四个方面：

通过对工程建筑智能化工程项目方案进行价值工程活动分析，可以更加明确建设单位的要求，更加熟悉设计要求、结构特点和项目所在地的自然地理条件，从而更有利于建筑智能化方案的制订，更能得心应手地组织和控制建筑智能化工程项目。

对工程建筑智能化工程项目方案进行价值工程活动分析，对提高项目组织的素质，改善内部组织管理，降低不合理消耗等，也有积极的直接影响。

通过价值工程活动，可以在保证质量的前提下，为用户节约投资，提高功能，降低寿命周期成本，从而赢得建设单位的信任，有利于甲乙双方关系的和谐与协作，同时，还能提高自身的社会知名度，增强市场竞争力。

项目经理部能在满足业主对项目的功能要求，甚至提高功能的前提下，降低建筑智能化项目的造价，业主通常都会给予降低部分一定比例的奖励，这个奖励则是建筑智能化项目的净收入。

尽管价值工程的概念引进我国已有多年的时间，但在工程设计与工程建筑智能化中对于控制项目投资和建筑智能化项目成本的应用还处在发展阶段，不过已有大量事实证明，在建筑智能化项目设计和准备阶段，应用价值工程对建筑智能化方案进行优化，降低成本，提高价值，对建筑智能化项目成本的事前控制是卓有成效的。特别是随着"勘察设计建筑智能化一体化总承包"的尝试和推广，价值工程越来越显示出它对控制项目投资和建筑智能化项目成本所能发挥的巨大作用。

二、建筑智能化工程项目成本的事中控制研究

建筑智能化项目成本控制的对象是建筑智能化的全过程，须对成本进行监督检查，随时发现偏差，纠正偏差，因此它是一个动态控制的过程。由于这个特点，成本的过程控制既是成本管理的重点，也是成本管理的难点。动态控制的过程需要管理者不仅要对过程的细节有所了解，更要提前做好风险发生时的应对策略。

降低建筑智能化项目成本的途径，应该是既开源又节流，或者说既增收又节支。只开源不节流，或者只节流不开源，都不可能达到降低成本的目的，至少是不会产生理想的降低成本效果。控制项目成本的措施归纳起来有三大方面：组织措施、技术措施、经济措施。项目成本控制的这三个措施是融为一体、相互作用的。项目经理部是项目成本控制中心，要以投标报价为依据，制定项目成本控制目标，各部门和各班组通力合作，形成以市场投标报价为基础的建筑智能化方案经济优化、物资采购经济优化、劳动力配备经济优化的项目成本控制体系。

（一）组织措施

项目经理是项目成本管理的第一责任人，全面负责项目经理部成本管理工作，应及时掌握和分析盈亏状况，并迅速采取有效措施；工程技术部是整个工程建筑智能化工程项目技术和进度的负责部门，应在保证质量、按期完成任务的前提下尽可能采取先进技术，以降低工程成本；经营部主管合同实施和合同管理工作，负责工程进度款的申报催款工作，处理建筑智能化赔偿问题；经济部应注重加强合同预算管理，增创工程预算收入；财务部主管工程项目的财务工作，应随时分析项目的财务收支情况，合理调度资金；项目经理部的其他部门和班组都应精心组织，为增收节支尽责尽职。

（二）技术措施

制订先进的、经济合理的建筑智能化方案，以达到缩短工期、提高质量、降低成本的目的。建筑智能化方案包括四大内容：建筑智能化方法的确定、建筑智能化机具的选择、建筑智能化顺序的安排和流水、建筑智能化的组织。正确选择建筑智能化方案是降低成本的关键所在。

在建筑智能化过程中努力寻找各种降低消耗，提高工效的新工艺、新技术、新材料等降低成本的技术措施。同时，严把质量关，杜绝返工现象，缩短验收时间，节省费用开支。

（三）经济措施

1.人工费控制管理，主要是改善劳动组织，减少窝工浪费；实行合理的奖惩制度，加强技术教育和培训工作；加强劳动纪律，压缩非生产用工和辅助用工，严格控制非生产人员比例。

2.材料费控制管理，主要是改进材料的采购、运输、收发、保管等方面的工作，减少各个环节的损耗，节约采购费用；合理堆置现场材料，避免和减少二次搬运；严格材料进场验收和限额领料制度；制定并贯彻节约材料的技术措施，合理使用材料，综合利用一切资源。

3.机械费控制管理，主要是正确选配和合理利用机械设备，搞好机械设备的维护保养，提高机械的完好率、利用率和使用效率，从而加快建筑智能化进度、增加产量、降低机械使用费。

4.间接费及其他直接费控制，主要是精简管理机构，合理确定管理幅度与管理层次，节约建筑智能化管理费等。

三、建筑智能化工程项目成本的事后控制研究

建筑智能化工程项目成本的事后控制主要是在建筑智能化项目成本发生之后对成本进行核算、分析、考核等工作。严格来讲，事后成本控制不改变已经发生的工程成本，但是，事后成本控制体系的建立，对事前、事中的成本控制起到促进作用，而且通过事后成本控制，建筑智能化工程承包企业可以积累更多的成本控制方面的经验和教训，为后续的成本控制奠定基础。

（一）建筑智能化工程项目成本核算

项目成本核算是指把一定时期内项目实施过程中所发生的费用，按其性质和发生地点，分类归集、汇总、核算，计算出该时期内生产经营费用发生总额和分别计算出每种产品的实际成本和单位成本的管理活动。其基本任务是正确、及时地核算产品实际总成本和单位成本，提供正确的成本数据，为企业经营决策提供科学依据，并借以考核项目成本计划执行情况，综合反映建筑智能化工程项目的管理水平。

建筑智能化项目成本核算是其成本管理中最基本的职能，离开了成本核算，就谈不上成本管理，也就谈不上其他职能的发挥。建筑智能化项目成本核算在建筑智能化项目成本管理中的重要地位体现为两方面：首先它是建筑智能化项目进行成本预测、制订成本计划和实行成本控制所需信息的重要来源；其次它是建筑智能化项目进行成本分析和成本考核的基本依据。

（二）建筑智能化项目成本分析

建筑智能化项目的成本分析是指根据统计核算、业务核算和会计核算提供的资料，对项目成本的形成过程和影响成本升降的因素进行分析，以寻求进一步降低成本的途径（包括项目成本中的有利偏差的挖潜和不利偏差的纠正）。另外，通过成本分析，可从账簿、报表反映的成本现象看清成本的实质，从而提高项目成本的透明度和可控性，为加强成本控制，实现项目成本目标创造条件。由此可见，建筑智能化项目成本分析是建筑智能化项目成本管理的重要组成内容。

（三）建筑智能化项目成本考核

1.建筑智能化项目成本考核的目的

建筑智能化项目成本考核，即项目成本目标（降低成本目标）完成情况的考核和成本管理工作的考核，是检验项目经理工作成效及工程项目经济效益的一种办法。项目成本管理是一个系统工程，而成本考核则是该系统的最后一个环节。如果对成本考核工作抓得不紧，或者不按正常的工作要求进行考核，前面的成本预测、成本控制、成本核算、成本分析都将得不到及时正确的评价。这不仅会挫伤有关人员的积极性，而且会给今后的成本管理带来不可估量的损失。建筑智能化项目的成本考核，要同时强调建筑智能化过程中的中间考核和竣工后的成本考核。中间考核有利于施工项目的成本控制，而竣工后的成本考核虽然不能减少已完成项目的损失，但是可以为未来项目的实施提供宝贵的经验教训，这对企业的发展是至关重要的。

2.建筑智能化项目成本考核的内容

建筑智能化项目成本考核的内容应该包括责任成本完成情况的考核和成本管理工作业绩的考核。从理论上讲，成本管理工作扎实，必然会使责任成本更好地落实，但是影响成本的因素很多，而且有一定的偶然性，往往会使成本管理工作达不到预期的效果，因此，为了鼓励有关人员对成本管理的积极性，应该通过考核对他们的工作业绩做出正确的评价。根据建筑智能化项目成本考核的需求，确定对应的建筑智能化项目成本考核的内容。

考核降低成本目标完成情况，检查成本报表的降低额、降低率是否达到预定目标，完成或超额的幅度怎样。当项目成本在计划中明确了辅助考核指标，如钢材节约率、能源节约率、人工费节约率等，还应检查这些辅助考核指标的完成情况。

考核核算口径的合规性，重点检查成本收入的计算是否正确，项目总收入或总投资（中标价）与统计报告的产值在口径上是否对应；实际成本的核算是否划清了成本内与成本外的界限、本项目内与本项目外的界限、不同参与单位之间的界限、不同报告期之间的界限；与成本核算紧密相关的材料采购与消耗，往来结算，建设单位垫付款，待摊费与预

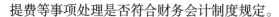

提费等事项处理是否符合财务会计制度规定。

3.对项目实施人员的考核

对项目经理的考核：项目成本目标和阶段成本目标的完成情况；建立以项目经理为核心的成本管理责任制的落实情况；成本计划的编制和落实情况；对各部门、各建筑智能化队和班组责任成本的检查和考核情况；在成本管理中贯彻责权利相结合原则的执行情况。

项目经理对所属各部门、各建筑智能化队和班组考核的内容有三个层面，分别是：对各部门的考核，包括本部门、本岗位责任成本的完成情况和本部门、本岗位成本管理责任的执行情况；对各建筑智能化队的考核，包括对劳务合同规定的承包范围和承包内容的执行情况，劳务合同以外的补充收费情况，对班组建筑智能化任务单的管理情况以及班组完成建筑智能化任务后的考核情况；对生产班组的考核，其内容是以分部分项工程成本作为班组的责任成本，以建筑智能化任务单和限额领料单的结算资料为依据，与建筑智能化预算进行对比，考核班组责任成本的完成情况。

4.建筑智能化项目成本考核的实施

（1）建筑智能化项目成本考核的方法

评分制：先按考核内容评分，然后按7：3的比例加权平均：责任成本完成情况的评分为7，成本管理工作业绩的评分为3，也可以根据具体情况进行调整。与相关指标的完成情况相结合成本考核的评分是奖罚的依据，相关指标的完成情况为奖罚的条件。也就是，在根据评分计奖的同时，还要参考相关指标的完成情况加奖或扣罚。

（2）建筑智能化项目成本考核应注意事项

正确考核建筑智能化项目的竣工成本。真正能够反映全貌而又正确的项目成本，是在工程竣工和工程款结算的基础上编制的。由此可见，建筑智能化项目的竣工成本是项目经济效益的最终反映。它既是上缴利税的依据，又是进行职工分配的依据。由于建筑智能化项目的竣工成本关系到国家、企业、职工的利益，必须做到核算正确，考核正确。

坚持贯彻施工项目成本的奖罚原则。施工项目成本奖罚的标准，应通过经济合同的形式明确规定；在确定施工项目成本奖罚标准的时候，必须从本项目的客观情况出发，既要考虑职工的利益，又要考虑项目成本的承受能力；可分为月度考核、阶段考核和竣工考核三种。对成本完成情况的经济奖罚，也应分别在上述三种成本考核的基础上立即兑现，不能只考核不奖罚，或者考核后拖了很久才奖罚；企业领导和项目经理还可对完成项目成本目标有突出贡献的部门、施工队、班组和个人进行随机奖励。

项目成本考核是项目成本管理中最后一个环节，它是根据制定的项目责任成本及管理措施，对项目责任成本的实际完成情况及成本管理工作业绩进行评价，通过成本考核可以对成本预测、成本控制、成本核算、成本分析进行评价，可以落实责、权、利相结合的原则，调动项目经理及各部门对成本管理的积极性，促进项目成本管理工作健康发展，更好地落实项目成本目标。成本的考核必须严格、真实，才能保证考核的严肃性，否则由于考核的随意性，将影响整个成本管理的有效运行。在考核中应引入成本否决制，对完不成经济指标的，其他指标完成得再好，也要否决其奖金，实现谁否决了企业成本，企业就否决谁的利益，以促使全员成本管理意识的形成，实现由"要我算"到"我要算"的跨越。

（3）考核建筑智能化项目成本应注意的几个方面

考核项目成本核算采用的方法和成本处理是否符合国家规定，考核降低成本是否真实可靠。

考核工程项目建设中的经济效益，包括成本、费用、利润目标的实现情况，以及降低额、降低率是否按计划实现。

考核的依据是据项目成本报告表和有关成本处理的凭证和账簿记录。

考核的对象可按项目进展程度而定，在项目进行中，可以考核某一阶段或某一期间的成本，也可以考核子项目成本；在项目完成后，则要考核整个工程项目的总成本、总费用。

成本考核和其他专业考核相结合，从而考察项目的技术、经济总成效，主要结合质量考核、生产计划考核、技术方案与节约措施实施情况考核、安全考核、材料与能源节约考核、劳动工资考核、机械利用率考核等，明确上列业务核算方面的经济盈亏，为全面进行项目成本分析打基础。竣工考核由工程项目上级主持进行，上级财务部门具体负责有关指标、账表的查验工作。大型工程项目可组织分级考核。参与工程项目的企业和各级财会部门应为考核做好准备，平时注意积累有关资料。项目成本考核完成后，主持考核的部门应对考核结果给予书面认证，并按照国家关于实行经营承包责任制的规定和企业的项目管理办法，兑现奖、罚条款。

第七章　建筑工程合同管理

第一节　建筑工程招标与投标

一、建筑工程项目施工招标

（一）招投标项目的确定

在市场经济环境下，业主通常拥有决定是否通过招投标方式选定建设工程项目承包人的自主权，同时也有权决定招标的具体方法。然而，为了维护公共利益，各国法律均规定对于由政府投资的公共项目（包括部分或全部政府资金投资的项目）及其他涉及公共利益的资金投资项目，在投资金额达到一定标准时，必须通过招投标方式确定承包人。对此中国也有明确规定。

根据《中华人民共和国招标投标法》，以下几类项目应当通过招标方式选定承包人：

（1）涉及社会公共利益和公众安全的大型基础设施和公用事业项目。

（2）完全或部分使用国有资金投资，或者接受国家融资的项目。

（3）使用国际组织或外国政府投资贷款、援助资金的项目。

这些建设工程项目的具体范围和标准，在《工程建设项目招标范围和规模标准规定》中有所规定。此外，各地方政府也根据招标投标法及相关规定，对本地区应实施招标的建设工程项目的范围和标准做出了具体规定。

（二）招标方式的确定

1.公开招标

公开招标，亦称作无限竞争性招标，是一种通过公共媒体发布招标信息，明确项目要求的方式。这种方法允许所有符合条件的法人或组织参与投标竞争，并确保他们享有平等的竞争机会。通常，规定需要进行招标的建设工程项目应采用公开招标方式。

公开招标的主要优势在于为招标方提供广泛的选择空间，使其能在众多投标方中挑选出报价合理、交付时间短、技术可靠且信誉良好的中标者。然而，在公开招标的过程中，存在资格审查和评标工作量大、耗时长、成本高，且存在因资格预审不严而导致不合格投标者混入的风险。

在实施公开招标时，招标方不得设定不合理的条件来限制或排除潜在的投标者，例如不得仅限本地区或特定体系之外的法人或组织参与投标。

2.邀请招标

邀请招标，也称为有限竞争性招标，是一种招标方在经过初步考察和筛选后，向特定的法人或组织发出投标邀请的方法。

为保护公共利益并防止滥用邀请招标方式，各国及世界银行等金融机构均制定了相应规定。规定中明确，通常应采用公开招标方式进行的建设工程项目，如需采用邀请招标方式，则必须经过批准。

对于某些特殊项目，邀请招标可能更为适宜。国有资金占主导的法定需招标项目应公开招标，但在以下情况下可以采用邀请招标：

（1）项目技术复杂、有特殊要求或受自然环境限制，导致只有少数潜在投标人可选。

（2）公开招标的费用占项目合同金额比例过高。

在采用邀请招标方式时，招标方应向至少三个具备项目承接能力且信誉良好的特定法人或其他组织发出投标邀请。

（三）自行招标与委托招标

招标方既可自主处理招标事务，也可选择将其委托给专业的招标代理机构。

当招标方选择自行处理招标事务时，必须具备编撰招标文件和组织评标工作的能力。若招标方缺乏自行招标的必要能力，则须委托有相应资质的招标代理机构代行招标事务。

招标代理机构有权跨省、自治区或直辖市开展招标代理业务。

（四）招标信息的发布与修正

1.招标信息的发布

工程招标是一种开放性的经济活动，因此，信息发布应采用公开途径。

招标公告需在国家规定的媒体（包括报纸和网络信息平台）上发布，以确保信息的广泛传播、时效性和准确性。招标公告应详尽提供项目信息，以利于招标流程的顺利进行。公告中应明确标注招标方的名字和地址，招标项目的类别、数量、实施地点和时间，投标截止日期及获取招标文件的方式等要素。招标方或其委托的招标代理机构需保证公告内容的真实性、准确性和完整性。

拟发布的招标公告文稿需由招标方或其委托的招标代理机构的主要负责人签署并加盖公章。招标方或其代理机构在发布公告时，应向选定的媒体提供营业执照（或法人证书）、项目批准文件的副本等相关文件。

招标方或其代理机构至少应在一种指定媒体上发布招标公告。当指定报纸发布公告时，应同时准确地将公告内容转载至指定网络平台。若在多个媒介发布同一招标项目的公告，内容需保持一致。

招标方应按公告或投标邀请书规定的时间和地点销售招标文件或资格预审文件。从文件销售开始到截止日期，最短期限不得少于5个工作日。

投标方需购买相关招标文件或资格预审文件，但招标方对文件的收费应合理，不得以营利为目的。招标方可以对附加的设计文件收取适量押金；若投标方在开标后退还设计文件，招标方应退还押金。售出的招标文件或资格预审文件不予退款。招标方在发布招标公告、发出投标邀请书或售出招标文件或资格预审文件后，不得随意终止招标。

2.招标信息的修正

若招标方在招标文件发布后发现需进一步澄清或修改的问题，应遵循以下原则操作：

（1）时间限制：招标方必须至少在投标文件提交截止时间前15天，对已发布的招标文件进行必要的澄清或修改。

（2）方式：所有澄清或修改应以书面形式完成。

（3）广泛通知：招标方必须将所有澄清或修改内容直接告知所有招标文件的接收方。

澄清或修改文件作为原招标文件的补充或详细说明，因此，其内容应成为招标文件的一个有效部分。

（五）资格预审

招标方可根据具体项目特性和要求，要求投标者提供相关资质、业绩和能力的证明，并对其进行资格审查。资格审查包括资格预审和资格后审两种形式。

资格预审是指招标方在招标开始前或初期，对意向投标者的资质条件、业绩、信誉、技术和资金等方面进行审查；只有通过预审的意向投标者才有资格参与投标。

通过资格预审，招标方能够评估意向投标者的资信状况，包括财务状况、技术能力和以往类似项目的施工经验，以挑选优质的投标者，降低授予不合格投保人项目的风险。此

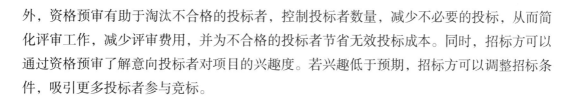

外，资格预审有助于淘汰不合格的投标者，控制投标者数量，减少不必要的投标，从而简化评审工作，减少评审费用，并为不合格的投标者节省无效投标成本。同时，招标方可以通过资格预审了解意向投标者对项目的兴趣度。若兴趣低于预期，招标方可以调整招标条件，吸引更多投标者参与竞标。

（六）标前会议

标前会议，也称为投标准备会或招标文件说明会，是由招标方根据投标须知规定的时间和地点举办的一次会议。在这次会议中，招标方不仅会介绍工程项目的基本情况，还可能对招标文件的某些部分进行修改或提供额外的说明。此外，招标方会回答投标方书面提出的问题和会议中即时提出的问题。会议结束后，招标方应以书面形式将会议记录发送给每一位投标方。

无论是会议记录还是对投标方问题的书面回答，都应发送给所有获得招标文件的投标方。这一做法旨在确保招标的公平性和正当性。答复不需要指出问题的来源。会议纪要和答复信成为招标文件的补充材料，这些补充文件是招标文件有效的一部分，具有与招标文件相同的法律效力。如果补充文件与招标文件内容存在不一致，应以补充文件为准。

为了让投标方有足够的时间考虑招标方对招标文件的补充或修改，招标方可以根据实际情况在标前会议上决定是否延长投标截止日期。

（七）评标

评标流程包括准备评标、初步评审、详细评审和编写评标报告等阶段。

在初步评审阶段，主要任务是进行合格性审查，核心在于检查投标文件是否本质上满足了招标文件的规定。审查内容涵盖投标资格、投标文件的完整性、投标保证的有效性、是否与招标文件存在重大差异或保留等方面。对于本质上不满足招标文件要求的投标文件，将视为无效标，并不进入下一评审阶段。同时，对报价计算的准确性也进行检查，对于计算错误，一般处理原则是：金额的大小写不一致时，以大写金额为准；单价与数量乘积之和与报价总额不符时，以单价为准；正本与副本内容不一致时，以正本为准。这些更正通常需要投标人代表签字确认。

详细评审是评标的关键部分，涉及对投标文件的深入审查，包括技术评审和商务评审。技术评审主要针对投标文件中的技术方案、技术措施、技术手段、技术装备、人员配置、组织结构、进度安排等方面的先进性、合理性、可靠性、安全性和经济性进行分析和评估。商务评审则聚焦于投标文件的报价高低、报价构成、计价方式、计算方法、支付条件、费用标准、价格调整、税费、保险和优惠条件等方面的审查。

评标方法可以采用议价法、综合评分法或评标价法等，根据不同招标内容的具体情况选择合适的方法。

评标过程结束后，应提出中标候选人的推荐。评标委员会推荐的中标候选人数量应控制在1至3人之间，并明确排列顺序。

二、建设工程项目投标

（一）研究招标文件

1.投标须知

投标须知是由招标方向投标方传达的关键信息文件，涉及诸如项目概述、招标细节、招标文件及投标文件的构成、报价原则，以及招投标的时间规划等。首先，投标方需详细了解项目的具体内容及范围，确保无遗漏或错误报告。其次，需特别关注投标文件的完整性，以防因资料不足而导致标书被废弃。最后，重视招标答疑时间、投标截止时间等关键时间节点，避免因忘记或延误而错失机会。

2.投标书附件及合同条件

这是招标文件的核心部分，可能会明确对招标方的特别要求，包括中标后投标方应享有的权利、承担的义务及责任等。投标方在报价时应考虑这些因素。

3.技术规范

投标方需研究招标文件中的技术规范，熟悉应用的技术标准，并理解技术规范中是否有特殊技术要求或特定材料设备需求，以及有关替代材料、设备的规定，以便根据定额和市场情况确定价格，合理计算特殊要求项目的报价。

4.永久性工程以外的报价补充文件

永久性工程指的是合同标的——建筑项目及其附属设施。为了确保项目顺利进行，业主可能会对承包商提出额外要求，例如对旧建筑物和设施的拆除、工程师的现场办公室及相关开支、模型、广告、工程照片和会议费用等。如有额外要求，应将其纳入总报价，确保所有费用被完整计算，避免遗漏造成损失。

（二）进行各项调查研究

1.对市场宏观经济环境的调查

在准备投标文件时，投标人有责任对工程项目所在地的经济形势和经济状况进行全面的调查。这包括但不限于有关与投标工程项目实施相关的法律法规、劳动力与材料的供应状况、设备市场的租赁状况、专业施工公司的经营状况与价格水平等方面的信息。

2.对工程项目现场和所在地区环境的考察

投标人应该对施工现场进行仔细的考察，并认真调查具体工程项目所在地区的环境情

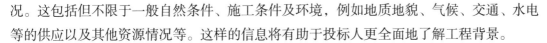

况。这包括但不限于一般自然条件、施工条件及环境，例如地质地貌、气候、交通、水电等的供应以及其他资源情况等。这样的信息将有助于投标人更全面地了解工程背景。

3.对工程项目业主方和竞争对手公司的调查

在进行投标前，投标人有义务认真调查业主和咨询工程师的情况。特别是要关注业主的项目资金落实情况，以及参与竞争的其他公司和工程项目所在地的工程公司的情况。此外，投标人还应积极参与现场踏勘与标前会议，以获取更充分的信息，并了解与其他承包商或分包商的关系。这一步骤对于制定全面而有力的投标策略至关重要。

（三）复核工程量

对于单价合同，尽管以实测工程量结算工程款，但投标人仍应仔细核算工程量，根据图纸进行详细检查。如果发现工程量存在较大差异，投标人应当要求招标人进行澄清。在总价合同的情况下，更应当特别引起重视。工程量估算的错误可能导致无法弥补的经济损失，因为总价合同是以总报价为基础进行结算的。如果工程量出现差异，可能对施工方造成严重不利影响。对于总价合同，如果业主在投标前未对存在争议的工程量进行更正，且这对投标者不利，投标人应在投标文件中附上声明：工程量表中某项工程量存在错误，施工结算应按实际完成量计算。

承包商在核算工程量时，还应结合招标文件中的技术规范仔细了解工程量中每一细目的具体内容，以避免出现计算单位、工程量或价格方面的错误和遗漏。细致的核算有助于确保投标人在制定报价和参与投标过程中减少潜在的风险。

（四）选择施工方案

（1）需按照分类统计的工程数量、工程进度计划中该类工程的施工周期、合同技术规范要求，以及施工条件和其他相关情况，选择和确定每项工程的施工方法。应根据实际情况和自身的施工能力来确定各类工程的施工方法。对各种不同的施工方法，应从保障计划目标完成、确保工程质量、节约设备费用、降低劳务成本等多方面进行综合比较，选择最适用且经济的施工方案。

（2）需要根据各类工程的施工方法选择相应的机具设备，并计算所需数量和使用周期。要研究确定是采购新设备、租赁当地设备，还是调动企业现有设备。

（3）应研究确定工程的分包计划。根据概略指标估算劳务数量，考虑其来源及进场时间安排，并留意当地是否有限制外籍劳务的规定。此外，根据所需劳务的数量，估算所需管理人员和生活性临时设施的数量和标准等。

（4）需要用概算指标估算主要和大宗建筑材料的需用量，考虑其来源和分批进场的时间安排，以便估算现场用于存储、加工的临时设施（如仓库、露天堆放场、加工场地或工棚等）。

（5）根据现场设备、高峰人数及一切生产和生活方面的需求，估算现场用水、用电量，并确定临时供电和排水设施。要考虑外部和内部材料供应的运输方式，估计运输和交通车辆的需求量和来源。同时，考虑对其他临时工程的需求和建设方案。提出在特殊条件下保证正常施工的措施，例如排除或降低地下水以确保地面以下工程施工的措施。还要制定冬季、雨季施工的相关措施，并规划其他必需的临时设施，如现场安全保卫设施，包括临时围墙、警卫设施、夜间照明设施，以及现场临时通信联络设施等。

（五）投标计算

投标计算是投标人对招标项目施工所要发生的各种费用的计算。在进行投标计算时，投标人必须首先根据招标文件复核或计算工程量。施工方案和施工进度是进行投标计算的必要条件，投标人应预先确定施工方案和施工进度。此外，投标计算还必须与采用的合同计价形式相协调。

（六）确定投标策略

正确的投标策略对提高中标率并获得较高的利润有重要作用。常用的投标策略有以信誉取胜、以低价取胜、以缩短工期取胜、以改进设计取胜或者以先进或特殊的施工方案取胜等。不同的投标策略要在不同投标阶段的工作（如制订施工方案、投标计算等）中得以体现和贯彻。

（七）正式投标

1.投标截止日期的注意事项

请留意招标人规定的投标截止日，即为提交投标文件的最后期限。在招标截止日之前提交的投标文件被视为有效，超过该日期提交的投标文件将被视为无效。对于在招标文件规定的截止时间后送达的投标文件，招标人有权拒收。

2.投标文件的完整性

投标人应按照招标文件的要求编制投标文件，并确保其完整性。投标文件应对招标文件中提出的实质性要求和条件做出响应。不完整的投标文件或未满足招标人要求的投标文件，以及在招标范围之外提出的新要求，将被视为对招标文件的否定，招标人不会接受这样的投标。投标人需要对其投标负责，如果中标，必须按照投标文件中所述方案完成工程，包括质量标准、工期与进度计划、报价限额等基本指标，以及招标人提出的其他要求。

3.投标文件的标准注意事项

投标文件的提交有固定的要求，主要包括签章和密封。未密封或密封不符合要求的投标文件将被视为无效。投标文件还需要按照规定进行签章，必须盖有投标企业的公章及企业法人的名章（或签字）。如果工程项目所在地与企业距离较远，由当地项目经理部组织投标，需要提交企业法人对项目经理的授权委托书。

三、合同的谈判与签订

（一）合同订立的程序

与其他合同的订立程序相同，建设工程项目合同的订立也必须采取要约和承诺的方式。根据《中华人民共和国招标投标法》对招标、投标的规定，招标、投标、中标的过程实质上是要约、承诺的一种具体体现。招标人通过媒体发布招标公告或向符合条件的投标人发出招标文件，形成要约邀请；投标人根据招标文件内容在规定期限内向招标人提交投标文件，构成要约；招标人通过评标确认中标人并发出中标通知书，表明承诺；招标人和中标人根据中标通知书、招标文件以及中标人的投标文件等书面材料订立合同，从而使合同成立并生效。

建设工程施工合同的订立通常经历一个较为详尽的过程。在确认中标人并发出中标通知书后，双方可以开始就建设工程施工合同的具体内容和相关条款展开谈判，直至最终签署合同。

（二）建设工程施工合同谈判的主要内容

1.关于确认工程内容和范围

招标人和中标人可以就招标文件中的特定工作内容进行讨论、修改、明确或细化，以明确工程承包的具体内容和范围。同时，对于向监理工程师提供的建筑物、家具、车辆及其他各项服务，应逐项详细地予以明确。

2.关于技术要求、技术规范和施工方案

双方可以进一步讨论和确认技术要求、技术规范和施工方案，必要时甚至可以修改技术要求和施工方案。

3.关于合同价格条款

根据计价方式的不同，建设工程施工合同可以分为总价合同、单价合同和成本加酬金合同。通常在招标文件中明确规定合同采用何种计价方式，尽管在合同谈判阶段往往没有讨论的余地，但在可能的情况下，中标人仍然可以在谈判过程中提出降低风险的改进方案。

4.关于价格调整条款

在工期较长的建设工程项目中，可能会受到市场经济货币贬值或通货膨胀等因素的影响，给承包人带来潜在的较大损失。价格调整条款能够相对公正地应对这一承包人难以控制的风险损失。不论是单价合同还是总价合同，都可以明确定义价格调整条款，包括是否进行调整以及如何进行调整等。可以说，合同计价方式和价格调整方式共同决定了工程项目承包合同的实际价格，直接关系到承包人的经济利益。在建设工程项目实践中，由于各种原因导致费用增加的概率远高于费用减少的概率，有时最终的合同价格调整金额可能会相当巨大，远远超过最初的合同总价，因此，在投标过程中，特别是在合同谈判阶段，承包人务必要充分重视合同价格调整条款。

5.关于合同款支付方式的条款

建设工程施工合同的付款分为四个阶段，包括工程预付款支付、工程进度款支付、最终付款和退还质量保证金。关于支付时间、支付方式、支付条件和支付审批程序等方面存在多种选择，这些选择可能对承包人的成本、进度等方面产生较大的影响。因此，合同款支付的相关条款是谈判中的一个重要方面。

6.关于工期和维修期

对于涉及多个单项工程的建设工程项目，承包人可以在合同中明确允许分部位或分批提交业主验收，并从该批验收时开始计算该部分的维修期，以缩短责任期限，最大限度地保障自身的利益。

承包人应通过谈判使发包人接受并在合同中明确承包人保留由于工程变更、恶劣气候的影响，以及各种"作为一个有经验的承包人也无法预料的工程施工条件的变化"等原因对工期产生不利影响时要求合理延长工期的权利。

承包人应仅承担由于材料、施工方法及操作工艺等不符合合同规定而产生的缺陷。承包人应争取以维修保函替代被业主扣留的质量保证金。与质量保证金相比，维修保函对承包人更为有利，主要因为业主可提前取回被扣留的质量保证金，而维修保函则有时效性，在期满后将自动作废。同时，维修保函对业主并无风险，真正发生维修费用时，业主可凭维修保函向银行索回款项。因此，相对来说，这一做法较为公平。维修期满后，承包人应及时从业主处撤回维修保函。

7.合同条件中其他特殊条款的完善

其他特殊条款的完善包括对合同图纸条款、违约罚金和工期提前奖金条款、工程量验收以及衔接工序和隐蔽工程施工的验收程序条款、施工占地条款、向承包人移交施工现场和基础资料条款、工程交付条款、预付款保函的自动减额条款等方面的完善。

（三）建筑工程施工合同最后文本的确定和合同签订

1.合同风险评估

在合同签订之前，承包人应对合同的合法性、完备性、合同双方的责任、权益，以及合同风险进行评审、认定和评价。

2.合同文件内容

建筑工程施工合同文件包括以下内容：合同协议书；工程量及价格；合同条件，包括合同一般条件和合同特殊条件；投标文件；合同技术条件（合同纸）；中标通知书；双方代表共同签署的合同补遗（有时也采用合同谈判会议纪要的形式）；招标文件；其他双方认为应该作为合同组成部分的文件。

清理招标投标及谈判前后各方发出的文件、文字说明、解释性资料，并宣布凡是与上述合同构成内容存在矛盾的文件作废。在双方签署的合同补遗中，可以对此进行排除性质的声明。

3.关于合同协议的补遗

在合同谈判阶段，双方谈判的结果通常以合同补遗的形式形成书面文件，有时也可以采用合同谈判会议纪要的形式。

同时，建设工程施工合同必须遵守法律。若违反法律条款，即使合同双方达成协议并签署，也不受法律保障。

4.签订合同

合同谈判结束后，双方应按上述内容和形式形成一个完整的合同文本草案，经双方代表认可后形成正式文件。在双方核对无误后，由双方代表草签，至此合同谈判阶段即告结束。此时，承包人应及时准备并递交履约保函，为正式签署建设工程施工合同做准备。

第二节　建筑工程施工合同

一、建筑工程施工合同的类型及选择

（一）总价合同

1.固定总价合同

固定总价合同的价格计算基于图纸、规定和规范，工程任务和内容明确，业主的要求和条件清晰。合同总价一次性确定，固定不变，即不会因为环境的变化和工程量的增减而有所调整。在这类合同中，承包商承担了全部的工作量和价格的风险。因此，在报价时，承包商需要充分估计一切费用的价格变动因素以及不可预见因素，并将其纳入合同价格之中。固定总价合同适用于以下情况：

（1）工程量小、工期短，预计在施工过程中环境因素变化较小，工程条件稳定并合理。

（2）工程设计详细，图纸完整清晰，工程任务和范围明确。

（3）工程结构和技术相对简单，风险较小。

2.变动总价合同

变动总价合同，又被称为可调总价合同，其合同价格基于图纸、规定和规范，按照时价进行计算，形成包括全部工程任务和内容的临时合同价格。合同总价在合同执行过程中相对固定，但当由于通货膨胀等原因导致工、料成本增加时，可以按照合同约定对合同总价进行相应的调整。当然，一般情况下，由于设计变更、工程量变化和其他工程条件变化引起的费用变化也可以进行调整。因此，通货膨胀等不可预见因素的风险由业主承担，对承包商而言，其风险相对较小，但对业主而言，这不利于进行投资控制，增加了投资的风险突破点。

（二）单价合同

1.固定单价合同

这种合同形式经常被采用，特别是在设计或其他建设条件（如地质条件）尚未完全确定（计算条件应明确），但之后需要增加工程内容或工程量时，可以按照单价适当追加合

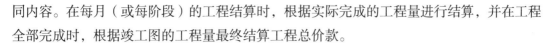

同内容。在每月（或每阶段）的工程结算时，根据实际完成的工程量进行结算，并在工程全部完成时，根据竣工图的工程量最终结算工程总价款。

2.变动单价合同

针对合同中签订的单价，根据合同约定的条款，如在工程实施过程中物价发生变化等可进行调整。有些工程在招标或签约时，由于某些不确定因素，在合同中对某些分部分项工程的单价进行了暂定，在工程结算时，根据实际情况和合同约定对单价进行调整，确定实际结算单价。

（三）成本加酬金合同

成本加酬金合同是一种合同类型，业主向承包人支付工程项目的实际成本，并按照事先约定的方式支付酬金。在这种合同中，最终的合同价格根据承包商的实际成本加一定比例的酬金计算，而在合同签订时无法确定具体的合同价格，只能确定酬金的比例，其中酬金包括管理费、利润及奖金。在这类合同中，业主承担项目实际发生的所有费用，因此，也承担了项目的全部风险。由于承包单位无须承担风险，其报酬较低。

这种合同的缺点在于业主难以控制工程造价，承包商通常不太关注降低项目成本。成本加酬金合同通常适用于以下情况：

（1）工程特别复杂，工程技术和结构方案无法预先确定，或者即使可以确定这些方案，但无法通过竞争性招标活动确定承包商的总价合同或单价合同形式，例如研究开发性质的工程项目。

（2）时间非常紧迫，例如抢险、救灾工程，无法进行详细的计划和商谈。

成本加酬金合同有多种形式，包括成本加固定费用合同、成本加固定比例费用合同、成本加奖金合同以及最大成本加费用合同。

二、建筑工程施工合同文本的主要条款

（一）概念

1.施工合同的定义

施工合同，即建筑安装工程承包合同，是由发包人和承包人为完成商定的建筑安装工程所签订，旨在明确彼此的权利和义务关系的合同。签署施工合同的主要目的在于明确责任、分工合作，共同完成建设工程项目的任务。

2.建筑工程施工合同（示范文本）简介

建筑工程施工合同（示范文本）通常由三个主要部分组成，即合同协议书、通用合同条款和专用合同条款。施工合同文件除了上述三个部分外，一般还应包括中标通知书、投标书及其附件、相关标准和规范、技术文件、图纸、工程量清单、工程报价单或预算书等。

上述文件作为施工合同文件的组成部分，其优先顺序是不同的。原则上，应将签署日期较晚且内容较为重要的文件排在前面，即更具优先性。

在编制招标文件时，发包人可根据具体情况规定文件的优先顺序。

（二）施工合同双方的一般责任和义务

1.发包人的责任与义务

（1）提供具备施工条件的施工现场和施工用地。

（2）提供其他施工条件，包括将施工所需水、电、电信线路从施工场地外部接至专用条款的约定地点，并保证施工期间的需要，开通施工场地与城乡公共道路的通道，以及专用条款约定的施工场地内的主要道路，以满足施工运输的需要，并确保施工期间的畅通。

（3）提供水文地质勘探资料和地下管线资料，提供现场测量基准点、基准线和水准点及有关资料，以书面形式交给承包人，并进行现场交验，提供图纸等其他与合同工程有关的资料。

（4）协调处理施工场地周围地下管线和邻近建筑物、构筑物（包括文物保护建筑）、古树名木的保护工作，承担有关费用。

（5）组织承包人和设计单位进行图纸会审和设计交底。

（6）按合同规定支付合同价款。

（7）按合同规定及时向承包人提供所需指令、批准等。

（8）按合同规定主持和组织工程的验收。

2.承包人的责任与义务

（1）根据发包人委托，在其设计资质等级和业务允许的范围内，完成施工图设计或与工程配套的设计，经工程师确认后使用，发包人承担由此发生的费用。

（2）按合同要求的质量完成施工任务。

（3）按合同要求的工期完成并交付工程。

（4）按专用条款约定的数量和要求，向发包人提供施工场地办公和生活的房屋及设施，发包人承担由此发生的费用。

（5）遵守政府有关主管部门对施工场地交通、施工噪声，以及环境保护和安全生产等的管理规定，按规定办理有关手续，并以书面形式通知发包人，发包人承担由此发生的费用，因承包人责任造成的罚款除外。

（6）负责保修期内的工程维修。

（7）接受发包人、工程师或其代表的指令。

（8）负责工地安全，看管进场材料、设备和未交工工程。

（9）负责对分包的管理，并对分包方的行为负责。

（10）按专用条款约定做好施工场地地下管线和邻近建筑物、构筑物（包括文物保护建筑）、古树名木的保护工作。

（11）安全施工，保证施工人员的安全和健康。

（12）保持现场整洁。

（13）按时参加各种检查和验收。

（三）施工进度计划和工期延误

1.施工进度计划

承包人应根据施工组织设计的约定提交详细的施工进度计划。编制施工进度计划时应符合国家法律规定和一般工程实践惯例，并在经发包人批准后执行。施工进度计划是控制工程进度的依据，发包人和监理人有权按照计划检查工程进度情况。

承包人应按照施工组织设计的期限向监理人提交工程开工报审表。经监理人报发包人批准后执行。监理人应在计划开工日期前7天向承包人发出开工通知，工期从开工通知中载明的日期起算。除专用合同条款另有约定外，若因发包人原因导致监理人未能在计划开工日期之日起90天内发出开工通知，承包人有权提出价格调整要求或解除合同。发包人应承担由此增加的费用和（或）延误的工期，并向承包人支付合理利润。

2.工期延误

在合同履行过程中，因下列情况导致工期延误和（或）费用增加的，由发包人承担由此延误的工期和（或）增加的费用，并支付承包人合理的利润。

（1）发包人未按合同约定提供图纸或提供的图纸不符合合同约定。

（2）发包人未按合同约定提供施工现场、施工条件、基础资料、许可、批准等开工条件。

（3）发包人提供的测量基准点、基准线和水准点及其书面资料存在错误或疏漏。

（4）发包人未能在计划开工日期之日起7天内同意下达开工通知。

（5）发包人未按合同约定日期支付工程预付款、工程进度款或竣工结算款。

（6）监理人未按合同约定发出指示、批准等文件。

（7）专用合同条款中约定的其他情形。

（四）施工质量和检验

1.承包人的质量管理

承包人应根据施工组织设计的约定向发包人和监理人提交工程质量保证体系及措施文件。同时，承包人需确立完善的质量检查制度，并提供相应的工程质量文件。若发包人和监理人提出违反法律规定和合同约定的错误指示，承包人有权拒绝执行。

承包人应根据法律规定和发包人的要求，对材料、工程设备，以及工程的所有部位及其施工工艺进行全过程的质量检查和检验。详细记录需编制工程质量报表，报送监理人审查。此外，承包人还需按照法律规定和发包人的要求进行施工现场取样试验、工程复核测量和设备性能检测。提供试验样品、提交试验报告和测量成果以及其他工作也是承包人的责任。

2.隐蔽工程检查

除专用合同条款另有约定外，若工程隐蔽部位经承包人自检确认具备覆盖条件，承包人应在共同检查前48小时书面通知监理人进行检查。如果监理人不能按时进行检查，监理人应在检查前24小时提出书面延期要求，但延期不能超过48小时。若由此导致工期延误，工期应予以顺延。监理人未按时进行检查且未提出延期要求的情况视为隐蔽工程检查合格，承包人可自行完成覆盖工作，并记录报送监理人，监理人应签字确认。监理人事后对检查记录有疑问的情况可按专用合同条款的约定重新检查。

3.不合格工程的处理

由于承包人原因导致工程不合格的情况下，发包人有权随时要求承包人采取补救措施，直至达到合同要求的质量标准。由此增加的费用和（或）延误的工期由承包人承担。若无法补救的情况下，发包人有权拒绝接收全部或部分工程执行。

若由于发包人原因导致工程不合格，由此增加的费用和（或）延误的工期由发包人承担，并支付承包人合理的利润。

（五）合同价款与支付

1.工程预付款的支付

工程预付款的支付遵循专用合同条款的规定，但必须在开工通知中明确的开工日期前的7天内完成。工程预付款的用途包括用于材料、工程设备、施工设备的采购，以及修建临时工程、组织施工队进场等。若发包人逾期支付工程预付款超过7天，承包人有权向发包人发出要求预付的催告通知。若在通知后的7天内发包人仍未支付，承包人有权暂停施工，并按照发包人违约的情形执行。

若发包人要求承包人提供工程预付款担保，承包人应在发包人支付工程预付款前的7

天提供工程预付款担保，除非专用合同条款另有规定。

2.工程量的确认

承包人应在每月25日前向监理人报送上月20日至当月19日已完成的工程量报告。监理人应在收到承包人提交的工程量报告后的7天内完成对承包人提交的工程量报表的审核，并报送发包人以确定当月实际完成的工程量。若监理人对工程量有异议，有权要求承包人进行共同复核或抽样复测。承包人应协助监理人进行复核或抽样复测，并按监理人要求提供补充计量资料。

若承包人未按监理人要求参加复核或抽样复测，监理人复核或修正的工程量视为承包人实际完成的工程量。

3.工程进度款的支付

承包人应按照合同约定的时间，每月向监理人提交进度付款申请单。监理人应在收到后的7天内完成审查并报送发包人。发包人应在收到后的7天内完成审批并签发工程进度款支付证书。若发包人逾期未完成审批且未提出异议，将视为已签发工程进度款支付证书。

除非专用合同条款另有规定，发包人应在工程进度款支付证书或临时工程进度款支付证书签发后的14天内完成支付。若发包人逾期支付工程进度款，应按照中国人民银行发布的同期同类贷款基准利率支付违约金。

（六）竣工验收与结算

1.竣工验收

承包人可提出竣工验收申请，前提是工程满足以下条件：

（1）除得到发包人同意的甩项工作和缺陷修补工作外，合同范围内的全部工程及相关工作，包括合同规定的试验、试运行和检验均已完成，并符合合同要求。

（2）已按照合同规定编制了甩项工作和缺陷修补工作清单，并制定了相应的施工计划。

（3）已按照合同规定的内容和份数准备好竣工资料。

承包人向监理人提交竣工验收申请报告，监理人应在收到报告后的14天内完成审查并报送发包人。若监理人审查后认为已满足竣工验收条件，应将报告提交给发包人。发包人在收到经监理人审核的竣工验收申请报告后的28天内完成审批，并组织监理人、承包人、设计人等相关单位进行竣工验收。

竣工验收合格后，发包人应在验收合格后的14天内向承包人颁发工程接收证书。如果发包人无正当理由逾期未颁发工程接收证书，自验收合格后的第15天起将视为已颁发工程接收证书。若竣工验收不合格，监理人将按照验收意见发出指示，要求承包人返工、修复或采取其他补救措施，由承包人承担因此增加的费用和（或）延误的工期。

工程通过竣工验收后，以承包人提交竣工验收申请报告的日期为实际竣工日期，并在工程接收证书中载明。如果由于发包人原因，未在监理人收到承包人提交的竣工验收申请报告后的42天内完成竣工验收，或完成竣工验收但未签发工程接收证书，则以提交竣工验收申请报告的日期为实际竣工日期。若工程未经竣工验收而发包人擅自使用，以转移占有工程之日为实际竣工日期。

2.竣工结算

承包人应在工程竣工验收合格后的28天内向发包人和监理人提交竣工结算申请单。监理人应在收到竣工结算申请单后的14天内完成核查并报送发包人。发包人应在收到监理人提交的经审核的竣工结算申请单后的14天内完成审批，并由监理人向承包人签发经发包人签认的竣工付款证书。

若发包人在收到承包人提交的竣工结算申请单28天内未完成审批且未提出异议，则视为发包人认可承包人提交的竣工结算申请单，并自发包人收到承包人提交的竣工结算申请单后的第29天起视为已签发竣工付款证书。除非专用合同条款另有规定，发包人应在签发竣工付款证书后的14天内完成对承包人的竣工付款。若发包人逾期支付，按照中国人民银行发布的同期同类贷款基准利率支付违约金；逾期支付超过56天，按照中国人民银行发布的同期同类贷款基准利率的2倍支付违约金。

第三节　建筑工程施工承包合同按计价方式分类及担保

一、单价合同的运用

当施工发包的工程内容和工程量无法明确定义时，可采用单价合同形式。即，在合同中根据计划工程内容和估算工程量，明确每项工程内容的单位价格（如每米、每平方米或每立方米的价格）。实际支付时，根据每个子项的实际完成工程量乘以该子项的合同单价计算应付工程款。

单价合同的特点是单价优先。例如，在FIDIC土木工程施工合同中，业主提供的工程量清单表中的数字是参考数字，实际工程款则按实际完成的工程量和合同中确定的单价计算。尽管在投标报价、评标和签订合同中通常关注总价格，但在工程款结算中，单价优先。对于投标书中明显的数字计算错误，业主有权先修改再评标。当总价和单价计算结果不一致时，以单价为准调整总价。

由于单价合同允许随工程量变化而调整工程总价，业主和承包商在工程量方面都没有风险，因此，对合同双方都相对公平。在招标前，发包单位无须对工程范围做出完整、详尽的规定，从而缩短招标准备时间。投标人也只需对所列工程内容报出自己的单价，从而缩短投标时间。

采用单价合同的不足之处是业主需要安排专门力量核实已完成的工程量，在施工过程中花费不少精力，协调工作量大。用于计算应付工程款的实际工程量可能超过预测的工程量，即实际投资容易超过计划投资，对投资控制不利。单价合同分为固定单价合同和变动单价合同。在固定单价合同条件下，无论发生哪些影响价格的因素都不对单价进行调整，因而对承包商存在一定风险。采用变动单价合同时，合同双方可以约定一个估计的工程量，实际工程量发生较大变化时可以调整单价，并约定如何进行调整。此外，还可约定通货膨胀达到一定水平或国家政策发生变化时，对哪些工程内容的单价进行调整及如何调整等。因此，承包商的风险相对较小。固定单价合同适用于工期较短、工程量变化幅度不会太大的项目。

在工程实践中，采用单价合同有时会根据估算的工程量计算一个初步的合同总价，作为投标报价和签订合同的依据。当初步的合同总价与各项单价乘以实际完成的工程量之和发生矛盾时，肯定以后者为准，即单价优先。实际工程款的支付也将以实际完成工程量乘以合同单价进行计算。

二、总价合同的运用

（一）总价合同的含义

总价合同是指根据合同规定的工程施工内容和相关条件，业主应支付给承包商的款项是一个规定的金额，即确定的总价。这种合同也被称为总价包干合同，即根据施工招标时的要求和条件，在施工内容和相关条件不发生变化时，业主支付给承包商的价款总额不会发生变化。总价合同分为固定总价合同和变动总价合同两种。

（二）固定总价合同

固定总价合同的价格计算以图纸、规定和规范为基础，工程任务和内容明确，业主的要求和条件清晰，合同总价一次性确定，不再因环境变化和工程量的增减而改变。在这种合同中，承包商承担了全部工作量和价格的风险。因此，承包商在报价时必须充分考虑一切费用的价格变动因素和不可预见因素，并将其包含在合同价格中。在国际上，这种合同被广泛接受和采用，因为有成熟的法规和先前的经验。对业主而言，在合同签订时就能基本确定项目的总投资额，有利于投资控制。在双方都无法预测的风险条件下和可能发生工程变更的情况下，承包商承担了较大的风险，而业主的风险较小。然而，工程变更和不可预见的困难通常引起合同双方的纠纷或诉讼，最终导致其他费用的增加。

当然，在固定总价合同中，可以约定在发生重大工程变更、累计工程变更超过一定幅度或其他特殊条件下可以调整合同价格。因此，需要明确重大工程变更的定义、累计工程变更的幅度，以及何种特殊条件下可以调整合同价格等。

采用固定总价合同，双方结算相对简单，但由于承包商承担了较大的风险，因此，在报价中不可避免地需要增加一项较高的不可预见风险费。承包商的风险主要包括价格风险和工作量风险。价格风险涉及报价计算错误、漏报项目、物价和人工费上涨等；而工作量风险包括工程量计算错误、工程范围不确定、工程变更或由于设计深度不够造成的误差等。固定总价合同适用于以下情况：

（1）工程量小、工期短，预计在施工过程中环境因素变化小，工程条件稳定且合理。

（2）工程设计详细，图纸完整清晰，工程任务和范围明确。

（3）工程结构和技术简单，风险较小。

（4）投标期相对宽裕，承包商有足够的时间详细考察现场、复核工程量，分析招标文件，制订施工计划。

（三）总价合同的特点和应用

采用总价合同时，对承发包工程的内容及其各种条件都应该基本清楚、明确，否则，承发包双方都面临蒙受损失的风险。通常情况下，总价合同适用于施工图设计完成、施工任务和范围相对明确，业主的目标、要求和条件都清楚的情况。对业主而言，由于设计过程耗时较长，因此开工时间较晚，开工后的变更容易导致索赔，而且在设计阶段也难以吸收承包商的建议。

三、成本加酬金合同的运用

（一）成本加酬金合同的含义

成本加酬金合同，又称为成本补偿合同，与固定总价合同截然相反。该合同规定工程施工的最终价格将根据工程的实际成本再加上一定的酬金来计算。在合同签订时，工程的实际成本通常无法确定，只能确定酬金的比例或计算原则。采用这种合同形式，承包商不承担任何价格变动或工程量变动的风险，这些风险主要由业主承担。这对业主的投资控制不利，而承包商则通常缺乏控制成本的积极性。有时，承包商不仅不愿控制成本，甚至期望提高成本以增加自身的经济效益。因此，这种合同容易被不道德或不称职的承包商滥

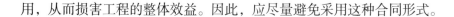

用，从而损害工程的整体效益。因此，应尽量避免采用这种合同形式。

（二）成本加酬金合同的特点和适用条件

（1）工程特别复杂，工程技术和结构方案无法预先确定，或者虽然可以确定工程技术和结构方案，但无法通过竞争性招标活动确定承包商，例如研究开发性质的工程项目。

（2）时间特别紧迫，例如抢险、救灾工程无法进行详细的计划和商谈。对业主而言，这种合同形式也有一定的优点，例如可以通过分段施工缩短工期，无须等待所有施工图完成才开始招标和施工；可以减少承包商的对立情绪，承包商对工程变更和不可预见条件的反应会更积极和迅速；可以利用承包商的施工技术专家帮助改进或弥补设计中的不足；业主可以更深入介入和控制工程施工和管理；也可以通过确定最大保证价格，约束工程成本不超过某一限值，从而转移一部分风险。对承包商而言，这种合同形式相比固定总价更低风险，利润较为有保障，因此更具积极性。然而，其缺点在于合同的不确定性，由于设计尚未完成，无法准确确定合同的工程内容、工程量及合同的终止时间，有时难以对工程计划进行合理安排。

（三）成本加酬金合同的形式

（1）成本加固定费用合同。根据双方讨论同意的工程规模、估计工期、技术要求、工作性质及复杂性、所涉及的风险等来考虑确定一笔固定数目的报酬金额作为管理费及利润，对人工、材料、机械台班等直接成本则实报实销。如果设计变更或增加新项目，当直接费用超过原估算成本的一定比例（如10%）时，固定的报酬也要相应增加。在工程总成本初期估价不准，但可能变化不大的情况下，可采用此合同形式，有时可分几个阶段谈判付给固定报酬。这种方式虽然不能鼓励承包商降低成本，但为了尽快得到酬金，承包商会尽力缩短工期。有时也可在固定费用之外根据工程质量、工期和节约成本等因素给承包商另加奖金，以鼓励承包商积极工作。

（2）成本加固定比例费用合同。工程成本中直接费用加一定比例的报酬费，报酬部分的比例在签订合同时由双方确定。这种方式的报酬费用总额随成本增加而相应增加，不利于缩短工期和降低成本。一般在工程初期很难描述工作范围和性质，或工期紧迫，无法按常规编制招标文件招标时采用。

（3）成本加奖金合同。奖金是根据报价书中的成本估算指标制定的，在合同中对这个估算指标规定一个底点和顶点，分别为工程成本估算的60%~75%和110%~135%。承包商在估算指标的顶点以下完成工程则可得到奖金，超过顶点则要对超出部分支付罚款。如果成本在底点之下，则可增加酬金值或酬金百分比。采用这种方式通常规定，当实际成本超过顶点对承包商罚款时，最大罚款限额不超过原先商定的最高酬金值。在招标时，当

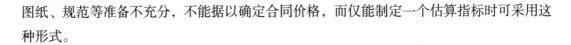

图纸、规范等准备不充分，不能据以确定合同价格，而仅能制定一个估算指标时可采用这种形式。

（四）成本加酬金合同的应用

当实行施工总承包管理模式或CM模式时，业主与施工总承包管理单位或CM单位的合同一般采用成本加酬金合同。在国际上，许多项目管理合同、咨询服务合同等也多采用成本加酬金合同方式。在施工承包合同中采用成本加酬金计价方式时，业主与承包商应该注意以下问题。

（1）必须有一个清晰的条款，明确向承包商支付酬金的方式，包括支付时间和金额百分比。如有变更和其他变化，应规定酬金支付的调整方式。

（2）应该明确列出工程费用清单，并规定一套详细的工程现场相关数据记录、信息存储，甚至记账的格式和方法，以便认真而及时地记录工地实际发生的人工、机械和材料消耗等数据。同时，应保留与工程实际成本相关的发票、付款账单、表明款额已支付的记录或证明等文件，以方便业主进行审核和结算。

四、建筑工程担保

（一）投标担保的内容

1.投标担保的含义

投标担保或投标保证金指的是投标人保证在中标后履行签订承发包合同的义务，否则，招标人将对投标保证金进行没收。按照《工程建设项目施工招标投标办法》的规定，施工投标保证金的数额通常不得超过投标总价的2倍，但最高不得超过人民币80万元。投标保证金的有效期应当超过投标有效期30天。若投标人未按照招标文件的要求提交投标保证金，则相应的投标文件将被拒绝，进行废标处理。根据《工程建设项目勘察设计招标投标办法》的规定，招标文件对要求投标人提交投标保证金时，保证金数额一般不超过勘察设计费投标报价的2倍，最多不超过人民币10万元。国际上，投标担保的保证金数额通常为2~5倍。

2.投标担保的形式

投标担保可以采用保证担保、抵押担保等方式，其具体形式，通常包括以下几种：现金、保兑支票、银行汇票、现金支票、不可撤销信用证、银行保函、由保险公司或担保公司出具的投标保证书。

3.投标担保的作用

投标担保的主要目的是保护招标人，以防中标人不签约而导致经济损失。投标担保需

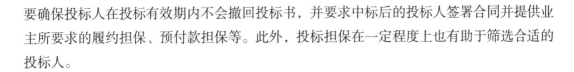

要确保投标人在投标有效期内不会撤回投标书，并要求中标后的投标人签署合同并提供业主所要求的履约担保、预付款担保等。此外，投标担保在一定程度上也有助于筛选合适的投标人。

（二）履约担保的内容

1.履约担保的含义

履约担保指的是招标人在招标文件中规定的要求中标的投标人提交的，用于保证其履行合同义务和责任的担保。履约担保的有效期从工程开工之日开始，可在工程竣工交付之日或保修期满之日约定终止。由于合同履行期限应包括保修期，因此履约担保的时间范围也应涵盖保修期。如果确定履约担保的终止日期为工程竣工交付之日，则需要额外提供工程保修担保。

2.履约担保的形式

履约担保可以采用银行保函或履约担保书的形式。在保修期内，工程保修担保可以通过预留保留金的方式实现。

（1）银行履约保函：这是由商业银行开具的担保证明，通常为合同金额的10%左右。银行保函分为有条件和无条件两种。有条件的保函要求在承包人未实施或未履行合同义务时，由发包人或工程师提供证明，并由担保人对已执行和未执行的合同部分进行鉴定确认后方可收兑银行保函。建筑行业通常倾向于采用有条件的保函。无条件的保函则要求发包人只需发现承包人违约，无须提供任何证明和理由即可收兑。

（2）履约担保书：这是由担保公司或保险公司开具的，当承包人在执行合同中违约时，担保公司或保险公司通过担保金完成施工任务或向发包人支付实际花费金额，但金额必须在保证金担保金额内。

（3）保留金：保留金是指按合同约定，发包人每次支付工程进度款时扣除一定数额作为承包人履行修补缺陷义务的保证。保留金通常为每次工程进度款的10%，但总额一般应限制在合同总价款的5%内，通常最高不得超过10%。在工程移交时，发包人将保留金的一半支付给承包人；质量保修期或缺陷责任期满时，将剩余一半支付给承包人。

3.履约担保的作用

履约担保的实施将大大鼓励承包商按照合同约定履行工程建设任务，有效保护业主的合法权益。一旦承包人发生违约，担保人将负责履行合同或赔偿经济损失。履约保证金额的具体大小取决于招标项目的性质和规模，但必须确保在承包人违约时，发包人不会遭受损失。在招标文件的投标须知中，发包人应规定使用何种形式的履约担保。中标人有责任按照招标文件的规定提交相应的履约担保。

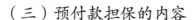

（三）预付款担保的内容

1.预付款担保的定义

在建设工程合同签订后，通常发包人会支付给承包人合同金额的一定比例作为预付款，一般为10%。如果发包人有此要求，承包人应向发包人提供预付款担保。预付款担保是指承包人在签订合同后但领取预付款之前，为确保发包人支付的预付款得到正确、合理使用而提供的担保。

2.预付款担保的形式

（1）银行保函：预付款担保主要采用银行保函的形式。担保金额通常与发包人支付的预付款等值。预付款通常会逐月从工程款中扣除，相应地，预付款担保的金额也会逐月减少。在施工期间，承包人应定期向发包人取得确认文件，证明此保函的减值，并提交给银行确认。承包人偿还全部预付款后，发包人应退还预付款担保，承包人将其退回银行并注销，解除担保责任。

（2）其他约定形式：预付款担保也可以由担保公司提供担保，或采取其他形式，如抵押等。

3.预付款担保的作用

预付款担保的主要目的是确保承包人能够按照合同规定进行施工，并偿还发包人已支付的全部预付款。如果承包人在工程进行中违约或终止，导致发包人无法在规定期限内从应付工程款中扣除全部预付款，那么作为保函受益人的发包人有权依据预付款担保向银行索赔，获得相应担保金额作为补偿。

第四节　建筑工程施工合同实施

一、施工合同跟踪

合同签署后，合同中各项任务的执行必须实施到具体的项目经理部或特定的项目参与人员。作为履行合同义务的主体，承包单位有责任对合同执行者（项目经理部或项目参与人）的履行情况进行跟踪、监督和控制，以确保合同义务得到完全履行。施工合同跟踪涵盖两个方面。一方面是承包单位的合同管理职能部门对合同执行者（项目经理部或项目参与人）履行情况的跟踪、监督和检查；另一方面是合同执行者（项目经理部或项目参与人）自身对合同计划执行情况的跟踪、检查与对比。在合同实施过程中，这两个方面都至关重要。对于合同执行者而言，应该了解以下合同跟踪的方面。

（一）合同跟踪的依据

首先，合同跟踪的关键依据包括合同本身以及根据合同编制的各种计划文件。其次，需基于各种实际工程文件，如原始记录、报表、验收报告等。最后，还要考虑管理人员对现场情况的直观了解，包括现场巡视、交谈、会议、质量检查等。

（二）合同跟踪的对象

（1）工程施工的质量，包括材料、构件、制品和设备等的质量，以及施工或安装的质量是否符合合同要求。

（2）工程进度是否在预定期限内施工，工期是否延长，若有延长，延长的原因是什么等。

（3）工程数量是否按合同要求完成全部施工任务，是否存在合同规定之外的施工任务等。

（4）成本的增加和减少。

工程承包人可以将工程施工任务分解并交由不同的工程小组或专业分包商完成。承包人有责任对这些工程小组或分包商及其负责的工程进行跟踪检查、协调关系，并提出意见、建议或警告，以确保工程总体质量和进度。对于专业分包商的工作和其负责的工程，总承包商有协调和管理的责任，并需承担可能由此导致的损失。因此，专业分包商的工作和负责的工程必须纳入总承包工程的计划和控制中，以防止因分包商工程管理失误而影响整体工程进展。

二、合同实施的偏差分析

通过进行合同跟踪，有可能发现合同实施中存在的偏差，即工程实施的实际情况偏离了工程计划和目标。在这种情况下，应该及时进行原因分析，并采取措施来纠正这些偏差，以避免潜在的损失。合同实施偏差分析涉及以下几个方面：

（1）产生偏差的原因分析：通过对合同执行实际情况与实施计划的对比分析，不仅可以发现合同实施的偏差，还可以深入探索引起这些差异的原因。原因分析可以采用鱼刺图、因果关系分析图（表）、成本量差、价差、效率差等方法，以定性或定量的方式进行。

（2）合同实施偏差的责任分析：分析导致合同偏差的原因是由谁引起的，以及应该由谁来承担责任。责任分析必须以合同为依据，按照合同规定明确双方的责任。

（3）合同实施趋势分析：针对合同实施偏差的情况，可以采取不同的措施，因此需要分析在不同措施下合同执行的结果和趋势。这包括最终的工程状况、总工期是否延误、总成本是否超支、质量标准的达成情况、生产能力（或功能要求）是否符合预期等方面的考虑。同时，需要评估承包商可能面临的后果，如罚款、清算，甚至诉讼，以及这些可能对承包商资信、企业形象和经营战略产生的影响，最终还需综合考虑工程的经济效益。

三、合同实施偏差处理

根据对合同实施偏差的分析结果，承包商应当采取相应的调整措施：

（1）组织措施：包括但不限于增加人员投入、调整人员安排、调整工作流程和工作计划等。

（2）技术措施：涵盖变更技术方案、采用新的高效率的施工方案等。

（3）经济措施：例如增加投入、采取经济激励措施等。

（4）合同措施：包括进行合同变更、签订附加协议、采取索赔手段等。

四、工程变更管理

工程变更通常指根据合同约定，在工程施工过程中对施工的程序、工程的内容、数量、质量要求及标准等做出的调整。

（一）工程变更的原因

（1）业主提出新的变更指令，要求对建筑进行新的调整，如业主有新的意图、修改项目计划、削减项目预算等。

（2）设计人员、监理方人员、承包商未能充分理解业主意图，或设计错误导致图纸修改。

（3）工程环境发生变化，预定的工程条件不准确，需要对实施方案或实施计划进行调整。

（4）新技术和知识的产生，需要改变原设计、原实施方案或实施计划，或因业主指令及业主责任导致承包商施工方案的变更。

（5）政府部门对工程提出新要求，例如国家计划变化、环境保护要求、城市规划变动等。

（6）由于合同实施问题，必须调整合同目标或修改合同条款。

（二）工程变更的范围

根据FIDIC施工合同条件，工程变更可能涉及以下方面：

（1）改变合同中所包括的任何工作的数量。

（2）改变任何工作的质量和性质。

（3）改变工程任何部分的标高、基线、位置和尺寸。

（4）删减任何工作，但要交由他人实施的工作除外。

（5）针对任何永久工程需要的附加工作、工程设备、材料或服务。

（6）修改工程的施工顺序或时间安排。

根据我国施工合同示范文本，工程变更包括设计变更和其他实质性内容的变更，其中设计变更包括：更改工程相关部分的标高、基线、位置和尺寸；增减合同中约定的工程量；改变有关工程的施工时间和顺序；其他有关工程变更需要的附加工作。

（三）工程变更的程序

根据统计，工程变更是索赔的主要起因。由于工程变更对工程施工过程影响很大，会造成工期的拖延和费用的增加，容易引起双方的争执，所以，要十分重视工程变更管理问题。一般工程施工承包合同中都有关于工程变更的具体规定。工程变更一般按照如下程序进行。

（1）提出工程变更。根据工程实施的实际情况，以下单位都可以根据需要提出工程变更：承包商、业主方、设计方。

（2）工程变更的批准。承包商提出的工程变更应该交予工程师审查并批准；由设计方提出的工程变更应该与业主协商或经业主审查并批准；由业主方提出的工程变更，涉及设计修改的应该与设计单位协商，并一般通过工程师发出。工程师发出工程变更的权力，一般会在施工合同中明确约定，通常在发出变更通知前应征得业主批准。

（3）工程变更指令的发出及执行。为了避免耽误工程，工程师和承包人就变更价格和工期补偿达成一致意见之前有必要先行发布变更指示，先执行工程变更工作，然后再就变更价格和工期补偿进行协商和确定。

工程变更指示的发出有两种形式：书面形式和口头形式。一般情况下要求用书面形式发布变更指示，如果由于情况紧急而来不及发出书面指示，承包人应该根据合同规定要求工程师书面认可。根据工程惯例，除非工程师明显超越合同权限，否则承包人应该无条件地执行工程变更的指示。即使工程变更价款没有确定，或者承包人对工程师答应给予付款的金额不满意，承包人也必须一边进行变更工作，一边根据合同寻求解决办法。

（四）工程变更的责任分析与补偿要求

根据工程变更的具体情况，可以分析确定工程变更的责任和费用补偿。

（1）由于业主要求、政府部门要求、环境变化、不可抗力、原设计错误等导致的设

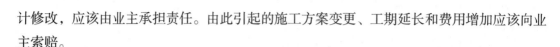

计修改，应该由业主承担责任。由此引起的施工方案变更、工期延长和费用增加应该向业主索赔。

（2）由于承包人在施工过程、施工方案中出现错误、疏忽而导致设计的修改，应该由承包人承担责任。

（3）施工方案变更需要经过工程师的批准，不论这种变更是否会对业主带来好处（如工期缩短、节约费用）。

由于承包人的施工过程、施工方案本身的缺陷而导致施工方案的变更，由此引起的费用增加和工期延长应该由承包人承担责任。在业主向承包人授标或签订合同前，可以要求承包人对施工方案进行补充、修改或做出说明，以符合业主的要求。在授标或签订合同后，业主为了加快工期、提高质量等要求变更施工方案，由此引起的费用增加可以向业主索赔。

第五节　建筑工程项目索赔管理

一、工程项目索赔的概念、原因和依据

（一）建设工程项目索赔的概念

"索赔"这个词已经变得越来越为人们所熟悉。索赔指在合同的履行过程中，一方因对方未能履行或未能正确履行合同规定的义务而遭受损失，因此向对方提出赔偿要求。然而，在承包工程中，对于承包商而言，索赔的范围更为广泛。通常只要不是承包商自身的责任，任何由外部干扰导致工期延长和成本增加的情况都有可能提出索赔。这包括以下两种情况。

（1）业主违约，未履行合同责任。例如，未按合同规定及时交付设计图纸导致工程拖延，或未及时支付工程款，承包商可以提出赔偿要求。

（2）业主未违反合同但有时也会有其他原因，例如业主行使合同赋予的权力指令变更工程，工程环境出现事先未能预料的情况或变化，例如恶劣的气候条件、与勘探报告不同的地质情况、国家法令的修改、物价上涨、汇率变化等。由此造成的损失，承包商可以提出补偿要求。

这两者在用词上有些差别，但处理过程和方法相同，从管理的角度可以将它们归为

索赔。

在实际工程中，索赔是双向的。业主向承包商提出索赔的可能性也存在。但通常业主的索赔金额较小，处理也较为方便。业主可以通过冲账、扣拨工程款、没收履约保函、扣保留金等方式实现对承包商的索赔。最常见、最具代表性、同时处理较为困难的是承包商向业主提出的索赔，因此，人们通常将其作为索赔管理的重点和主要对象。

（二）建筑工程项目索赔的要求

在建筑工程中，索赔要求通常包括以下两方面：

（1）合同工期的延长。承包合同中通常规定了工期的开始时间和持续时间，以及工程拖延的罚款条款。如果工程拖延是由于承包商管理不善造成的，承包商必须承担责任，并接受合同规定的处罚。然而，如果工期延长是由外界干扰引起的，承包商可以通过提出索赔来获得业主对合同工期延长的认可，从而在这个范围内免除合同处罚。

（2）费用补偿。当工程成本因非承包商自身责任而增加，导致承包商承担额外费用并遭受经济损失时，根据合同规定，承包商有权提出费用索赔要求。如果业主认可这一要求，业主应该追加支付这笔费用以补偿承包商的损失。这样一来，实际上承包商通过索赔不仅能够弥补损失，而且有可能增加工程利润。

（三）建设工程项目索赔的起因

相比于其他行业，建筑业是一个经常发生索赔的领域，这主要受到建筑产品、建筑生产过程及建筑产品市场经营方式的影响。在现代承包工程，尤其是国际承包工程中，索赔经常发生且数额巨大，其主要原因包括以下几点：

（1）现代承包工程的特征是工程量庞大、投资巨额、结构复杂、技术和质量要求高、工期长。工程本身和工程环境存在许多不确定性，这些因素在工程实施中会发生较大变化。其中常见的包括地质条件的变化、建筑市场和建材市场的波动、货币贬值、城建和环保部门提出新的建议和要求、自然条件的变化等。这些因素构成了对工程实施的内外部干扰，直接影响工程设计和计划，从而影响工期和成本。

（2）承包合同在工程开始前签署，是基于对未来情况的预测。对于如此复杂的工程和环境，合同无法对所有问题进行准确预见和规定，因此，合同中难免存在考虑不周全的条款、缺陷和不足之处，例如措辞不当、说明不清晰、存在歧义，技术设计也可能存在错误。这可能导致在合同实施中双方对责任、义务和权利产生争议，而这些争议往往与工期、成本和价格相关。

（3）业主要求的变化导致大量的工程变更，例如建筑的功能、形式、质量标准、实施方式和过程、工程量、工程质量的变化。业主管理的疏忽、未履行或未正确履行其合同责任也可能是导致工程变更的原因。合同工期和价格是以业主招标文件确定的要求为依据，同时以业主不干扰承包商实施过程、业主圆满履行其合同责任为前提。

（4）工程参与单位众多，各方面技术和经济关系错综复杂，相互联系且相互影响。各方技术和经济责任的界定往往难以明确。在实际工作中，管理上的失误是不可避免的，而一方的失误不仅会导致自身损失，还可能波及其他合作者，影响整个工程的实施。当然，总体上应按照合同原则平等对待各方利益，坚持"谁过失，谁赔偿"的原则。索赔是受损失者的正当权利。

（5）合同双方对合同理解的差异会导致工程实施中行为的不协调，从而造成工程管理失误。由于合同文件复杂、数量众多且难以分析，加上双方立场和角度的差异，会导致对合同权利和义务范围、界限的划定理解不一致，产生合同争议。

合同确定的工期和价格相对于投标时的合同条件、工程环境和实施方案即"合同状态"。由于上述内外部干扰因素引起"合同状态"中某些因素的变化，打破了"合同状态"，导致工期延长和额外费用增加。由于这些增量未包括在原合同工期和价格中，或承包商无法通过合同价格获得补偿，因此产生了索赔要求。这些原因在任何工程承包合同的实施过程中都是不可避免的，因此，无论采用何种合同类型，也无论合同多么完善，索赔都是不可避免的。承包商为了获得工程经济效益，必须重视研究索赔问题。

（四）建筑工程项目业主向承包商的索赔

1.索赔理由

承包商的违约情况多种多样，有时是全部或部分未履行合同，有时是未按期履行合同。一旦承包商的违约行为被监理工程师证实，业主可以依据合同规定的相应处理方式对承包商进行处罚。承包商的违约行为主要包括以下几方面：

（1）未按约递交履约保函。

（2）未按合同规定购买保险。

（3）由于承包商的责任导致工期延误。

（4）存在质量缺陷。承包商不仅需要按照监理工程师的指示自行承担修补缺陷的费用，还需对由质量缺陷给业主造成的损失负责。

（5）承包商未按监理工程师的指示及时将不合格材料运出工地，或者对出现的质量事故未能按期或无法修复。在这种情况下，业主必须自行派人或雇用他人完成相关工作，而相关费用应由承包商承担。

（6）承包商对所设计图纸负有设计责任。

（7）承包商因破产或严重违约而不得不终止合同。

（8）其他一些原因。

2.索赔处理方式

发生上述事件后，通常可以采取以下几种方法来补偿业主的损失：

（1）从应支付给承包商的中期进度款中扣除。

（2）从滞留金中扣除。滞留金是业主为防范不可预测事件而采取的一项保障措施，可用于支付因承包商责任导致的不合格工程的返工费用，解决与承包商相关的其他当事人提出的、承包商拒绝支付的款项，当然，在使用滞留金进行这种支付时，首先应与承包商进行协商，并获得其同意。相对于履约保函，滞留金的使用更为方便，因为履约保函通常只能在承包商严重违反合同的情况下才能使用。

（3）从履约保函中扣除或没收履约保函。

（4）如果承包商严重违反合同，给业主带来了即使采取上述各种措施也无法充分补偿的损失，业主还可以扣留承包商在现场的材料、设备、临时设施等财产作为补偿，或者按法律规定将其视为承包商的一种债务，并要求赔偿。

（五）建筑工程项目承包商向业主的索赔

投资项目涉及的内容复杂，在合同履行过程中，签订合同前没有考虑到的事件随时都可能发生，或多或少总会发生承包商要求索赔的事件。索赔大致可分为以下几种情况。

1.合同文件引起的索赔

合同文件的涵盖范围非常广泛，其中最主要的内容包括合同条件、技术规范说明等。一般来说，在图纸和规范方面的问题相对较少，但仍可能出现彼此不一致、补充与原图纸不一致，以及对技术规范的不同解释等情况。在索赔案例中，合同条件、工程量和价格表方面的问题较为常见。有关合同条件的索赔内容通常涉及以下两个方面。

（1）合同文件组成问题引起的索赔：合同是在投标后通过双方协商修改最终确定的。如果在修改过程中已经明确了投标前后承包商与业主或招标委员会之间的往来函件，并将其澄清后写入合同补遗文件并签署，就应当声明合同正式签署之前的所有往来文件均不再有效。如果忽略了这一声明，当信件内容与合同内容发生矛盾时，可能引发双方争议，从而导致索赔。例如，在双方签署的合同协议书中表明业主已接受承包商投标书中某处附有说明的条件，这些说明可能被视为索赔的依据。

（2）合同缺陷：合同缺陷表现为合同文件的不严密，甚至存在矛盾，以及合同中的遗漏或错误。这不仅包括商务条款中的缺陷，还包括技术规范和图纸中的缺陷。

2.因意外风险和不可预见因素引起的索赔

合同履行过程中，如果发生意外风险和无法预见的因素导致承包商遭受损失，承包商有权向业主请求获得赔偿。意外风险包括人力不可抗拒的自然灾害造成的损失和特殊风险事件两方面。

（1）人力不可抗拒的自然灾害：自然灾害造成的经济损失应向保险公司提出索赔。此外，承包商还有权要求业主延长工期，即提出"工期索赔"请求。

（2）特殊风险事件：在合同条件中规定的，应由业主承担责任的战争爆发等五种风险发生时可能导致严重后果。承包商不仅不对由此产生的人身伤亡和财产损失负责，反而有权获得已完成的永久工程及材料的付款、合理利润、中断施工的损失，以及所有修复费用和重建费用。如果特殊风险导致合同终止，承包商除了可以获得上述各项费用外，还有权获得撤离施工机具、设备的费用和合理的人员遣返费。

3.设计图纸或工作量表中的错误引起的索赔

交给承包商的投标文件中，图纸或工作量表有时难免存在错误。如果由于更正这些错误而导致费用增加或工期延长，承包商有权提出索赔。这些错误主要包括以下三种情况：

（1）设计图纸与工作量表中的要求不符：例如，设计图纸上某段混凝土的设计标号为250号，而工作量表中标明为200号，工程报价是按照工作量表计算的。如果按照图纸进行施工将导致成本增加。承包商在发现这个问题后应及时请监理工程师确认。

（2）现场条件与设计图纸要求相差较大，大幅增加了工作量：如果现场条件与设计图纸要求存在较大差异，从而显著增加了工作量，承包商应提出，并基于此向业主提出索赔。

（3）纯粹的工作量错误：即使是在固定总价合同下，如果工作量出现较大偏差，影响整个施工计划，承包商也应该得到补偿。

4.业主应负的责任引起的索赔

在项目实施过程中，有时业主会违约或其他事件导致其需承担部分责任，这可能引发承包商提出索赔要求。

（1）拖延提供施工场地：由于自然灾害或业主方面的原因，未能按期向承包商移交合格的、可直接进行施工的现场。承包商可提出将工期顺延的"工期索赔"或由于窝工而直接提出经济索赔。

（2）拖延支付应付款：承包商不仅要求支付应得款项，还有权索赔利息，因为业主对应支付款的拖延将影响承包商的资金周转。

（3）指定分包商违约：指定分包商未按照合同规定完成应承担的工作，影响了总承包商的工作。尽管总承包商理论上对所有分包商行为向业主负责，但实际情况较为复杂。总承包商可除了根据与指定分包商签订的合同索赔窝工损失外，还可向业主提出延长工期的索赔要求。

（六）建筑工程项目索赔的依据

（1）投标文件、施工合同文本及其附件，以及其他各类签约文件（如备忘录、修正案等），经认可的工程实施计划、各类工程图纸、技术规范等。这些索赔的基础可在索赔报告中直接引用。

（2）双方的来往信函及各种会谈纪要。在合同履行过程中，业主、监理工程师和承包商定期或不定期的会谈所做出的决议或决定是合同的补充，应作为合同的组成部分，但会谈纪要只有在经过各方签署后才可作为索赔的依据。

（3）进度计划和详细的进度安排，以及项目现场相关文件。进度计划和具体的进度安排以及现场相关文件是变更索赔的重要证据。

（4）气象资料、工程检查验收报告和各种技术鉴定报告，工程中断电、断水、道路开通和封闭的记录和证明。

（5）国家相关法律、法令、政策文件，官方物价指数、工资指数，各种会计核算资料，材料采购、订货、运输、进场使用方面的凭据。

可见，索赔需要有充分的证据支持，证据是索赔报告的重要组成部分。证据不足或缺乏证据将导致索赔无法成立。施工索赔是利用经济杠杆进行项目管理的有效手段，对承包商、业主和监理工程师而言，处理索赔问题的水平反映了项目管理水平的高低。由于索赔是合同管理的重要环节，也是计划管理的动力，更是挽回成本损失的重要手段，因此，随着建筑市场的建立和发展，索赔将成为项目管理中日益重要的议题。

二、建筑工程项目索赔的程序

建筑工程项目索赔处理程序应按以下步骤进行。从承包商提出索赔申请开始，到索赔事件的最终处理，大致可划分为以下五个阶段：

（1）第一阶段，承包商提出索赔申请。在合同实施过程中，凡非承包商责任导致项目拖期和成本增加事件发生后的28天内，必须以正式函件形式通知监理工程师，声明对此事项要求索赔，同时仍需遵照监理工程师的指令继续施工。逾期申报时，监理工程师有权拒绝承包商的索赔要求。正式提出索赔申请后，承包商应抓紧准备索赔的证据资料，包括事件的原因、对其权益影响的证据资料、索赔的依据，以及其他计算出的该事件影响所要求的索赔额和申请展延工期天数，并在索赔申请发出的28天内报出。

（2）第二阶段，监理工程师审核承包商的索赔申请。正式接到承包商的索赔信件后，监理工程师应立即研究承包商的索赔资料，在不确认责任归属的情况下，依据自己的同期记录资料客观分析事故发生的原因，重温有关合同条款，研究承包商提出的索赔证据。必要时还可以要求承包商进一步提交补充资料，包括索赔的更详细说明材料或索赔计算的依据。

（3）第三阶段，监理工程师与承包商谈判。双方各自根据对这一事件的处理方案进行友好协商，若能通过谈判达成一致意见，则该事件较容易解决。如果双方对该事件的责

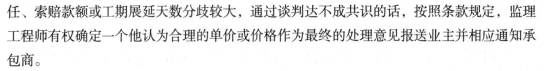

任、索赔款额或工期展延天数分歧较大，通过谈判达不成共识的话，按照条款规定，监理工程师有权确定一个他认为合理的单价或价格作为最终的处理意见报送业主并相应通知承包商。

（4）第四阶段，业主审批监理工程师的索赔处理证明。业主首先根据事件发生的原因、责任范围、合同条款审核承包商的索赔申请和监理工程师的处理报告，再根据项目的目的、投资控制、竣工验收要求，以及针对承包商在实施合同过程中的缺陷或不符合合同要求的地方提出反索赔方面的考虑，决定是否批准监理工程师的索赔报告。

（5）第五阶段，承包商是否接受最终的索赔决定。承包商同意了最终的索赔决定，这一索赔事件即告结束。若承包商不接受监理工程师的单方面决定或业主删减索赔或工期展延天数，就会导致合同纠纷。通过谈判和协调双方达成互让的解决方案是处理纠纷的理想方式。如果双方不能达成谅解就只能诉诸仲裁。

第八章　建筑工程项目进度管理

第一节　建筑工程项目进度管理基本概念

一、工程项目进度

（一）工程项目进度的概念

工程项目进度通常是指工程项目实施结果的进展情况。在工程项目实施过程中，要消耗时间（工期）、劳动力、材料、成本等才能完成项目的任务。项目实施结果应该通过项目任务的完成情况（如工程的数量）来表达。由于工程项目对象系统（技术系统）的复杂性，常常很难选定一个恰当的、统一的指标来全面反映工程的进度。有时时间和费用与计划都吻合，但工程实物进度（工作量）未达到目标，则后期就必须投入更多的时间和费用。

（二）工程项目进度控制

1.工程项目进度控制的概念和目的

工程项目进度控制是指对工程项目建设各阶段的工作内容、工作程序、持续时间和衔接关系根据进度总目标及资源优化配置的原则编制计划并付诸实施，然后在进度计划的实施过程中经常检查实际进度是否按计划要求进行，对出现的偏差情况进行分析，采取补救措施调整、修改原计划后再付诸实施，如此循环，直到建设工程竣工验收交付使用。

工程项目进度控制的最终目的是确保建设项目按预定的时间完工或提前交付使用，建筑工程进度控制的总目标是建设工期。

2.工程项目进度控制的任务

工程项目进度控制的任务包括设计准备阶段、设计阶段、施工阶段的任务。

（1）设计准备阶段的任务

①收集有关工期的信息，进行工期目标和进度控制决策；②编制工程项目总进度计划；③编制设计准备阶段详细工作计划，并控制其执行；④进行环境及施工现场条件的调查和分析。

（2）设计阶段的任务

①编制设计阶段工作计划，并控制其执行；②编制详细的出图计划，并控制其执行。

（3）施工阶段的任务

①编制施工总进度计划，并控制其执行；②编制单位工程施工进度计划，并控制其执行；③编制工程年、季、月实施计划，并控制其执行。

3.工程项目进度控制的措施

工程项目进度控制的措施包括组织措施、经济措施、技术措施、合同措施。

（1）组织措施

①建立进度控制目标体系，明确建设工程现场监理组织机构的进度控制人员及其职责分工；②建立工程进度报告制度及进度信息沟通网络；③建立进度计划审核制度和进度计划实施中的检查分析制度；④建立进度协调会议制度，包括协调会议举行的时间、地点，协调会议的参加人员等；⑤建立图纸审查、工程变更和设计变更管理制度。

（2）经济措施

①及时办理工程预付款及工程进度款支付手续；②对应急赶工给予优厚的赶工费用；③对工期提前给予奖励；④对工程延误收取误期损失赔偿金。

（3）技术措施

①审查承包人提交的进度计划，使承包人能在合理的状态下施工；②编制进度控制工作细则，指导监理人员实施进度控制；③采用网络计划技术及其他科学使用的计划方法，并结合电子计算机的应用，对建设工程进度实施动态控制。

二、工程项目进度管理

（一）工程项目进度管理的概念和目的

工程项目进度管理也称为工程项目时间管理，是在工程项目范围确定以后，为确保在规定时间内实现项目的目标、生成项目的产出物和完成项目范围计划所规定的各项工作活动而开展的一系列活动与过程。

工程项目进度管理是以工程建设总目标为基础进行工程项目的进度分析、进度计划及资源优化配置并进行进度控制管理的全过程，直至工程项目竣工并验收交付使用后结束。

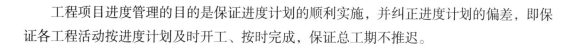

工程项目进度管理的目的是保证进度计划的顺利实施，并纠正进度计划的偏差，即保证各工程活动按进度计划及时开工、按时完成，保证总工期不推迟。

（二）工程项目进度管理的程序

（1）确定进度目标，明确计划开工日期、计划总工期和计划竣工日期，并确定项目分期分批的开工、竣工日期。

（2）编制施工进度计划，并使其得到各个方面如施工企业、业主、监理工程师的批准。

（3）实施施工进度计划，由项目经理部的工程部调配各项施工项目资源，组织和安排各工程队按进度计划的要求实施工程项目。

（4）施工项目进度控制，在施工项目部计划、质量、成本、安全、材料、合同等各个职能部门的协调下，定期检查各项活动的完成情况，记录项目实施过程中的各项信息，用进度控制比较方法判断项目进度完成情况，如进度出现偏差，则应调整进度计划，以实现项目进度的动态管理。

（5）阶段性任务或全部任务完成后，应进行进度控制总结，并编写进度控制报告。

（三）工程项目进度管理的目标

在确定工程项目进度管理目标时，必须全面、细致地分析与建筑工程进度有关的各种有利因素和不利因素，只有这样，才能制定一个科学、合理的进度管理目标。确定工程项目进度管理目标的主要依据有建筑工程总进度目标对施工工期的要求，工期定额、类似工程项目的实际进度，工程难易程度和工程条件的落实情况等。

确定工程项目进度目标应考虑以下几个方面：

（1）对于大型建筑工程项目，应根据尽早提供可动用单元的原则，集中力量分期分批建设，以便尽早投入使用，尽快发挥投资效益。这时为保证每一动用单元能形成完整的生产能力，就要考虑这些动用单元交付使用时所必需的全部配套项目。因此，要处理好前期动用和后期建设的关系、每期工程中主体工程与辅助及附属工程之间的关系等。

（2）结合本工程的特点，参考同类建设工程的经验来确定施工进度目标，避免只按主观愿望盲目确定进度目标，从而在实施过程中造成进度失控。

（3）考虑工程项目所在地区的地形、地质、水文、气象等方面的限制条件。

（4）考虑外部协作条件的配合情况。其中包括施工过程及项目竣工后所需的水、电、气、通信、道路及其他社会服务项目的满足程度和满足时间，它们必须与有关项目的进度目标相协调。

（5）合理安排土建与设备的综合施工。要按照它们各自的特点，合理安排土建施工与设备基础、设备安装的先后顺序及搭接、交叉或平行作业，明确设备工程对土建工程的要求和土建工程为设备工程提供施工条件的内容及时间。

（6）做好资金供应能力、施工力量配备、物资（材料、构配件、设备）供应能力与施工进度的平衡工作，确保满足工程进度目标的要求。

（四）工程施工项目进度管理体系

1.施工准备工作计划

施工准备工作的主要任务是为建设工程的施工创造必要的技术和物资条件，统筹安排施工力量和施工现场。

施工准备的工作内容通常包括技术准备、物资准备、劳动组织准备、施工现场准备和施工场外准备。为落实各项施工准备工作，加强检查和监督，应根据各项施工准备工作的内容、时间和人员，编制施工准备工作计划。

2.施工总进度计划

施工总进度计划是根据施工部署中施工方案和工程项目的开展程序，对全工地所有单位工程做出时间上的安排。

施工总进度计划在于确定各单位工程及全工地性工程的施工期限及开竣工日期，进而确定施工现场劳动力、材料、成品、半成品、施工机械的需要数量和调配情况，以及现场临时设施的数量、水电供应量及能源需求量等。科学、合理地编制施工总进度计划，是保证整个建设工程按期交付使用、充分发挥投资效益、降低建设工程成本的重要条件。

3.单位工程施工进度计划

单位工程施工进度计划是在既定施工方案的基础上，根据规定的工期和各种资源供应条件，遵循各施工过程的合理施工顺序，对单位工程中的各施工过程做出时间和空间上的安排，并以此为依据，确定施工作业所必需的劳动力、施工机具和材料供应计划。合理安排单位工程施工进度，是保证在规定工期内完成符合质量要求的工程任务的重要前提，也为编制各种资源需要量计划和施工准备工作计划提供依据。

4.分部、分项工程进度计划

分部、分项工程进度计划是针对工程量较大或施工技术比较复杂的分部、分项工程，在依据工程具体情况所制定的施工方案的基础上，对其各施工过程所做出的时间安排。

第二节 建筑工程项目进度计划的编制

一、工程项目进度计划

（一）工程项目进度计划的分类

1.按对象分类

项目进度计划按对象分类，包括建设项目进度计划、单项工程进度计划、单位工程进度计划和分部、分项工程进度计划等。

2.按项目组织分类

项目进度计划按项目组织分类，包括建设单位进度计划、设计单位进度计划、施工单位进度计划、供应单位进度计划、监理单位进度计划和工程总承包单位进度计划等。

3.按功能分类

项目进度计划按功能进行分类，包括控制性进度计划和实施性进度计划。

4.按施工时间分类

项目进度计划按施工时间分类，包括年度施工进度计划、季度施工进度计划、月度施工进度计划、旬施工进度计划和周施工进度计划。

（二）施工进度控制计划的内容和进度控制的作用

1.施工总进度计划包括的内容

（1）编制说明。主要包括编制依据、步骤、内容。

（2）施工进度总计划表。包括两种形式：一种为横道图；另一种为网络图。

（3）分期分批施工工程的开、竣工日期，工期一览表。

（4）资源供应平衡表。为满足进度控制而需要的资源供应计划。

2.单位工程施工进度计划包括的内容

（1）编制说明。主要包括编制依据、步骤、内容。

（2）进度计划图。

（3）单位工程进度计划的风险分析及控制措施。单位工程施工进度计划的风险分析及控制措施指施工进度计划由于其他不可预见的因素，如工程变更、自然条件和拖欠工程款等原因无法按计划完成时而采取的措施。

3.施工项目进度控制的作用

（1）根据施工合同明确开、竣工日期及总工期，并以施工项目进度总目标确定各分项目工程的开、竣工日期。

（2）各部门计划都要以进度控制计划为中心安排工作。计划部门提出月、旬计划，劳动力计划，材料部门调验材料、构建，动力部门安排机具，技术部门制定施工组织与安排等均以施工项目进度控制计划为基础。

（3）施工项目控制计划的调整。由于主客观原因或者环境原因出现了不必要的提前或延误的偏差，要及时调整纠正，并预测未来进度状况，使工程按期完工。

（4）总结经验教训。工程完工后要及时提供总结报告，通过报告总结控制进度的经验方法，对存在的问题进行分析，提出改进意见并及时改进，以利于以后的工作。

二、施工项目总进度计划

（一）施工项目总进度计划的编制依据

1.施工合同

施工合同包括合同工期、分期分批工期的开竣工日期，有关工期提前延误调整的约定等。

2.施工进度目标

除合同约定的施工进度目标外，承包人可能有自己的施工进度目标，用以指导施工进度计划的编制。

3.工期定额

工期定额作为一种行业标准，是在许多过去工程资料统计基础上得到的。

4.有关技术经济资料

有关技术经济资料包括施工地址、环境等资料。

5.施工部署与主要工程施工方案

施工项目进度计划在施工方案确定后编制。

6.其他资料

如类似工程的进度计划。

（二）施工项目总进度计划编制的基本要求

施工项目总进度计划是施工现场各项施工活动在时间上和空间上的体现。正确地编制施工项目总进度计划是保证各项目以及整个建设工程按期交付使用、充分发挥投资效益、降低建筑工程成本的重要条件。

（1）编制施工项目总进度计划是根据施工部署中的施工方案和施工项目开展的程序，对整个工地的所有施工项目做出时间和空间上的安排。其作用在于确定各个建筑物及其主要工种、分项工程、准备工作和全工地性工程的施工期限及开工和竣工的日期，从而确定建筑施工现场上劳动力、原材料、成品、半成品、施工机械的需要数量和调配情况，以及现场临时设施的数量、水电供应数量和能源、交通的需要数量等。

（2）编制施工项目总进度计划要求保证拟建工程在规定的期限内完成，发挥投资效益，并保证施工的连续性和均衡性，节约施工费用。

（3）根据施工部署中拟建工程分期分批的投产顺序，将每个系统的各项工程分别划出，在控制的期限内进行各项工程的具体安排。当建设项目的规模不大，各系统工程项目不多时，也可不按照分期分批投产顺序安排，而直接安排项目总进度计划。

（三）施工项目总进度计划的编制步骤

1.计算工程量

根据批准的工程项目一览表，按单位工程分别计算其主要实物工程量，工程量只需粗略地计算。工程量的计算可按初步设计（或扩大初步设计）图纸和有关定额手册或资料进行。常用的定额手册和资料有：

（1）每万元或每10万元投资工程量、劳动量及材料消耗扩大指标。

（2）概算指标和扩大结构定额。

（3）已建成的类似建筑物、构筑物的资料。

2.确定各单位工程的施工期限

各单位工程的施工期限应根据合同工期确定，同时还要考虑建筑类型、结构特征、施工方法、施工管理水平、施工机械化程度及施工现场条件等因素。

如果在编制施工总进度计划时没有合同工期，则应保证计划工期不超过工期定额。

3.确定各单位工程的开工、竣工时间和相互搭接关系

确定各单位工程的开工、竣工时间和相互搭接关系时主要应注意：

（1）尽量提前建设可供工程施工使用的永久性工程，以节省临时工程费用。

（2）急需和关键的工程先施工，以保证工程项目如期交工。对于某些技术复杂、施工周期较长、施工困难较多的工程，亦应安排提前施工，以利于整个工程项目按期交付使用。

（3）同一时期施工的项目不宜过多，以避免人力、物力过于分散。

（4）尽量做到均衡施工，以使劳动力、施工机械和主要材料的供应在整个工期范围内达到均衡。

（5）施工顺序必须与主要生产系统投入生产的先后次序相吻合。同时还要安排好配套工程的施工时间，以保证建成的工程能迅速投入生产或交付使用。

（6）注意主要工种和主要施工机械能连续施工。

（7）应注意季节对施工顺序的影响，不能因施工季节影响工期及工程质量。

（8）安排一部分附属工程或零星项目作为后备项目，用于调整主要项目的施工进度。

4.编制施工总进度计划

（1）编制初步施工总进度计划

施工总进度计划既可以用横道图表示，也可以用网络图表示。由于采用网络计划技术控制工程进度更加有效，因此人们更多地采用网络图来表示施工总进度计划。特别是电子计算机的广泛应用，为网络计划技术的推广和普及创造了更加有利的条件。

（2）编制正式施工总进度计划

初步施工总进度计划编制完成后，要对其进行检查。主要是检查总工期是否符合要求，资源使用是否均衡且其供应能否得到保证。如果出现问题，则应进行调整。调整的主要方法是改变某些工程的起止时间或调整主导工程的工期。如果是网络计划，则可以利用电子计算机分别进行工期优化、费用优化及资源优化。当初步施工总进度计划经过调整符合要求后，即可编制正式的施工总进度计划。正式的施工总进度计划确定后，应以此为依据编制劳动力、材料、大型施工机械等资源的需用量计划，以便组织供应，保证施工总进度计划的实现。

三、单位工程施工进度计划

（一）单位工程施工进度计划的编制依据

（1）项目管理目标责任。这个目标既不是合同目标，也不是定额工期，而是项目管理的责任目标，不但有工期，而且有开工时间和竣工时间。

（2）施工总进度计划。单位工程施工进度计划必须执行施工总进度计划中所要求的开工、竣工时间及工期安排。

（3）施工方案。施工方案对施工进度计划有决定性作用。施工顺序就是施工进度计划的施工顺序，施工方法直接影响施工进度。

（4）主要材料和设备的供应能力。施工进度计划编制的过程中，必须考虑主要材料和机械设备的能力。机械设备既影响所涉及项目的持续时间、施工顺序，又影响总工期。一旦进度确定，则供应能力必须满足进度的需要。

（5）施工人员的技术素质及劳动效率。施工人员技术素质的高低，影响着施工速度

和质量，施工人员技术素质必须满足规定要求。

（6）施工现场条件、气候条件、环境条件。

（7）已建成的同类工程的实际进度及经济指标。

（二）单位工程施工进度计划的编制要点

1.单位工程工作分解及其逻辑关系的确定

单位工程施工进度计划属于实时性计划，用于指导工程施工，所以其工作分解宜详细一些，一般要分解到分项工程，如屋面工程应进一步分解到找平层、隔气层、保温层、防水层等分项工程。工作分解应全面，不能遗漏，还应注意适当简化工作内容，避免分解过细、重点不突出。为避免分解过细，可考虑将某些穿插性分项工程合并到主要分项工程中去，如安装木门窗框可以并入砌墙工程，楼梯工程可以合并到主体结构各层钢筋混凝土工程。

对同一时间内由同一工程作业队施工的过程（不受空间及作业面限制的）可以合并，如工业厂房中的钢窗油漆、钢门油漆、钢支撑油漆、钢梯油漆合并为钢构件油漆一个工作；对于次要的、零星的分项工程可合并为"其他工程"；对于分包工程主要确定与施工项目的配合，可以不必继续分解。

2.施工项目工作持续时间的计算方法

施工项目工作持续时间的计算方法一般有经验估计法、定额计算法和倒排计划法几种。

（1）经验估计法

这种方法就是根据过去的经验进行估计，一般适用于采用新工艺、新技术、新结构、新材料等无定额可循的工程，先估计出完成该施工项目的最乐观时间、最保守时间和最可能时间三种施工时间，然后确定该施工项目的工作持续时间。

（2）定额计算法

这种方法就是根据施工项目需要的劳动量或机械台班量，以及配备的劳动人数或机械台数，来确定其工作持续时间。

（3）倒排计划法

倒排计划法是根据流水施工方式及总工期要求，先确定施工时间和工作班制，再确定施工班组人数或机械台数，如果计算出的施工人数或机械台数对施工项目来说过多或过少，应根据施工现场条件、施工工作面大小、最小劳动组合、可能得到的人数和机械等因素合理调整。如果工期太紧，施工时间不能延长，则可考虑组织多班组、多班制的施工。

3.单位工程施工进度计划的安排

首先找出并安排各个主要工艺组合，并按流水原理组织流水施工，将各个主要工艺组

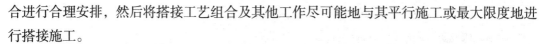

合进行合理安排，然后将搭接工艺组合及其他工作尽可能地与其平行施工或最大限度地进行搭接施工。

在主要工艺组合中，先找出主导施工过程，确定各项流水参数，对其他施工过程尽量采用相同的流水参数。

（三）单位工程施工进度计划的编制程序

1.研究施工图和有关资料并调查施工条件

认真研究施工图、施工组织总设计对单位工程进度计划的要求。

2.划分工作项目

工作项目是包括一定工作内容的施工过程，是施工进度计划的基本组成单元。工作项目内容的多少、划分的粗细程度，应该根据计划的需要来确定。对于大型建设工程，经常需要编制控制性施工进度计划，此时工作项目可以划分得粗一些，一般只明确到分部工程即可。

3.确定施工顺序

（1）确定施工顺序是为了按照施工的技术规律和合理的组织关系，解决各工作项目之间在时间上的先后和搭接问题，以达到保证质量、安全施工、充分利用空间、争取时间、实现合理安排工期的目的。

（2）一般来说，施工顺序受施工工艺和施工组织两方面的制约。当施工方案确定之后，工作项目之间的工艺关系也就随之确定。如果违背这种关系，将不可能施工，或者导致工程质量事故和安全事故的出现，或者造成返工浪费。

（3）不同的工程项目，其施工顺序不同。即使是同一类工程项目，其施工顺序也难以做到完全相同。因此，在确定施工顺序时，必须根据工程的特点、技术组织要求及施工方案等进行研究，不能拘泥于某种固定的顺序。

（4）计算工程量。工程量的计算应根据施工图和工程量计算规则，针对所划分的每一个工作项目进行。当编制施工进度计划时已有预算文件，且工作项目的划分与施工进度计划一致时，可以直接套用施工预算的工程量，不必重新计算。若某些项目有出入，但出入不大时，应结合工程的实际情况进行某些必要的调整。

（5）绘制施工进度计划图。绘制施工进度计划图，首先应选择施工进度计划的表达形式。目前，常用来表达建设工程施工进度计划的方法有横道图和网络图两种形式。

第三节 流水施工作业进度计划

一、流水施工概述

（一）流水施工的概念

流水施工是指所有施工过程按一定的时间间隔依次投入施工，各个施工过程陆续开工，陆续竣工，使同一施工过程的施工班组保持连续、均衡施工，不同的施工过程尽可能平行搭接施工的组织方式。

流水施工是一种科学、有效的工程项目施工组织方法，流水施工可以充分地利用工作时间和操作空间，减少非生产性劳动消耗，提高劳动生产率，保证工程施工连续、均衡、有节奏地进行，对提高工程质量、降低工程造价、缩短工期有着显著的作用。

（二）流水施工的优点

（1）专业化的生产可提高工人的技术水平，使工程质量相应提高。

（2）便于改善劳动组织，改进操作方法和施工机具，有利于提高劳动生产率。

（3）工人技术水平和劳动生产率的提高，可以减少用工量和施工临时设施的建造量，降低工程成本，提高利润水平。

（4）可以保证施工机械和劳动力得到充分、合理的利用。

（5）由于其工期短、效率高、用人少、资源消耗均衡，可以减少现场管理费和物资消耗，实现合理储存与供应，有利于提高项目经理部的综合经济效益。

（6）由于流水施工具有连续性，可减少专业工作的间隔时间，达到缩短工期的目的，并使拟建工程项目尽早竣工、交付使用发挥投资效益。

（三）流水施工原理的应用

流水施工是一种重要的施工组织方法，对施工进度与效益都有很大影响。

（1）在编制单位工程施工进度计划时，应充分运用流水施工原理进行组织安排。

（2）在组织流水施工时，应将施工项目中某些在工艺上和组织上有紧密联系的施工过程合并为一个工艺组合，一个工艺组合内的几项工作组织流水施工。

（3）一个单位工程可以归并成几个主要的工艺组合。

（4）不同的工艺组合通常不能平行搭接，必须待一个工艺组合中的大部分施工过程或全部施工过程完成之后，另一个工艺组合才能开始。

二、流水施工的基本组织方式

建筑工程的流水施工要有一定的节拍才能步调和谐，配合得当。流水施工的节奏是由流水节拍决定的。大多数情况下，各施工过程的流水节拍不一定相等，甚至一个施工过程本身在各施工段上的流水节拍也不相等。因此形成了不同节奏特征的流水施工。

（一）有节奏流水施工

有节奏流水施工是指同一施工过程在各施工段上的流水节拍都相等的流水施工方式。根据不同施工过程之间的流水节拍是否相等，有节奏流水施工分为固定节拍流水施工和成倍节拍流水施工。

1.固定节拍流水施工

固定节拍流水施工是指在有节奏流水施工中，各施工段的流水节拍都相等的流水施工，也称为等节奏流水施工或全等节拍流水施工。

2.成倍节拍流水施工

成倍节拍流水施工分为加快的成倍节拍流水施工和一般的成倍节拍流水施工。①加快的成倍节拍流水施工是指在组织成为节拍流水施工时，按每个施工过程流水节拍之间的比例关系，成立相应数量的专业工作队而进行的流水施工，也称为等步距异节奏流水施工。②一般的成倍节拍流水施工是指在组织成为节拍流水施工时，每个施工过程成立一个专业工作队，由其完成各施工段任务的流水施工，也称为异步距异节奏流水施工。

（二）非节奏流水施工

非节奏流水施工是流水施工中最常见的一种，指在组织流水施工时，全部或部分施工过程在各个施工段上的流水节拍不相等的流水施工方式。

三、流水施工的表达方式

（一）横道图

横道图又称甘特图、条形图。作为传统的工程项目进度计划编制及表示方法，它通过日历形式列出项目活动工期及其相应的开始和结束日期，为反映项目进度信息提供的一种标准格式。工程项目横道图一般在左边按项目活动（工作、工序或作业）的先后顺序列出

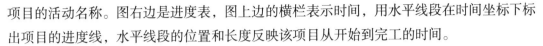

项目的活动名称。图右边是进度表，图上边的横栏表示时间，用水平线段在时间坐标下标出项目的进度线，水平线段的位置和长度反映该项目从开始到完工的时间。

横道图的编制方法如下：

1.根据施工经验直接安排的方法

这是根据经验资料及有关计算，直接在进度表上画出进度线的方法。这种方法比较简单实用，但施工项目多时，不一定能得到最优计划方案。其一般步骤是：先安排主导分部工程的施工进度，然后再将其余分部工程尽可能配合主导分部工程，最大限度地合理搭接起来，使其相互联系，形成施工进度计划的初步方案。在主导分部工程中，应先安排主导施工项目的施工进度，力求其施工班组能连续施工，其余施工项目尽可能与它配合、搭接或平行施工。

2.按工艺组合组织流水施工的方法

这种方法是将某些在工艺上有关系的施工过程归并为一个工艺组合，组织各工艺组合内部的流水施工，然后将各工艺组合最大限度地搭接起来组织流水施工。

（二）垂直图

垂直图中的横坐标表示流水施工的持续时间；纵坐标表示流水施工所处的空间位置，即施工段的编号；斜向线段表示施工过程或专业工作队的施工进度。

第四节 网络计划控制技术

一、网络计划应用

网络计划应用的基本概念如下。

（一）网络图

由箭头和节点组成的，用来表示工作流程的有向、有序的网状图形称为网络图。在网络图上加注工作时间参数而编成的进度计划，称为网络计划。

（二）基本符号

单代号网络图和双代号网络图的基本符号有两个，即箭线和节点。

箭线在双代号网络图中表示工作，在单代号网络图中表示工作之间的联系。节点在双代号网络图中表示工作之间的联系，在单代号网络图中表示工作。

在双代号网络图中还有虚箭线，它可以联系两项工作，同时分开两项没有关联的工作。

（三）线路

网络图中从起点节点开始，沿箭头方向顺序通过一系列箭线与节点，最后到达终点节点的通路称为线路。线路既可依次用该线路上的节点编号来表示，也可依次用该线路上的工作名称来表示。

（四）关键线路与关键工作

在关键线路法中，线路上所有工作的持续时间总和称为该线路的总持续时间。总持续时间最长的线路称为关键线路，关键线路的长度就是网络计划的总工期。

关键线路上的工作称为关键工作。在网络计划的实施过程中，关键工作的实际进度提前或拖后，均会对总工期产生影响。

（五）先行工作

相对于某工作而言，从网络图的第一个节点（起点节点）开始，顺箭头方向经过一系列箭线与节点到达该工作为止的各条通路上的所有工作，都称为该工作的先行工作。

（六）后续工作

相对于某工作而言，从该工作之后开始，顺箭头方向经过一系列箭线与节点到网络图最后一个节点（终点节点）的各条通路上的所有工作，都称为该工作的后续工作。

（七）平行工作

在网络图中，相对于某工作而言，可以与该工作同时进行的工作即为该工作的平行工作。

（八）紧前工作

在网络图中，相对于某工作而言，紧排在该工作之前的工作称为该工作的紧前工作。在双代号网络图中，工作与其紧前工作之间可能有虚工作存在。

（九）紧后工作

在网络图中，相对于某工作而言，紧排在该工作之后的工作称为该工作的紧后工作。在双代号网络图中，工作与其紧后工作之间也可能有虚工作存在。

二、网络计划

（一）双代号时标网络计划

1.概念

双代号时标网络计划（简称时标网络计划）必须以水平时间坐标为尺度表示工作时间。时标的时间单位应根据需要在编制网络计划之前确定，可以是小时、天、周、月或季度等。

2.表示方法

在时标网络计划中，以实箭线表示工作，实箭线的水平投影长度表示该工作的持续时间；以虚箭线表示虚工作，由于虚工作的持续时间为零，故虚箭线只能垂直画；以波形线表示工作与其紧后工作之间的时间间隔（以终点节点为完成节点的工作除外，当计划工期等于计算工期时，这些工作箭线中波形线的水平投影长度表示其自由时差）。

3.关键线路

时标网络计划中的关键线路可从网络计划的终点节点开始，逆着箭线方向进行判定。凡自始至终不出现波形线的线路即为关键线路。

（二）单代号搭接网络计划

1.概念

在网络计划中，只要其紧前工作开始一段时间后，即可进行本工作，而不需要等其紧前工作全部完成之后再开始，工作之间的这种关系称为搭接关系。为了简单、直接地表达工作之间的搭接关系，使网络计划的编制得到简化，便出现了搭接网络计划。

2.表示方法

搭接网络计划一般都采用单代号网络图的表示方法，即以节点表示工作，以节点之间的箭线表示工作之间的逻辑顺序和搭接关系。

3.搭接种类

搭接网络计划的搭接种类有结束到开始的搭接关系、开始到开始的搭接关系、结束到结束的搭接关系、开始到结束的搭接关系和混合搭接关系。

4.关键线路

从搭接网络计划的终点节点开始，逆着箭线方向依次找出相邻两项工作之间时间间隔为零的线路就是关键线路。关键线路上的工作即为关键工作，关键工作的总时差最小。

（三）多级网络计划

多级网络计划系统，是指由处于不同层级且相互有关联的若干网络计划组成的系统。在该系统中，处于不同层级的网络计划既可以进行分解，形成若干独立的网络计划；又可以进行综合，形成一个多级网络计划系统。

第五节　建筑工程项目进度计划的实施

一、工程项目进度计划实施的内容

实施施工进度计划，要做好三项工作：编制年、月、季、旬、周进度计划和施工任务书，通过班组实施；记录现场实际情况；落实、跟踪、调整进度计划。

（一）编制月、季、旬、周进度计划和施工任务书

（1）施工组织设计中的施工进度计划是按整个项目（或单位工程）编制的，带有一定的控制性，但还不能满足施工作业的要求。实际作业时按季、月、旬、周进度计划和施工任务书执行。

（2）作业计划除依据施工进度计划编制外，还应依据现场情况及季、月、旬、周的具体要求编制。计划以贯彻施工进度计划、明确当期任务及满足作业要求为前提。

（3）施工任务书是一份计划文件，也是一份核算文件，又是原始记录。它把作业计划下达到班组，并将计划执行与技术管理、质量管理、成本核算、原始记录、资源管理等融合为一体。

（4）施工任务书一般由工长以计划要求、工程数量、定额标准、工艺标准、技术要求、质量标准、节约措施、安全措施等为依据进行编制。

（5）施工任务书下达班组时，由工长进行交底。交底内容为：交任务、交操作规程、交施工方法、交质量、交安全、交定额、交节约措施、交材料使用、交施工计划、交奖罚要求等。交底时，应做到任务明确，报酬预知，责任到人。

（6）施工班组接到任务书后，应做好分工，安排完成，执行中要保质量、保进度、保安全、保节约、保工效提高。任务完成后，班组自检，在确认已经完成后，向工长报请验收。工长验收时查数量、查质量、查安全、查用工、查节约，然后回收任务书，交作业队登记结算。

（二）记录现场实际情况

在施工中，如实记载每项工作的开始日期、工作进程和完成日期，记录每日完成数量、施工现场发生的情况、干扰因素的排除情况，可为计划实施的检查、分析、调整、总结提供原始资料。

（三）落实、跟踪、调整进度计划

（1）检查作业计划执行中的问题，找出原因，并采取措施解决。

（2）督促供应单位按进度要求供应资料。

（3）控制施工现场临时设施的使用。

（4）按计划进行作业条件准备。

（5）传达决策人员的决策意图。

二、工程项目进度计划实施的基本要求

工程项目进度计划实施的基本要求有：

（1）经批准的进度计划，应向执行者进行交底并落实责任。

（2）进度计划执行者应制订实施方案。

（3）在实施进度计划的过程中应进行下列工作：①跟踪检查，收集实际进度数据；②将实际数据与进度计划进行对比；③分析计划执行的情况；④对产生的进度变化采取相应措施进行纠正或调整；⑤检查措施的落实情况；⑥进度计划的变更必须及时与有关单位和部门沟通。

三、实施施工进度计划应注意的事项

（1）在施工进度计划实施的过程中，应执行施工合同对开工及延期开工、暂停施工、工期延误及工程竣工的承诺。

（2）跟踪形象进度对工程量、产值及耗用人工、材料和机械台班等的数量进行统计，编制统计报表。

（3）实施好分包计划。

（4）处理好进度索赔。

四、施工项目进度计划的检查

（一）施工项目进度计划检查的内容

根据不同需要可对施工项目进度计划进行日检查或定期检查。检查的内容包括：

（1）进度管理情况。

（2）进度偏差情况。

（3）实际参加施工的人力、机械数量与计划数。

（4）检查期内实际完成和累计完成的工程量。

（5）窝工人数、窝工机械台班数及其原因分析。

（二）施工项目进度计划检查的方式

1.定期、经常地收集由承包单位提交的有关进度报表资料

项目施工进度报表资料不仅是对工程项目实施进度控制的依据，同时也是核对工程进度的依据。在一般情况下，进度报表格式由监理单位提供给施工承包单位，施工承包单位按时填写完后提交给监理工程师核查。报表的内容根据施工对象及承包方式的不同而有所区别，但一般应包括工作的开始时间、完成时间、持续时间、逻辑关系、实物工程量和工作量，以及工作时差的利用情况等。承包单位若能准确地填报进度报表，监理工程师就能从中了解到建设工程的实际进展情况。

2.由驻地监理人员现场跟踪检查建设工程的实际进展情况

为了避免施工承包单位超报已完工程量，驻地监理人员有必要进行现场实地检查和监督。可以每月或每半月检查一次，也可每旬或每周检查一次。如果在某一施工阶段出现不利情况，则需要每天检查。

3.召开现场会议

除上述两种方式外，由监理工程师定期组织现场施工负责人召开现场会议，也是获得工程项目实际进展情况的一种方式。通过面对面的交谈，监理工程师可以从中了解到施工过程中的潜在问题，以便及时采取相应的措施加以预防。

（三）施工项目进度计划检查的方法

进度计划的检查方法主要是对比法，即实际进度与计划进度对比，发现偏差则进行调整或修改计划。常用的检查比较方法有下列几种：

1.横道图比较法

横道图比较法是指将项目实施过程中检查实际进度收集到的数据，经加工整理后直接

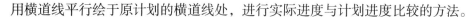

用横道线平行绘于原计划的横道线处，进行实际进度与计划进度比较的方法。

采用横道图比较法，可以形象、直观地反映实际进度与计划进度的比较情况。横道图比较法可分为以下两种方法：

（1）匀速进展横道图比较法

匀速进展是指在工程项目中，每项工作在单位时间内完成的任务量都是相等的，即工作的进展速度是均匀的。完成的任务量可以用实物工程量、劳动消耗量或费用支出表示。为了便于比较，通常用上述物理量的百分比表示。

采用匀速进展横道图比较法有如下步骤。①编制横道图进度计划。②在进度计划上标出检查日期。③将检查收集到的实际进度数据经加工整理后按比例用涂黑的粗线标于计划进度的下方。④对比分析实际进度与计划进度：a.如果涂黑的粗线右端落在检查日期左侧，表明实际进度拖后；b.如果涂黑的粗线右端落在检查日期右侧，表明实际进度超前；c.如果涂黑的粗线右端与检查日期重合，表明实际进度与计划进度一致。

应该指出，该方法仅适用于工作从开始到结束的整个过程中，其进展速度均为固定不变的情况。如果工作的进展速度是变化的，则不能采用这种方法进行实际进度与计划进度的比较，否则会得出错误结论。

（2）非匀速进展横道图比较法

当工作在不同单位时间里的进展速度不等时，累计完成的任务量与时间的关系就不可能是线性关系。此时，应采用非匀速进展横道图比较法进行工作实际进度与计划进度的比较。

采用非匀速进展横道图比较法的步骤如下。①编制横道图进度计划。②在横道线上方标出各主要时间工作的计划完成任务量累计百分比。③在横道线下方标出相应时间工作的实际完成任务量累计百分比。④用涂黑粗线标出工作的实际进度，从开始之日标起，同时反映出该工作在实施过程中的连续与间断情况。⑤通过比较同一时刻实际完成任务量累计百分比和计划完成任务量累计百分比，判断工作实际进度与计划进度之间的关系：a.如果同一时刻横道线上方累计百分比大于横道线下方累计百分比，表明实际进度拖后，拖欠的任务量为二者之差；b.如果同一时刻横道线上方累计百分比小于横道线下方累计百分比，表明实际进度超前，超前的任务量为二者之差；c.如果同一时刻横道线上下方两个累计百分比相等，表明实际进度与计划进度一致。

2.S形曲线比较法

S形曲线比较法是以横坐标表示进度时间，纵坐标表示累计完成任务量，绘制出一条按计划时间累计完成任务量的S形曲线，将施工项目的各检查时间实际完成的任务量与S形曲线进行实际进度与计划进度比较的一种方法。

从整个工程项目实际进展全过程来看，施工过程中单位时间投入的资源量一般是开始和结束时较少，中间阶段较多。与其相对应，单位时间完成的任务量也呈同样的变化规律。S形曲线比较法与横道图比较法不同，它不是在编制的横道图进度计划上进行实际进度。

随工程进展累计完成的任务量则应呈S形变化，因其形似英文字母"S"而得名。利用S形曲线比较法，同横道图一样，是在图上直观地将工程项目实际进度与计划进度进行比较。一般情况下，进度控制人员在计划实施前绘制出计划S形曲线，在项目实施过程中，按规定时间将检查的实际完成任务情况，绘制在与计划S形曲线的同一张图上，可得出实际进度S形曲线。

五、施工进度偏差分析

在建筑工程项目实施过程中，当通过实际进度与计划进度的比较，发现有进度偏差时，需要分析该偏差对后续工作及总工期的影响，从而采取相应的调整措施对原进度计划进行调整，以确保工期目标的顺利实现。进度偏差的大小及其所处的位置不同，对后续工作和总工期的影响程度是不同的，分析时需要利用网络计划中工作总时差和自由时差的概念进行判断。

（一）分析发生进度偏差的工作是否为关键工作

（1）在工程项目的施工过程中，若出现偏差的工作为关键工作，则无论偏差大小，都会对后续工作及总工期产生影响，必须采取相应的调整措施。

（2）若出现偏差的工作不是关键工作，需要根据偏差值与总时差和自由时差的大小关系，确定对后续工作和总工期的影响程度。

（二）分析进度偏差是否大于总时差

（1）在工程项目施工过程中，若工作的进度偏差大于该工作的总时差，说明此偏差必将影响后续工作和总工期，必须采取相应的措施予以调整。

（2）若工作的进度偏差小于或等于该工作的总时差，说明此偏差对总工期无影响，但它对后续工作的影响程度，需要根据比较偏差与自由时差的情况来确定。

（三）分析进度偏差是否大于自由时差

（1）在工程项目施工过程中，若工作的进度偏差大于该工作的自由时差，说明此偏差对后续工作有影响，该如何调整，应根据后续工作允许影响的程度而定。

（2）若工作的进度偏差小于或等于该工作的自由时差，则说明此偏差对后续工作无影响，因此，原进度计划可以不做调整。

六、施工进度计划的调整

（一）施工进度计划调整的要求

（1）使用网络计划进行调整，应利用关键线路。

（2）调整后编制的施工进度计划应及时下达。

（3）施工进度计划调整应及时有效。

（4）利用网络计划进行时差调整，调整后的进度计划要及时向班组及有关人员下达，防止继续执行原进度计划。

（二）施工进度计划调整的内容

施工进度计划根据施工进度计划检查结果进行调整，调整的内容包括：

（1）施工内容。

（2）工程量。

（3）起止时间。

（4）持续时间。

（5）工作关系。

（6）资源供应。

（三）施工进度计划调整的方法

（1）关键线路调整的方法。当关键线路的实际进度比计划进度提前时，首先要确定是否对原计划工期予以缩短。如果不缩短，可以利用这个机会降低资源强度或费用。方法是选择后续关键工作中资源占用量大的或直接费用高的予以延长，延长的长度不应超过已完成的关键工作提前的时间量。当关键线路的实际进度比计划进度落后时，计划调整任务是采取措施把失去的时间补回来。

（2）非关键线路调整的方法。时差调整的目的是更充分地利用资源，降低成本，满足施工需要。时差调整的幅度不得大于计划总时差值。

（3）增减工作项目。增减工作项目均不应打乱原网络计划总的逻辑关系。由于增减工作项目，只能改变局部的逻辑关系，此局部改变不影响总的逻辑关系。增加工作项目，只是对原遗漏或不具体的逻辑关系进行补充，减少工作项目，只是对提前完成的工作项目或者不应设置而设置了的工作项目予以删除。只有这样才是真正调整而不是"重编"。增减工作项目之后重新计算时间参数。

（4）逻辑关系调整。施工方法或组织方法改变之后，逻辑关系也应调整。

（5）持续时间的调整。原计划有误或实现条件不充分时，方可调整。调整的方法是更新估算。

（6）资源调整。资源调整应在资源供应发生异常时进行。所谓异常，是指因供应满足不了需要（中断或强度降低）而影响计划工期的实现。

第六节　建筑施工项目进度计划控制总结

施工进度计划完成后，项目经理部要及时进行施工进度计划控制总结。

一、施工进度计划控制总结的依据

（1）施工进度计划。

（2）施工进度计划执行的实际记录。

（3）施工进度计划检查结果。

（4）施工进度计划的调整自理资料。

二、施工进度计划控制总结的内容

（一）合同工期目标完成情况

合同工期主要指标计算式如下：

合同工期节约值=合同工期−实际工期

指令工期节约值=指令工期−实际工期

定额工期节约值=定额工期−实际工期

计划工期提前率=（计划工期−实际工期）/计划工期×100%

缩短工期的经济效益=缩短一天产生的经济效益×缩短工期天数

分析缩短工期的原因，大致从以下方面着手：计划周密情况、执行情况、控制情况、协调情况、劳动效率。

（二）资源利用情况

资源利用情况所使用的指标计算式如下：

单方用工=总用工数/建筑面积

劳动力不均衡系数=最高日用工数/平均日用工数

节约工日数=计划用工工日–实际用工工日

主要材料节约量=计划材料用量–实际材料用量

主要机械台班节约量=计划主要机械台班数–实际主要机械台班数

主要大型机械节约率=（各种大型机械计划费之和–实际费之和）/各种大型机械计划费之和×100%

资源节约的原因如下：计划积极可靠，资源优化效果好，按计划保证供应，认真制定并实施了节约措施，协调及时、省力。

（三）成本情况

成本情况主要指标计算式如下：

降低成本额=计划成本–实际成本

降低成本率=（降低成本额/计划成本额）×100%

节约成本的主要原因大致如下：计划积极可靠，成本优化效果好，认真制定并执行了节约成本措施，工期缩短，成本核算及成本分析工作效果好。

（四）施工进度控制经验

经验是指对成绩及其原因进行分析，为以后进度控制提供可借鉴的本质的、规律性的东西。分析进度控制的经验可以从以下几方面进行：

（1）编制什么样的进度计划才能取得较大效益。

（2）怎样优化计划更有实际意义。其中包括优化方法、目标、计算及电子计算机应用等。

（3）怎样实施、调整与控制计划。其中包括记录检查、调整、修改、节约、统计等措施。

（4）进度控制工作的创新。

（五）施工进度控制中存在的问题及分析

若施工进度控制目标没有实现，或在计划执行中存在缺陷，应对存在的问题进行分析，分析时既可以定量计算，也可以定性分析。对产生问题的原因也要从编制和执行计划中去找。问题要找清，原因要查明，不能解释不清。遗留问题要到下一控制循环中解决。

施工进度中一般存在工期拖后、资源浪费、成本浪费、计划变化太大等问题，其原因一般包括计划本身的原因、资源供应和使用中的原因、协调方面的原因和环境方面的原因。

三、施工项目进度计划控制总结的编制方法

（1）在总结之前进行实际调查，取得原始记录中没有的情况和信息。

（2）提倡采用定量的对比分析方法。

（3）在计划编制和执行中，应认真积累资料，为总结提供信息准备。

（4）召开总结分析会议。

（5）尽量采用计算机储存资料进行计算、分析与绘图，以提高总结分析的速度和准确性。

（6）总结分析资料要分类归档。

第九章 建筑工程质量检验

第一节 工程质量监督检验技术

一、工程质量监督检验技术的方法

对于现场所用原材料、半成品、工序过程或工程产品质量进行检验的技术，一般可分为三类，即目测法、量测法、试验法。

（一）目测法

目测法是凭借感官进行检查，也可以叫观测检验。这类方法主要是根据质量要求，采用看、摸、敲、照等手段对检查对象进行检查。所谓"看"，就是根据质量标准要求进行外观检查，例如清水墙表面是否洁净，喷涂的密实度和颜色是否良好、均匀，工人的施工操作是否正常，混凝土振捣是否符合要求等。所谓"摸"，就是通过触摸手感进行检查、鉴别，例如油漆的光滑度，浆活是否牢固不掉粉等。所谓"敲"，就是运用敲击方法进行音感检查，例如对拼镶木地板、墙面瓷砖、大理石镶贴、地砖铺砌等的质量均可通过敲击进行检查，根据声音虚实、脆闷判断有无空鼓等质量问题。所谓"照"，就是通过人工光源或反射光照射，仔细检查难以看清的部位。

（二）量测法

量测法就是利用量测工具或计量仪表，通过实际量测结果与规定的质量标准或规范的要求相对照，从而判断质量是否符合要求。量测的手法可归纳为靠、吊、量、套。所谓"靠"，就是指用直尺检查诸如地面、墙面的平整度等。所谓"吊"，就是指用托线锤检查垂直度。所谓"量"，就是指用量测工具或计量仪表等检查断面尺寸、轴线、标高、温度、湿度等数值并确定其偏差，例如大理石板拼缝尺寸与超差数量、摊铺沥青和料的温度

等。所谓"套"，就是指以方尺套方，辅以塞尺检查，诸如踢脚线的垂直度、预制构件的方正、门窗口及构件的对角线等。

（三）试验法

试验法是通过进行现场试验或实验室试验等理化试验手段，取得数据，分析判断质量情况。具体方法有理化试验和无损测试或检验。

1.理化试验

工程中常用的理化试验包括各种物理力学性能方面的检验和化学成分及含量的测定等两个方面。物理力学性能的检验：各种力学指标的测定，如抗拉强度、抗压强度、抗弯强度、抗折强度、冲击韧性、硬度、承载力等；各种物理性能方面的测定，如密度、含水量、凝结时间、安定性、抗渗、耐磨、耐热。各种化学方面的试验如化学成分及其含量的测定，以及耐酸、耐碱、抗腐蚀等。此外，必要时还可在现场通过诸如对桩或地基的现场静载试验或打试桩，确定其承载力。对混凝土现场取样，通过实验室的抗压强度试验，确定混凝土达到的强度等级，通过管道压水试验判断其耐压及抗渗情况等。

2.无损测试或检验

借助专门的仪器、仪表等手段探测结构物或材料、设备内部组织结构或损伤状态。这类检测仪器如超声波探伤仪、磁粉探伤仪、射线探伤、渗透液探伤等。它们一般可以在不损伤被探测物的情况下了解被探测物的质量情况。

二、质量检验程度的种类

按质量检验的程度，即检验对象被检验的数量划分，可分为以下几类：

（一）全数检验

全数检验也叫普遍检验，它主要是用于关键工序部位或隐蔽工程，以及那些在技术规程、质量检验验收标准或设计文件中有明确规定应进行全数检验的对象。总之，对于诸如规格、性能指标对工程的安全性、可靠性起决定作用的施工对象，质量不稳定的工序，质量水平要求高，对后继工序有较大影响的施工对象，不采取全数检验不能保证工程质量时，均需采取全数检验。例如，对安装模板的稳定性、刚度、强度，结构物轮廓尺寸等，对于架立的钢筋规格、尺寸、数量、间距、保护层，以及绑扎或焊接质量等均应采取全数检验。

（二）抽样检验

对于主要的建筑材料、半成品或工程产品等，由于数量大，通常采取抽样检验，即从

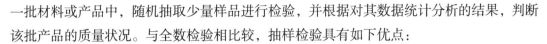

一批材料或产品中，随机抽取少量样品进行检验，并根据对其数据统计分析的结果，判断该批产品的质量状况。与全数检验相比较，抽样检验具有如下优点：

（1）检验数量少，比较经济；

（2）适用于需要进行破坏性试验（如混凝土抗压强度的检验）的检验项目；

（3）检验所需时间较少。

（三）免检

免检就是在某种情况下，可以免去质量检验过程。对于已有足够证据证明质量有保证的一般材料或产品，或实践证明其产品质量长期稳定、质量保证、资料齐全的，或是某些施工质量只有通过在施工过程中的严格质量监控，而质量检验人员很难对产品内在质量再作检验的，均可考虑采取免检。

第二节　土方工程质量检验

一、一般规定

（1）在土石方工程开挖施工前，应完成支护结构、地面排水、地下水控制、基坑及周边环境监测、施工条件验收和应急预案准备等工作的验收，合格后方可进行土石方开挖。

（2）在土石方工程开挖施工中，应定期测量和校核设计平面位置，边坡坡率和水平标高。平面控制桩和水准控制点应采取可靠措施加以保护，并应定期检查和复测。土石方不应堆在基坑影响范围内。

（3）土石方开挖的顺序、方法必须与设计工况和施工方案相一致，并应遵循"开槽支撑，先撑后挖，分层开挖，严禁超挖"的原则。

（4）平整后的场地表面坡率应符合设计要求，设计无要求时，沿排水沟方向的坡率不应小于2‰，平整后的场地表面应逐点检查。土石方工程的标高检查点为每100m²取1点，且不应少于10点；土石方工程的平面几何尺寸（长度、宽度等）应全数检查；土石方工程的边坡为每20m取1点，且每边不应少于1点。土石方工程的表面平整度检查点为每100m²取1点，且不应少于10点。

二、土方开挖

（1）施工前应检查支护结构质量、定位放线、排水和地下水控制系统，以及对周边影响范围内地下管线和建（构）筑物保护措施的落实，并应合理安排土方运输车辆的行走路线及弃土场。附近有重要保护设施的基坑，应在土方开挖前对围护体的止水性能通过预降水进行检验。

（2）施工中应检查平面位置、水平标高、边坡坡率、压实度、排水系统、地下水控制系统、预留土墩、分层开挖厚度、支护结构的变形，并随时观测周围环境变化。

（3）施工结束后应检查平面几何尺寸，水平标高、边坡坡率、表面平整度和基底土性等。

（4）临时性挖方工程的边坡坡率允许值应符合表9-1的规定或经设计计算确定。

表9-1 临时性挖方工程的边坡坡率允许值

序	土的类别		边坡坡率（高∶宽）
1	砂土	不包括细砂、粉砂	1∶1.25～1∶1.50
2	黏性土	坚硬 硬塑、可塑 软塑	1∶0.75～1∶1.00 1∶1.00～1∶1.25 1∶1.50～更缓
3	碎石类土	充填坚硬黏土、硬塑黏性土 充填砂土	1∶0.50～1∶1.00 1∶1.00～1∶1.50

注：①本表适用于无支护措施的临时性挖方工程的边坡坡率。

②设计有要求时，应符合设计标准。

③本表适用于地下水位以上的土层。采用降水或其他加固措施时，可不受本表限制，但应计算复核。

④一次开挖深度，软土不应超过4m，硬土不应超过8m。

土方开挖工程的质量检验标准应符合规定，如表9-2所示。

表9-2　土方开挖工程的质量检验标准

项	序	项目	允许偏差或允许值（mm）					检验方法
			桩基、基坑、基槽	挖方场地平整		管沟	地（路）面基层	
				人工	机械			
主控项目	1	标高	−50	±30	±50	−50	−50	水准仪
	2	长度、宽度（由设计中心线向两边量）	+200，−50	+300，−100	+500，−150	+100		经纬仪，用钢尺量
	3	边坡	设计要求					观察或用坡度尺检查
一般项目	1	表面平整度	20	20	50	20	20	用2m靠尺和楔形塞尺检查
	2	基地土性	设计要求					观察或土样分析

注：①地（路）面基层的偏差只适用于直接在挖方、填方上做地（路）面的基层。

②表9-2所列数值适用于附近无重要建筑物或重要公共设施，且基坑暴露时间不长的条件。

三、土石方回填

施工前应检查基底的垃圾、树根等杂物的清除情况，测量基底标高、边坡坡率，检查验收基础外墙防水层和保护层等。回填料应符合设计要求，并应确定回填料含水量控制范围、铺土厚度、压实遍数等施工参数。

施工中应检查排水系统，每层填筑厚度、碾迹重叠程度、含水量控制、回填土有机质含量、压实系数等。回填施工的压实系数应满足设计要求。当采用分层回填时，应在下层的压实系数经试验合格后进行上层施工。填筑厚度及压实遍数应根据土质、压实系数及压实机具确定。无试验依据时，应符合规定，如表9-3所示。

表9-3　填土施工时的分层厚度及压实遍数

压实机具	分层厚度（mm）	每层压实遍数
平碾	250～300	6～8
振动压实机	250～350	3～4
柴油打夯机	200～250	3～4
人工打夯	<200	3～4

施工结束后，应进行标高及压实系数检验。

填方工程质量检验标准应符合规定，如表9-4所示。

表9-4　填方工程质量检验标准

项	序	项目	允许偏差或允许值（mm）					检验方法
			桩基、基坑、基槽	挖方场地平整		管沟	地（路）面基层	
				人工	机械			
主控项目	1	标高	−50	±30	±50	−50	−50	水准仪
	2	分层压实系数	设计要求					按规定方法
一般项目	1	回填土料	设计要求					取样检查或直观鉴别
	2	分层厚度及含水量	设计要求					水准仪及抽样检查
	3	表面平整度	20	20	30	20	20	用靠尺或水准仪

对有密实度要求的填方，在夯实或压实后，要对每层回填土的质量进行检验，一般采用环刀取样测定土的干密度和密实度，或用小轻便触探仪直接通过锤击数来检验土的干密度和密实度，符合设计要求后，才能填筑上层土。填方密实后的干密度，应有90%以上符合设计要求。

土方回填质量检查资料包括验槽隐蔽验收记录、土工试验记录、回填土干密度试验记录、施工日记、自检记录、土方分项工程质量检验评定表等。

第三节　地基工程质量检验

一、一般规定

（1）地基工程的质量验收宜在施工完成并在间歇期后进行，间歇期应符合国家现行标准的有关规定和设计要求。

（2）平板静载试验采用的压板尺寸应按设计或有关标准确定。素土和灰土地基、砂和砂石地基、土工合成材料地基、粉煤灰地基、注浆地基、预压地基的静载试验的压板面积不宜小于1.0m²；强夯地基静载试验的压板面积不宜小于2.0m²。复合地基静载试验的压板尺寸应根据设计置换率计算确定。

（3）地基承载力检验时，静载试验最大加载量不应小于设计要求的承载力特征值的2倍。

（4）素土和灰土地基、砂和砂石地基、土工合成材料地基、粉煤灰地基、强夯地基、注浆地基、预压地基的承载力必须达到设计要求。地基承载力的检验数量每300m²不应少于1点，超过3 000m²部分每500m²不应少于1点，每单位工程不应少于3点。

（5）砂石桩、高压喷射注浆桩、水泥土搅拌桩、土和灰土挤密桩、水泥粉煤灰碎石桩、夯实水泥土桩等复合地基的承载力必须达到设计要求。复合地基承载力的检验数量不应少于总桩数的0.5%，且不应少于3点。有单桩承载力或桩身强度检验要求时，检验数量不应少于总桩数的0.5%，且不应少于3根。

（6）除本标准第（4）条和第（5）条指定的项目外，其他项目可按检验批抽样。复合地基中增强体的检验数量不应少于总数的20%。

（7）地基处理工程的验收，当采用一种检验方法检测结果存在不确定性时，应结合其他检验方法进行综合判断。

二、素土、灰土地基

（1）施工前应检查素土、灰土土料、石灰或水泥等配合比及灰土的拌合均匀性。

（2）施工中应检查分层铺设的厚度、夯实时的加水量、夯压遍数及压实系数。

（3）施工结束后，应进行地基承载力检验。

（4）素土、灰土地基的质量检验标准应符合规定，如表9-5所示。

表9-5　砂和砂石低级的质量检验标准

项	序	检查项目	允许偏差或允许值		检查方法
			单位	数值	
主控项目	1	地基承载力	不小于设计值		静载试验
	2	配合比	设计值		检查拌和时的体积比
	3	压实系数	不小于设计值		环刀法

续表

| 项 | 序 | 检查项目 | 允许偏差或允许值 | | 检查方法 |
			单位	数值	
一般项目	1	石灰粒径	%	≤5	筛析法
	2	土料有机质含量	%	≤5	灼烧减量法
	3	土颗粒粒径	mm	≤15	筛析法
	4	含水量	最优含水量±2%		烘干法
	5	分层厚度	mm	±50	水准测量

三、砂和砂石地基

施工前应检查砂、石等原材料质量和配合比及砂、石拌和的均匀性。

施工中应检查分层厚度、分段施工时搭接部分的压实情况、加水量、压实遍数、压实系数。

施工结束后，应进行地基承载力检验。

砂和砂石地基的质量检验标准应符合规定，如表9-6所示。

表9-6　砂和砂石地基的质量检验标准

| 项 | 序 | 检查项目 | 允许偏差或允许值 | | 检查方法 |
			单位	数值	
主控项目	1	地基承载力	不小于设计值		静载试验
	2	配合比	设计值		检查拌和时的体积比或质量比
	3	压实系数	不小于设计值		灌砂法、灌水法
一般项目	1	砂石料有机质含量	%	≤5	灼烧减量法法
	2	砂石料含泥量	%	≤5	水洗法
	3	砂石料粒径	mm	≤50	筛析法
	4	分层厚度	mm	±50	水准测量

四、土工合成材料地基

土工合成材料是由尼龙、涤纶、腈纶、丙纶等高分子化合物经加工后制成的各种产品，如土工织物、土工网、土工格栅、土工垫、土工格室等。土工合成材料地基是指在土工合成材料上填以土（砂土料）构成建筑物的地基，可以是单层或多层，一般为浅层地基。

施工前应检查土工合成材料的单位面积质量、厚度、比重、强度、延伸率以及土、砂石料质量等。土工合成材料以100m²为一批，每批应抽查5%。施工中应检查基槽清底状况、回填料铺设厚度及平整度、土工合成材料的铺设方向、接缝搭接长度或缝接状况、土工合成材料与结构的连接状况等。施工结束后，应进行地基承载力检验。

土工合成材料地基的质量检验标准应符合规定，如表9-7所示。

表9-7　土工合成材料地基的质量检验标准

项	序	检查项目	允许偏差或允许值		检查方法
			单位	数值	
主控项目	1	地基承载力	不小于设计值		静载试验
	2	土工合成材料强度	%	≥-5	拉伸试验（结果与设计标准相比）
	3	土工合成材料延伸率	%	≥-3	拉伸试验（结果与设计标准相比）
一般项目	1	土工合成材料搭接长度	mm	≥300	用钢尺量
	2	土石料有机质含量	%	≤5	灼烧减量法
	3	层面平整度	mm	±20	用2m靠尺
	4	分层厚度	mm	±25	水准测量

五、粉煤灰地基

粉煤灰地基是用粉煤灰压实而成的，粉煤灰材料可用电厂排放的硅铝型低钙粉煤灰。粉煤灰应分层摊铺，分层压实。粉煤灰地基在施工前应检查粉煤灰材料的质量。施工中应检查分层厚度、碾压遍数、施工含水量控制、搭接区碾压程度、压实系数等。施工结束后，应检验地基承载力。

粉煤灰地基的质量检验标准应符合规定，如表9-8所示。

表9-8　粉煤灰地基的质量检验标准

项	序	检查项目	允许偏差或允许值		检查方法
			单位	数值	
主控项目	1	压实系数	不小于设计值		环刀法
	2	地基承载力	不小于设计值		静载试验

续表

项	序	检查项目	允许偏差或允许值		检查方法
			单位	数值	
一般项目	1	一般项目粉煤灰粒径	mm	0.001~2.000	筛析法、密度计法
	2	氧化铝及二氧化硅含量	%	≥70	实验室试验
	3	烧失量	mm	≤12	灼烧减量法
	4	分层厚度	mm	±50	水准测量
	5	含水量（与）	最优含水量±4%		烘干法

六、强夯地基

强夯地基是利用夯锤（锤质量不小于8t）自由下落（落距不小于6m）产生的冲击能来夯实浅层填土地基，使表面形成一层较为均匀的硬层来承受上部荷载。

施工前应检查夯锤质量和尺寸、落距控制方法、排水设施及被夯地基的土质。施工中应检查夯锤落距、夯点位置、夯击范围、夯击击数、夯击遍数、每夯击沉量、最后两击的平均夯沉量、总夯沉量和夯点施工起止时间等。施工结束后，应进行地基承载力、地基土的强度、变形指标及其他设计要求指标检验。

强夯地基的质量检验标准应符合规定，如表9-9所示。

表9-9　强夯地基的质量检验标准

项	序	检查项目	允许偏差或允许值		检查方法
			单位	数值	
主控项目	1	地基承载力	不小于设计值		静载试验
	2	处理后地基土的强度	不小于设计值		原位测试
	3	变形指标	设计值		原位测试
一般项目	1	夯锤落距	mm	±300	钢索设标志
	2	夯锤质量	kg	±100	称重
	3	夯击遍数	不小于设计值		计数法
	4	夯击顺序	设计要求		检查施工记录
	5	夯击击数	不小于设计值		计数法
	6	夯点位置	mm	±500	用钢尺量

续表

项	序	检查项目	允许偏差或允许值		检查方法
			单位	数值	
一般项目	7	夯击范围 （超出基础范围距离）	设计要求		用钢尺量
	8	前后两遍间歇时间	设计值		检查施工记录
	9	前后两击平均夯沉量	设计值		水准测量
	10	场地平整度	mm	±500	水准测量

七、高压喷射注浆地基

高压喷射注浆地基是利用钻机把带有喷嘴的注浆管钻至土层的预定位置或先钻孔后将注浆管放在预定位置，用高压使浆液或水从喷嘴中射出，边旋转边喷射浆液，使土体与浆液搅拌混合成一固结体。高压喷射注浆有三种基本形式，即旋喷注浆（固结体为圆柱状或圆盘状）、定喷注浆（固结体为墙壁状）和摆喷注浆（固结体为扇状）。浆液中的水泥宜采用普通硅酸盐水泥，水泥浆液的水灰比可取1.0～1.5。

高压喷射注浆施工前应检查水泥、外掺剂等的质量，桩位，浆液配比，高压喷射设备的性能等，并应对压力表、流量表进行检定或校准。施工中应检查施工压力、水泥浆量、提升速度、旋转速度等施工参数及施工程序。施工结束后，应检验桩体的强度和平均直径，以及单桩与负荷地基的承载力等。

高压喷射注浆地基的质量检验标准应符合规定，如表9-10所示。

表9-10　高压喷射注浆地基的质量检验标准

项	序	检查项目	允许偏差或允许值		检查方法
			单位	数值	
主控项目	1	地基承载力	不小于设计值		静载试验
	2	单桩承载力	不小于设计值		静载试验
	3	水泥用量	不小于设计值		查看流量表
	4	桩长	不小于设计值		测钻杆长度
	5	桩身强度	不小于设计值		28d试块强度或钻芯法

续表

项	序	检查项目	允许偏差或允许值		检查方法
			单位	数值	
一般项目	1	水胶比	设计值		实际用水量与水泥等胶凝材料的重量比
	2	钻孔位置	mm	≤50	用钢尺量
	3	钻孔垂直度	≤1/100		经纬仪测钻杆
	4	桩位	mm	≤0.2D	开挖后桩顶下500mm处用钢尺量
	5	桩径	mm	≥ - 50	用钢尺量
	6	桩顶标高	不小于设计值		水准测量，最上部500mm浮浆层及劣质桩体不计入
	7	喷射压力	设计值		检查压力表读数
	8	提升速度	设计值		测机头上升距离及时间
	9	旋转速度	设计值		现场测定
	10	褥垫层夯填度	≤0.9		水准测量

八、水泥土搅拌桩复合地基

水泥土搅拌桩复合地基是利用水泥作为固化剂，通过搅拌机械将其与地基土强制搅拌，硬化后构成的地基。水泥固化剂掺入量宜为被加固土质量的7%～15%，搅拌桩施工到地面，开挖基坑时，应将上部质量较差的桩段挖去。

水泥土搅拌桩复合地基必须在施工机械上配置流量控制仪表，以保证一定的水泥用量。施工前应检查水泥及外掺剂的质量、桩位、搅拌机工作性能，并应对各种计量设备进行检定或校准。施工中应检查机头提升速度、水泥浆或水泥注入量、搅拌桩的长度及标高。施工结束后，应检验桩体的强度和直径以及单桩与复合地基的承载力。

水泥土搅拌桩地基的质量检验标准应符合规定，如表9-11所示。

表9-11　水泥土搅拌桩地基的质量检验标准

项	序	检查项目	允许偏差或允许值		检查方法
			单位	数值	
主控项目	1	复合地基承载力	不小于设计值		静载试验
	2	单桩承载力	不小于设计值		静载试验
	3	水泥用量	不小于设计值		查看流量计
	4	搅拌叶回转直径	mm	±20	用钢尺量

续表

项	序	检查项目	允许偏差或允许值		检查方法
			单位	数值	
主控项目	5	桩长	不小于设计值		测钻杆长度
	6	桩身强度	不小于设计值		28d试块强度或钻芯法
一般项目	1	水胶比	设计值		实际用水量与水泥等胶凝材料的重量比
	2	提升速度	设计值		测机头上升距离及时间
	3	下沉速度	设计值		测机头下沉距离及时间
	4	桩位	条基边桩沿轴线 垂直轴线 其他情况	≤1/4D ≤1/6D ≤2/5D	全站仪或用钢尺量
	5	桩顶标高	mm	±200	水准测量，最上部500mm浮浆层及劣质桩体不计入
	6	导向架垂直度	≤1/150		经纬仪测量
	7	褥垫层夯填度	≤0.9		水准测量

注：D 为设计桩径（mm）。

九、水泥粉煤灰碎石桩复合地基

水泥粉煤灰碎石桩复合地基是指用长螺旋钻机钻孔或沉管桩机成孔后，将水泥粉煤灰及碎石混合搅拌后，泵压或经下料斗投入孔内，构成密实的桩体。

施工前应对入场的水泥、粉煤灰、砂及碎石等原材料进行检验。施工中应检查桩身混合料的配合比、坍落度和成孔深度、混合料充盈系数等。施工结束后，应对桩体质量、单桩及复合地基承载力进行检验。

水泥粉煤灰碎石桩复合地基的质量检验标准应符合规定，如表9-12所示。

表9-12 水泥粉煤灰碎石桩复合地基的质量检验标准

项	序	检查项目	允许偏差或允许值		检查方法
			单位	数值	
主控项目	1	复合地基承载力	不小于设计值		静载试验
	2	单桩承载力	不小于设计值		静载试验
	3	桩长	不小于设计值		测桩管长度或用测绳测孔深

续表

项	序	检查项目	允许偏差或允许值		检查方法
			单位	数值	
主控项目	4	桩径	mm	+50, 0	用钢尺量
	5	桩身完整性	–		低应变检测
	6	桩身强度	不小于设计值		28d试块强度
一般项目	1	桩位	条基边桩沿 轴线 垂直轴线 其他情况	≤1/4D ≤1/6D ≤2/5D	全站仪或用钢尺量
	2	桩顶标高	mm	±200	水准测量，最上部500mm浮浆层 及劣质桩体不计入
	3	桩垂直度	≤1/100		经纬仪测桩管
	4	混合料坍落度	mm	160～220	坍落度仪
	5	混合料充盈系数	≥1.0		实际灌注量与理论灌注量的比
	6	褥垫层夯填度	≤0.9		水准测量

注：D为设计桩径（mm）。

十、夯实水泥土桩复合地基

施工前应对进场的水泥及夯实用土料的质量进行检验。施工中应检查孔位、孔深、孔径、水泥和土的配比及混合料含水量等。施工结束后，应对桩体质量、复合地基承载力及褥垫层夯填度进行检验。

夯实水泥土桩的质量检验标准应符合规定，如表9-13所示。

表9-13 夯实水泥土桩的质量检验标准

项	序	检查项目	允许偏差或允许值		检查方法
			单位	数值	
主控项目	1	复合地基承载力	不小于设计值		静载试验
	2	桩体填料平均压实系数	≥0.97		环刀法
	3	桩长	不小于设计值		用测绳测孔深
	4	桩身强度	不小于设计要求		28d试块强度

续表

项	序	检查项目	允许偏差或允许值		检查方法
			单位	数值	
一般项目	1	土料有机质含量	≤5%		灼烧减量法
	2	含水量	最优含水量±2%		烘干法
	3	土料粒径	mm	≤20	筛析法
	4	桩位	条基边桩沿轴线 垂直轴线 其他情况	≤1/4D ≤1/6D ≤2/5D	全站仪或用钢尺量
	5	桩径	mm	+50，0	用钢尺量
	6	桩顶标高	mm	±200	水准测量，最上部500mm浮浆层及劣质桩体不计入
	7	桩孔垂直度	≤1/100		经纬仪测桩管
	8	褥垫层夯填度	≤0.9		水准测量

注：D为设计桩径（mm）。

第四节　桩基础工程质量检验

一、概述

桩基础工程的桩位验收，除设计有规定外，应按下述要求进行：

（1）当桩顶设计标高与施工现场标高相同时，或桩基施工结束后有可能对桩位进行检查时，桩基础工程的验收应在施工结束后进行。

（2）当桩顶设计标高低于施工场地标高，送桩后无法对桩位进行检查时，对打入桩可在每根桩桩顶沉至场地标高时，进行中间验收，待全部桩施工结束，承台或底板开挖到设计标高后，再做最终验收。对灌注桩可对护筒位置做中间验收。

桩位的放样允许偏差为：群桩20mm，单排桩10mm。

工程桩的承载力检验时，对于地基基础设计等级为甲级或地质条件复杂、成桩质量可靠性低的灌注桩，应采用静载荷试验的方法进行检验，检验桩数不应少于总数的1%，且不应少于3根，当总桩数不少于50根时，不应少于2根。承载力检验不仅是检验施工的质量，且也能检验设计是否达到工程的要求。因此，施工前的试桩如没有破坏又用于实际工程中应可作为验收的依据。非静载荷试验桩的数量，可按国家现行行业标准《建筑工程基桩检测技术规范》（JGJ 106-2014）的规定。

桩身质量检验时，对地基基础设计等级为甲级或地质条件复杂、成桩质量可靠性低的灌注桩，抽检数量不应少于总数的30%，且不应少于20根；其他桩基工程的抽检数量不应少于总数的20%，且不应少于10根；对混凝土预制桩及地下水位以上且终孔后经过核验的灌注桩，检验数量不应少于总桩数的10%，且不得少于10根。每个柱子承台下不得少于1根。打入预制桩的质量容易控制，问题也较易被发现，抽查数可较灌注桩少。

二、静力压桩

静力压桩的方法较多，有锚杆静压、液压千斤顶加压、绳索系统加压等，凡非冲击力沉桩均按静力压桩考虑。锚杆静压是利用锚杆将桩分节压入土层中的沉桩工艺。

施工前应对成品桩（锚杆静压成品桩一般均由工厂制造，运至现场堆放）作外观及强度检验，接桩用的焊条或半成品硫黄胶泥应有产品合格证书，或送有关部门检验。压桩用压力表、锚杆规格及质量也应进行检查，硫黄胶泥半成品应每100kg做一组试件（3件）。压桩过程中应检查压力、桩垂直度、接柱间歇时间、桩的连接质量及压入深度，重要工程应对电焊接桩的接头作10%的探伤检查。施工结束后，应进行桩的承载力及桩体质量检验。

三、先张法预应力管桩

先张法预应力管桩均为在工厂生产后运到现场用锤出方法施打进行沉桩，工厂生产时的质量检验应由生产单位负责，但运入工地后，打桩单位有必要对外观尺寸进行检验并检查产品合格证书。

施工前应检查进入现场的成品桩、接桩用电焊条等产品质量。施工过程中应检查桩的贯入情况、桩顶完整状况，电焊接桩质量、桩体垂直度、电焊后的停歇时间。重要工程应对电焊接头作10%的焊缝探头检查。电焊后应有一定间歇时间，不能焊完即锤击，这样容易使接头损伤。对重要工程应对接头作X光拍片检查。施工结束后，应进行承载力检验及桩体质量检验，可检查桩体是否被打裂、电焊接头是否完整。

四、混凝土预制桩

混凝土预制桩可在工厂生产，也可在现场支模预制。桩在现场预制时，应对原材料、钢筋骨架混凝土强度进行检查，预制桩钢筋骨架的质量检验标准应符合《建筑地基工程施工质量验收标准》（GB 50202-2018）中的相关规定。采用工厂生产的成品桩时，虽有产品合格证书，但在运输过程中容易碰坏，成品桩进场后应进行外观及尺寸检查。

施工中应对桩体垂直度、沉桩情况、桩顶完整状况、接桩质量等进行检查，对于电焊接桩，经常发生接桩时电焊质量较差，接头在锤击过程中断开，尤其接头对接的两端面不平整，电焊更不容易保证质量，对重要工程做X光拍片检查是完全必要的，重要工程应进行10%的焊缝探伤检查。施工结束后，应对承载力及桩体质量做检验。对长桩或总锤击数超过500击的锤击桩，应符合桩体强度及28天龄期的两项条件才能锤击。

五、混凝土灌注桩

混凝土灌注桩的质资检验应较其他桩种严格，因为其工艺较复杂，工程事故也较多。混凝土灌注桩施工前应对水泥、砂、石子（如现场搅拌）、钢材等原材料进行检查，粗骨料选用卵石或碎石，含泥量应予以控制。粗骨料粒径用沉管成孔时不宜大于50mm，用泥浆护壁时不宜大于40mm，并不得大于钢筋净距的1/3。对于混凝土灌注桩，粗骨料粒径不得大于桩径的1/4，并不宜大于70mm。细骨料选用中、粗砂，含泥量应予以控制。当灌注桩采用水下浇筑混凝土时，严禁选用快硬水泥作胶凝材料。材料进场时应有出厂质量证明书，材料到达施工现场后，取样复试合格后才能用于工程。

对施工组织设计中制定的施工顺序、监测手段（包括仪器、方法）也应进行检查。施工中应对成孔、清孔、放置钢筋笼，灌注混凝土等进行全过程检查。人工挖孔桩一般对持力层有要求，尚应复验孔底持力层土（岩）性。嵌岩桩必须有柱端持力层的岩性报告。沉渣厚度应在钢筋笼放入后混凝土浇筑前测定，沉渣厚度应是二次清孔后的结果。沉渣厚度的检查目前均用重锤，有些地方用较先进的沉渣仪，这种仪器应预先作标定。施工结束后，应检查混凝土强度，并应进行桩体质量及承载力的检验。

灌注桩的钢筋笼有时在现场加工，不是在工厂加工完后运到现场。

第五节 基坑工程质量检验

一、一般规定

基坑支护结构施工前应对放线尺寸进行校核，施工过程中应根据施工组织设计复核各项施工参数，施工完成后宜在一定养护期后进行质量验收。围护结构施工完成后的质量验收应在基坑开挖前进行，支锚结构的质量验收应在对应的分层土方开挖前进行，验收内容应包括质量和强度检验、构件的几何尺寸、位置偏差及平整度等。基坑开挖过程中，应根据分区分层开挖情况及时对基坑开挖面的围护墙表观质量，支护结构的变形、渗漏水情况以及支撑竖向支承构件的垂直度偏差等项目进行检查。除强度或承载力等主控项目外，其他项目应按检验批抽取。基坑支护工程验收应以保证支护结构安全和周围环境安全为前提。

二、排桩

灌注桩排桩和截水帷幕施工前，应对原材料进行检验。

灌注桩施工前应进行试成孔，试成孔数量应根据工程规模和场地地层特点确定，且不宜少于2个。

灌注桩排桩施工中应加强过程控制，对成孔、钢筋笼制作与安装、混凝土灌注等各项技术指标进行检查验收。

灌注桩排桩应采用低应变法检测桩身完整性，检测桩数不宜少于总桩数的20%，且不得少于5根。采用桩墙合一时，低应变法检测桩身完整性的检测数量应为总桩数的100%；采用声波透射法检测的灌注桩排桩数量不应低于总桩数的10%，且不应少于3根。当根据低应变法或声波透射法判定的桩身完整性为Ⅲ类、Ⅳ类时，应采用钻芯法进行验证。

灌注桩混凝土强度检验的试件应在施工现场随机抽取。灌注桩每浇筑50m²必须至少留置1组混凝土强度试件，单桩不足50m²的桩，每连续浇筑12小时必须至少留置1组混凝土强度试件。

有抗渗等级要求的灌注桩尚应留置抗渗等级检测试件，一个级配不宜少于3组。

基坑开挖前截水帷幕的强度指标应满足设计要求，强度检测宜采用钻芯法。截水帷幕采用单轴水泥土搅拌桩、双轴水泥土搅拌桩、三轴水泥土搅拌桩高压喷射注浆时，取芯数量不宜少于总桩数的1%，且不应少于3根。截水帷幕采用渠式切割水泥土连续墙时，取芯数量宜沿基坑周边每50延米取1个点，且不应少于3个。

三、板桩围护墙及咬合桩围护墙

（1）板桩围护墙。板桩围护墙施工前，应对钢板桩或预制钢筋混凝土板桩的成品进行外观检查。

（2）咬合桩围护墙。施工前，应对导墙的质量和钢套管顺直度进行检查。

施工过程中应对桩成孔质量、钢筋笼的制作、混凝土的坍落度进行检查。

四、型钢水泥土搅拌墙

型钢水泥土搅拌墙施工前，应对进场的H型钢进行检验。

焊接H型钢焊缝质量应符合设计要求和国家现行标准《钢结构焊接规范》（GB 50661-2011）和《焊接H型钢》（YB 3301-2005）的规定。

基坑开挖前应检验水泥土桩（墙）体的强度，强度指标应符合设计要求。墙体强度宜采用钻芯法确定，三轴水泥土搅拌桩抽检数量不应少于总桩数的2%，且不得少于3根；渠式切割水泥土连续墙抽检数量每50延米不应少于1个取芯点，且不得少于3个。

型钢水泥土搅拌墙中三轴水泥土搅拌桩和渠式切割水泥土连续墙的质量检验应符合《建筑地基基础工程施工质量验收标准》（GB 50202-2018）中的相关规定，内插型钢的质量检验应符合其规定。

五、土钉墙

土钉墙支护工程施工前应对钢筋、水泥砂石、机械设备性能等进行检验。

土钉墙支护工程施工过程中应对放坡系数、土钉位置、土钉孔直径、深度及角度，土钉杆体长度，注浆配比、注浆压力及注浆量，喷射混凝土面层厚度、强度等进行检验。

土钉应进行抗拔承载力检验，检验数量不宜少于土钉总数的1%，且同一土层中的土钉检验数量不应少于3根。

复合土钉墙的质量检验应符合下列规定：

（1）复合土钉墙中的预应力锚杆，应按GB 50202-2018中的相关规定进行抗拔承载力检验；

（2）复合土钉墙中的水泥土搅拌桩或旋喷桩用作截水帷幕时，应按GB 50202-2018中的相关规定进行质量检验。

六、地下连续墙

施工前应对导墙的质量进行检查。

施工中应定期对泥浆指标钢筋笼的制作与安装、混凝土的坍落度、预制地下连续墙墙段安放质量、预制接头、墙底注浆、地下连续墙成槽及墙体质量等进行检验。

兼作永久结构的地下连续墙，其与地下结构底板、梁及楼板之间连接的预埋钢筋接驳器应按原材料检验要求进行抽样复验，取每500套为一个检验批，每批应抽查3件，复验内容为外观、尺寸、抗拉强度等。

混凝土抗压强度和抗渗等级应符合设计要求。墙身混凝土抗压强度试块每100m³混凝土不应少于1组，且每幅槽段不应少于1组，每组为3件；墙身混凝土抗渗试块每5幅槽段不应少于1组，每组为6件。作为永久结构的地下连续墙，其抗渗质量标准可按现行国家标准《地下防水工程质量验收规范》（GB 50208-2011）的规定执行。

作为永久结构的地下连续墙墙体施工结束后，应采用声波透射法对墙体质量进行检验，同类型槽段的检验数量不应少于10%，且不得少于3幅。

七、重力式水泥土墙、土体加固、内支撑及锚杆

（一）重力式水泥土墙

水泥土搅拌桩施工前应检查水泥及掺合料的质量搅拌桩机性能及计量设备完好程度。

水泥土搅拌桩的桩身强度应满足设计要求，强度检测宜采用钻芯法。取芯数量不宜少于总桩数的1%，且不得少于6根。

基坑开挖期间应对开挖面桩身外观质量及桩身渗漏水等情况进行质量检查。

（二）土体加固

在基坑工程中设置被动区土体加固、封底加固时，土体加固的施工检验应符合本节所提到的规定。

采用水泥土搅拌桩高压喷射注浆等土体加固的桩身强度应满足设计要求，强度检测宜采用钻芯法。取芯数量不宜少于总桩数的0.5%，且不得少于3根。

注浆法加固结束28天后，宜采用静力触探、动力触探、标准贯入等原位测试方法对加固土层进行检验。检验点的位置应根据注浆加固布置和现场条件确定，每200m²检测数量不应少于1点，且总数量不应少于5点。

（三）内支撑

内支撑施工前，应对放线尺寸、标高进行校核。对混凝土支撑的钢筋和混凝土、钢支撑的产品构件和连接构件以及钢立柱的制作质量等进行检验。

施工中应对混凝土支撑下垫层或模板的平整度和标高进行检验。

施工结束后，对应的下层土方开挖前应对水平支撑的尺寸、位置、标高、支撑与围护结构的连接节点、钢支撑的连接节点和钢立柱的施工质量进行检验。

（四）锚杆

锚杆施工前应对钢绞线、锚具、水泥、机械设备等进行检验。

锚杆施工中应对锚杆位置，钻孔直径、长度及角度，锚杆杆体长度，注浆配比、注浆压力及注浆量等进行检验。

锚杆应进行抗拔承载力检验，检验数量不宜少于锚杆总数的5%，且同一土层中的锚杆检验数量不应少于3根。

八、与主体结构相结合的基坑支护

与主体结构外墙相结合的灌注排桩围护墙、咬合桩围护墙和地下连续墙的质量检验应按标准GB 50202-2018中的相关规定执行。

结构水平构件施工应与设计工况一致，施工质量检验应符合现行国家标准《混凝土结构工程施工质量验收规范》（GB 50204-2015）和《钢结构工程施工质量验收规范》（GB 50205-2020）的规定。

支承桩施工结束后，应采用声波透射法、钻芯法或低应变法进行桩身完整性检验，以上三种方法的检验总数量不应少于总桩数的10%，且不应少于10根。

钢管混凝土支承柱在基坑开挖后应采用低应变法检验柱体质量，检验数量应为100%。当发现立柱有缺陷时，应采用声波透射法或钻芯法进行验证。

第六节　地下防水工程质量检验

一、概述

地下防水工程是指对工业与民用建筑地下工程、防护工程、隧道及地下铁道等建（构）筑物，进行防水设计、防水施工和维护管理等各项技术工作的工程实体。

地下工程的防水应包括两部分的内容：一是主体防水，二是细部构造防水。目前，主体采用防水混凝土结构自防水的效果尚好，而细部构造（施工缝、变形缝、后浇带、诱导缝）的渗漏水现象最为普遍，工程界有所谓"十缝九漏"之称。

施工前，施工单位应进行图纸会审，掌握工程主体及细部构造的防水技术要求，对地下防水工程的各工序应按企业标准进行质量控制，并编制防水工程的施工方案或技术措施。

地下防水工程必须由相应资质的专业防水队伍进行施工，施工人员必须经过理论与实际施工操作的培训，并持有建设行政主管部门或其指定单位颁发的执业资格证书或上岗证。

地下防水工程所使用的防水材料，应有产品合格证书和性能检测报告，材料的品种、规格、性能等应符合现行国家产品标准和设计要求。对进场的防水材料应按规定抽样复验，并提出试验报告；对进场的主要建筑材料应由监理人员（建设单位）与施工人员共同取样，并送至有资质的实验室进行试验，实行见证取样、送样制度，不合格的材料不得在工程中使用。

地下防水工程的施工，应建立各道工序的自检、交接检和专职人员检查的"三检"制度，并有完整的检查记录。未经建设（监理）单位对上一道工序的检查确认，不得进行下一道工序的施工。

地下防水工程施工期间，明挖法的基坑以及暗挖法的竖井、洞口，必须保持地下水位稳定在基底0.5m以下，必要时应采取降水措施。地下防水工程的防水层严禁在雨天、雪天和5级风及其以上时施工，其施工环境气温条件应符合规定，如表9-14所示。

表9-14　防水层的施工环境气温条件

防水层材料	施工环境气温
高聚物改性沥青防水卷材	冷粘法不低于5℃，热熔法不低于 - 10℃
合成高分子防水卷材	冷粘法不低于5℃，热焊接法不低于 - 10℃
有机防水涂料	溶剂型 - 5～35℃，水溶性5～35℃
无机防水涂料	5～35℃
防水混凝土、水泥砂浆	5～35℃

二、地下工程的防水等级和设防要求

（一）地下工程的防水等级

防水等级是指根据地下工程的重要性和使用中对防水的要求，所确定结构允许渗漏水量的等级标准。我国将地下工程防水等级标准划分为四个等级，主要是根据国内工程调查资料和参考国外有关规定，并结合地下工程不同的使用要求和我国实际情况，按允许渗漏水量来确定的，各级标准应符合规定，如表9-15所示。

表9-15　地下工程防水等级标准

防水等级	标准
1级	不允许渗水，结构表面无湿渍
2级	不允许渗水，结构表面可有少量湿渍； 工业与民用建筑：湿渍总面积不大于总防水面积的1%，单个湿渍面积不大于0.1m²，任意100m²防水面积不超过1处； 其他地下工程：湿渍总面积不大于总防水面积的6%，单个湿渍面积不大于0.2m²，任意100m²防水面积不超过4处
3级	有少量漏水点，不得有线流和漏泥沙； 单个湿渍面积不大于0.3m²，单个漏水点的漏水量不大于2.5L/天，任意100m²防水面积不超过7处
4级	有漏水点，不得有线流和漏泥沙； 整个工程平均漏水量不大于2L/（m²·天），任意100m²防水面积的平均渗水量不大于4L/（m²·天）

（二）地下工程的设防要求

明挖法施工时，不同防水等级的地下工程防水设防，对主体防水"应"或"宜"采用防水混凝土。一道防水设防的含义应是具有单独防水能力的一个防水层。当地下工程的防水等级为1～3级时，还应在防水混凝土的黏结表面增设一至两道其他防水层，称之为"多道设防"。多道设防时，所增设的防水层可采用多道卷材，亦可卷材、涂料、刚性防水复

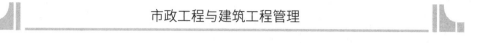

合使用。多道设防主要利用不同防水材料的性能，体现地下防水工程"刚柔相济"的设计原则。

三、地下建筑防水工程

（一）防水混凝土

1.防水混凝土的概念

防水混凝土包括普通防水混凝土、外加剂或掺合料防水混凝土和膨胀水泥防水混凝土三大类。防水混凝土是根据工程设计所需抗渗等级要求进行配制的。普通防水混凝土是以调整配合比的方法，提高混凝土自身的密实性和抗渗性。外加剂防水混凝土是在混凝土拌和物中加入少量改善混凝土抗渗性的有机物或无机物，如减水剂、防水剂、引气剂等外加剂。

掺合料防水混凝土是在混凝土拌和物中加入少量硅粉、磨细矿渣粉、粉煤灰等无机粉料，以增加混凝土密实性和抗渗性。膨胀水泥防水混凝土是利用膨胀水泥在水化硬化过程中形成大量体积增大的结晶（如钙矾石），主要是改善混凝土的孔结构，提高混凝土的抗渗性能。

同时，膨胀后产生的自应力使混凝土处于受压状态，提高混凝土的抗裂能力。

在明挖法地下整体式混凝土主体结构设防中，防水混凝土是一道重要防线，也是做好地下防水工程的基础。因此，在1~3级地下防水工程中，防水混凝土是应选的防水措施，在4级地下防水工程中则是宜选的防水措施。

2.防水混凝土所用的材料应符合的规定

（1）水泥品种应按设计要求选用，其强度等级不应低于32.5级，对过期水泥或受潮结块的水泥必须重新进行检验，符合要求后方能使用。

（2）碎石或卵石的粒径宜为5~40mm，含泥量不得大于1%，泥块含量不得大于0.5%。

（3）砂宜用中砂，含泥量不得大于3.0%，泥块含量不得大于1.0%。

（4）拌制混凝土所用的水必须进行检测并加以控制，应采用不含有害物质的洁净水。

（5）外加剂的技术性能应符合国家或行业标准一等品及以上的质量要求。

（6）粉煤灰的级别不应低于二级，掺量不宜大于20%，硅粉掺量不应大于3%，其他掺合料的掺量应通过试验确定。

3.防水混凝土的配合比应符合的规定

（1）试配要求的抗渗水值应比设计值提高0.2MPa。

（2）水泥用量不得少于300kg/m³，掺有活性掺合料时，水泥用量不得少于280～300kg/m³。

（3）砂率宜为35%～45%，灰砂比宜为1：2～1：2.5。

（4）水灰比不得大于0.55。

（5）普通防水混凝土坍落度不宜大于50mm，泵送时入泵坍落度宜为100～140m。

4.混凝土拌制和浇筑过程控制应符合的规定

（1）拌制混凝土所用材料的品种、规格和用量，每工作班检查不应少于2次。

（2）混凝土在浇筑地点的坍落度，每工作班至少检查2次。混凝土的坍落度试验应符合现行《普通混凝土拌合物性能试验方法标准》（GB/T 50080-2016）的有关规定。

（3）在常温下具有较高抗渗性的防水混凝土，其抗渗性随环境温度的提高而降低。为确保防水混凝土的防水功能，防水混凝土的最高使用温度不得超过80℃，一般应控制在50～60℃。

5.防水混凝土抗渗性能的评定

防水混凝土的抗渗性能应采用标准条件下养护混凝土抗渗试件的试验结果进行评定，试件应在浇筑地点制作。连续浇筑混凝土每500m³应留置一组抗渗试件（一组为6个抗渗试件），且每项工程不得少于两组。采用预拌混凝土的抗渗试件，留置组数应视结构的规模和要求而定。抗渗性能试验应符合现行《普通混凝土长期性能和耐久性能试验方法标准》（GB/T 50082-2009）的有关规定。

6.防水混凝土的施工质量检验

防水混凝土的施工质量检验数量，应按混凝土外露面积每100m²抽查1处，每处10m²，且不得少于3处。细部构造是地下防水工程渗漏水的薄弱环节，细部构造一般是独立的部位，一旦出现渗漏难以修补，不能以抽检的百分率来确定地下防水工程的整体质量，因此施工质量检验时应按全数检查。

防水混凝土质量检验项目包括主控项目和一般项目。

（1）主控项目

①防水混凝土的原材料、配合比及坍落度必须符合设计要求。

检验方法：检查出厂合格证、质量检验报告、计量措施和现场抽样试验报告。

②防水混凝土的抗压强度和抗渗压力必须符合设计要求。

检验方法：检查混凝土抗压、抗渗试验报告。

③对于超长结构混凝土，应使用膨胀混凝土，并按《补偿收缩混凝土应用技术规程》（JGJ/T 178-2009）施工。

④防水混凝土的变形缝施工缝、后浇带、穿管道、埋设件等设置和构造，均须符合设计要求，严禁有渗漏。

检验方法：观察检查和检查隐蔽工程验收记录。

（2）一般项目

①防水混凝土结构表面应坚实、平整，不得有露筋、蜂窝等缺陷；埋设件位置应正确。地下铁道、隧道结构预埋件和预留孔洞多，特别是梁、柱和不同断面结合等部位钢筋密集，施工时必须事先制定措施，加强该部位混凝土振捣，保证混凝土质量。

检查方法：观察和尺量检查。

②防水混凝土结构表面的裂缝宽度不应大于0.2mm，并不得贯通。因为当裂缝宽度为0.1～0.2mm时，一般混凝土裂缝可以自愈。

检查方法：用刻度放大镜检查。

③防水混凝土结构厚度不应小于300mm，其允许偏差为–10～15mm，从而可以延长混凝土的透水通路，加大混凝土的阻水截面，使混凝土不发生渗漏；迎水面钢筋保护层厚度不应小于50mm，其允许偏差为±10mm，防止混凝土受到各种侵蚀而出现钢筋锈蚀等危害。

检查方法：尺量检查和检查隐蔽工程验收记录。

（二）水泥砂浆防水层

用于混凝土或砌体结构基层上的水泥砂浆防水层是采用不同配合比的水泥浆和水泥砂浆，采用多层抹压的施工工艺，第一、二、五层用水泥浆，第二、四层用水泥砂浆，以提高水泥砂浆的防水能力。水泥砂浆防水层不适用于环境有侵蚀性、持续振动或温度大于80℃的地下工程。

1.水泥砂浆防水层的基层质量应符合的要求

（1）水泥砂浆铺抹前，基层的混凝土和砌筑砂浆强度应不低于设计值的80%。

（2）基层表面应坚实、平整、粗糙、洁净，并充分湿润，无积水。

（3）基层表面的孔洞、缝隙应采用与防水层相同的砂浆填塞抹平。

2.水泥砂浆防水层施工应符合的要求

（1）分层铺抹或喷涂，铺抹时应压实、抹平和表面压光。

（2）防水层各层应紧密贴合，每层宜连续施工，必须留施工缝时应采用阶梯坡形槎，但离开阴阳角外不得小于200mm；接槎要依层次顺序操作，层层搭接紧密。

（3）防水层的阴阳角处应做成圆弧形。

（4）水泥砂浆终凝后（12～24小时）应及时进行养护，养护温度不宜低于5℃并保持湿润，养护时间不得少于14天，强度可达标准强度的80%。

水泥砂浆防水层的施工质量检验数量，应按施工面积每100m²抽查1处，每处10m²，且不得少于3处。

3.水泥砂浆防水层的质量检验项目

（1）主控项目

①水泥砂浆防水层的原材料及配合比必须符合设计要求。配制过程中必须做到原材料的品种、规格和性能符合国家标准或行业标准，同时计量应准确，搅拌应均匀，现场抽样试验应符合设计要求。

检验方法：检查出厂合格证、质量检验报告、计量措施和现场抽样试验报告。

②水泥砂浆防水层属刚性防水，适应变形能力较差，不宜单独作为一个防水层，各层之间必须结合牢固，无空鼓现象，以共同承受外力及压力水的作用。

检验方法：观察和用小锤轻击检查。

（2）一般项目

①水泥砂浆防水层表面应密实、平整，不得有裂纹、起砂、麻面等缺陷；阴阳角处应做成圆弧形。水泥砂浆终凝后，应采取浇水、覆盖浇水喷养护剂、涂刷冷底子油等措施充分养护，保证砂浆中的水泥充分水化，确保防水层质量。

检验方法：观察检查。

②水泥砂浆防水层施工缝留槎位置应正确，接槎应按层次顺序操作，层层搭接紧密。

检验方法：观察检查和检查隐蔽工程验收记录。

③水泥砂浆防水层的平均厚度应符合设计要求：普通水泥砂浆防水层和掺外加剂或掺合料水泥砂浆防水层，其厚度均为18～20mm；聚合物水泥砂浆防水层，其厚度为6～8mm，最小厚度不得小于设计值的85%。水泥砂浆防水层的厚度测量，应在砂浆终凝前用钢针插入进行尺量检查，不允许在已硬化的防水层表面任意凿孔破坏。

检验方法：观察和尺量检查。

（三）卷材防水层

卷材防水层应采用高聚物改性沥青防水卷材和合成高分子防水卷材，所选用的基层处理剂胶粘剂、密封材料等配套材料，均应与铺贴的卷材材性相容。地下工程卷材防水层适用于在混凝土结构或砌体结构迎水面铺贴，一般采用外防外贴和外防内贴两种施工方法。

由于外防外贴法的防水效果优于外防内贴法，所以在施工场地和条件不受限制时一般均采用外防外贴法。目前，大部分合成高分子卷材只能采用冷粘法、自粘法铺贴。两幅卷材短边和长边的搭接宽度均不应小于100mm。采用多层卷材时，上下两层和相邻两幅卷材的接缝应错开1/3幅宽，且两层卷材不得相互垂直铺贴。

卷材防水层完工并经验收合格后应及时做保护层，保护层应符合下列规定：

（1）顶板的细石混凝土保护层与防水层之间宜设置隔离层；

（2）底板的细石混凝土保护层厚度应大于50mm；

（3）侧墙宜采用聚苯乙烯泡沫塑料保护层，或砌砖保护墙（边砌边填实）和铺抹30mm厚水泥砂浆。

卷材防水层的施工质量检验数量，应按铺贴面积每100m²抽查1处，每处10m²，且不得少于3处。

卷材防水层工程的质量检验项目包括主控项目和一般项目。

1.主控项目

（1）卷材防水层所用卷材及主要配套材料必须符合设计要求。

检验方法：检查出厂合格证、质量检验报告和现场抽样试验报告。

（2）卷材防水层及其转角处、变形缝、穿墙管道是防水薄弱环节，施工较为困难，这些部位的细部做法均须符合设计要求。

检验方法：观察检查和检查隐蔽工程验收记录。

2.一般项目

（1）卷材防水层的基层应牢固，基面应洁净、平整，不得有空鼓、松动、起砂和脱皮现象，方能使卷材与基层面紧密粘贴，保证卷材的铺贴质量。基层阴阳角处应做成圆弧形，转角处圆弧半径为：高聚物改性沥青卷材不应小于50mm，合成高分子卷材不应小于20mm。

检验方法：观察检查和检查隐蔽工程验收记录。

（2）卷材防水层的搭接缝应粘（焊）接牢固，密封严密，不得有皱折翘边和鼓泡等缺陷。

检验方法：观察检查。

（3）侧墙卷材防水层的保护层与防水层应黏结牢固，结合紧密，厚度均匀一致，这是针对主体结构侧墙采用聚苯乙烯泡沫塑料保护层或砌砖保护墙（边砌边填实）和铺抹水泥砂浆时提出来的。

检验方法：观察检查。

（4）卷材搭接宽度的允许偏差为-10mm。卷材铺贴前，施工单位应根据卷材搭接宽度和允许偏差，在现场弹线作为标准控制施工质量。

检验方法：观察和尺量检查。

（四）涂料防水层

涂料防水层是采用有机涂料（反应型、水乳型、聚合物水泥）或无机涂料（水泥基、水泥基渗透结晶型）涂刷形成防水涂膜。防水涂料必须具有一定的厚度才能保证地下工程的防水功能。涂料防水层适用于混凝土结构或砌体结构迎水面或背水面的涂刷，一般采用外防外涂和外防内涂两种施工方法。

1.涂料防水层施工应符合的规定

（1）涂料涂刷前应先在基面上涂一层与涂料相容的基层处理剂。

（2）涂膜应多遍完成，涂刷应待前遍涂层干燥成膜后进行。

（3）每遍涂刷时应交替改变涂刷方向，同层涂膜的先后搭接缝宽度宜为30~50mm。

（4）涂料防水层的施工缝应注意保护，搭接缝宽度应大于100mm，接涂前应将其甩茬表面处理干净。

（5）涂刷程序应先做转角处、穿墙管道、变形缝等部位的涂料加强层，后进行大面积涂刷。

（6）涂料防水层中铺贴的胎体增强材料，同层相邻的搭接宽度应大于100mm，上下层接缝应错开1/3幅宽。

涂料防水层的施工质量检验数量，应按涂层面积每100m²抽查1处，每处10m²，且不得少于3处。

2.涂料防水层的质量检验项目

（1）主控项目

①涂料防水层所用材料及配合比必须符合设计要求。

检验方法：检查出厂合格证、质量检验报告、计量措施和现场抽样试验报告。

②涂料防水层及其转角处、变形缝、穿墙管道等细部做法均须符合设计要求。

检验方法：观察检查和检查隐蔽工程验收记录。

（2）一般项目

①涂料防水层的基层应牢固，基面应洁净、平整，不得有空鼓松动、起砂和脱皮现象；基层阴阳角处应做成圆弧形。

检验方法：观察检查和检查隐蔽工程验收记录。

②涂料防水层应与基层黏结牢固，表面平整，涂刷均匀，不得有流淌、皱折、鼓泡、露胎体和翘边等缺陷。

检验方法：观察检查。

③涂料防水层的平均厚度应符合设计要求，一般都不小于2mm，最小厚度不得小于设计厚度的80%。

检验方法：针测法或制取20mm×20mm实样用卡尺测量。

④侧墙涂料防水层的保护层与防水层黏结牢固，结合紧密，厚度均匀一致。

检验方法：观察检查。

四、细部构造

防水混凝土结构的细部构造指变形缝、施工缝、后浇带、穿墙管道、埋设件等。细部构造防水应采用止水带、遇水膨胀橡胶腻子止水条等高分子防水材料和接缝密封材料。

（一）变形缝的防水施工

由于变形缝是防水的薄弱环节，已成为地下工程渗漏的通病之一。变形缝的复合防水构造，是将中埋式止水带与遇水膨胀橡胶腻子止水条、嵌缝材料复合使用，形成多道防线。

变形缝的防水施工应符合下列规定：

（1）止水带宽度和材料的物理性能均应符合设计要求，且无裂缝和气泡；接头应采用热接，不得叠接，接缝平整、牢固，不得有裂口和脱胶现象。

（2）中埋式止水带中心线应和变形缝中心线重合，止水带不得穿孔或用铁钉固定。

（3）变形缝设置中埋式止水带时，混凝土浇筑前应校正止水带位置，表面清理干净，止水带损坏处应修补；顶、底板止水带的下侧混凝土应振捣密实，边墙止水带内外侧混凝土应均匀，保持止水带位置正确、平直无卷曲现象。

（4）变形缝处增设的卷材或涂料防水层，应按设计要求施工。

（二）施工缝的防水施工

施工缝指的是在混凝土浇筑过程中，因设计要求或施工需要分段浇筑而在先后浇筑的混凝土之间所形成的接缝。施工缝并不是一种真实存在的"缝"，它只是因后浇筑混凝土超过初凝时间，而与先浇筑的混凝土之间存在一个结合面，该结合面就称为施工缝。

施工缝的防水施工应符合下列规定：

（1）水平施工缝浇筑混凝土前，应将其表面浮浆和杂物清除，铺水泥砂浆或涂刷混凝土界面处理剂并及时浇筑混凝土；墙体留置施工缝时，水平施工缝应高出底板300mm，拱（板）墙结合的水平施工缝，宜留在拱（板）墙接缝线以下150～300mm处。

（2）垂直施工缝浇筑混凝土前，应将其表面清理干净，涂刷混凝土界面处理剂并及时浇筑混凝土。

（3）施工缝采用遇水膨胀橡胶腻子止水时，应将止水条安装在缝表面预留槽内。

（4）施工缝采用中埋止水带时，应确保止水带位置准确、固定牢靠。

（三）后浇带的防水施工

为防止混凝土由于收缩和温差效应而产生裂缝，一般在防水混凝土结构较长或体积较大时设置后浇带。后浇带的位置应设在受力和变形较小而收缩应力最大的部位，其宽度一般为0.8~1.0m，并可采用垂直平缝或阶梯缝。

后浇带的防水施工应符合下列规定：

（1）后浇带应在其两侧混凝土龄期达到42天后再施工。

（2）后浇带的接缝处理应符合规范的规定。

（3）后浇带应采用补偿收缩混凝土，其强度等级不得低于两侧混凝土。

（4）后浇带混凝土养护时间不得少于28天。

（四）穿墙管道的防水施工应符合的规定

（1）穿墙管止水环与主管或翼环与套管应连续满焊，并做好防腐处理。止水环的作用是改变地下水的渗透路径，延长渗透路线。如果止水环与主管不满焊或满焊而不密实，则止水环与主管接触处将形成漏水的隐患。

（2）穿墙管处防水层施工前，应将套管内表面清理干净。

（3）套管内的管道安装完毕后，应在两管间嵌入内衬填料，端部用密封材料填缝。柔性穿墙时内侧应用法兰压紧。

（4）穿墙管外侧防水层应铺设严密，不留接茬；增铺附加层时，应按设计要求施工。

（五）埋设件的防水施工应符合的规定

（1）埋设件的端部或预留孔（槽）底部的混凝土厚度不得小于250mm，当厚度小于250mm时，必须局部加厚或采取其他防水措施。

（2）预留地坑、孔洞、沟槽的防水层，应与孔（槽）外的结构防水层保持连续。

（3）固定模板用的螺栓必须穿过混凝土结构时，螺栓或套管应满焊止水环或翼环；采用工具式螺栓或螺栓加堵头的做法，拆模后应采取加强防水措施将留下的凹槽封堵密实。

（六）密封材料的防水施工应符合的规定

（1）检查黏结基层的干燥程度以及接缝的尺寸，接缝内部的杂物应清除干净。

（2）热灌法施工应自下向上进行并尽量减少接头，接头应采用斜槎；密封材料熬制及浇灌温度，应按有关材料要求严格控制。

（3）冷嵌法施工应分次将密封材料嵌填在缝内，压嵌密实并与缝壁黏结牢固，防止裹入空气，接头应采用斜槎。

（4）接缝处的密封材料底部应嵌填背衬材料，其作用是控制密封材料嵌填深度，预防密封材料与缝的底部黏结而形成三面粘，不至于造成应力集中和破坏密封防水。外露密封材料上应设置保护层，其宽度不得小于100mm。

（七）细部构造的质量检验

防水混凝土结构的细部构造是地下工程防水的薄弱环节，施工质量检验时应按全数检查。细部构造的质量检验项目有主控项目和一般项目。

1.主控项目

（1）细部构造所用止水带、遇水膨胀橡胶腻子止水条和接缝密封材料必须符合设计要求。

检验方法：检查出厂合格证、质量检验报告和进场抽样试验报告。

（2）变形缝、施工缝、后浇带、穿墙管道埋设件等细部构造做法，均须符合设计要求，无渗漏。

检验方法：观察检查和检查隐蔽工程验收记录。

2.一般项目

（1）中埋式止水带中心线应与变形缝中心线重合，止水带应固定牢靠、平直，不得有扭曲现象，否则根本起不到止水的作用。止水带端部应先用扁钢夹紧，再将钢与结构内的钢筋焊牢，使止水带固定牢靠、平直。

检验方法：观察检查和检查隐蔽工程验收记录。

（2）穿墙管止水环与主管或翼环与套管应连续满焊，并做防腐处理，这对改变地下水的渗透路径、延长渗透路线是很有益的。

检验方法：观察检查和检查隐蔽工程验收记录。

（3）接缝处混凝土表面应密实、洁净、干燥；密封材料应嵌填严密、黏结牢固，不得有开裂、鼓泡和下塌现象。

检验方法：观察检查。

第十章 建筑工程质量验收

第一节 基本规定

为全面执行建筑工程施工质量验收规范，在工程的开工准备、施工过程和质量验收中，应遵守以下各项基本规定：

一、施工现场质量管理

施工现场应备有与所承担施工项目相应的施工技术标准。除各专业工程质量验收规范外，尚应有控制质量，指导施工的工艺标准（工法）、操作规程等企业标准。企业制定的质量标准必须高于国家技术标准，以确保最终质量满足国家标准的规定。

健全的质量管理体系是执行国家技术法规和技术标准的有力保证，对建筑施工质量起着决定性的作用。施工现场应建立健全项目质量管理体系，其人员配备、机构设置、管理模式、运作机制等，是构建质量管理体系的要件，应有效地配置和建立。

施工现场应建立材料采购、验收、储存，施工过程质量自检、互检、专检，隐蔽工程验收，以及涉及安全和功能的抽查检验等各项质量检验制度。这是控制施工质量的重要手段，通过各种质量检验，及时对施工质量水平进行测评，寻找质量缺陷和薄弱环节，制定措施，加以改进，使质量处于受控状态。施工单位应按"施工现场质量管理检查记录"的要求进行检查和填写，并经总监理工程师签署确认后方可开工。施工中尚应不断补充和完善。

二、建筑施工质量控制

进入施工现场的建筑材料、构配件及建筑设备等，除应检查产品合格证书、出厂检验报告外，尚应对其规格、数量、型号、标准及外观质量进行检查，凡涉及安全、功能的产品，应按各专业工程质量验收规范规定的范围进行复验（试），复验合格并经监理工程师

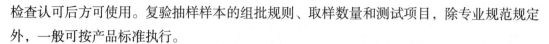

检查认可后方可使用。复验抽样样本的组批规则、取样数量和测试项目，除专业规范规定外，一般可按产品标准执行。

工序质量是施工过程质量控制的最小单位，是施工质量控制的基础。对工序质量控制应着重抓好"三个点"的控制。

（1）设立控制点，即将工艺流程中影响工序质量的所有节点作为质量控制点，按施工技术标准的要求，采取有效技术措施，使其在操作中能符合技术标准要求。

（2）设立检查点，即在所有控制点中找出比较重要又能进行检查的点，对其进行检查，以验证所采取的技术措施是否有效，有否失控，以便及时发现问题，及时调整技术措施。

（3）设立停止点，即在施工操作完成一定数量或某一施工段时，在作业组或生产台班自行检查的基础上，由专职质量员做一次比较全面的检查，确认某一作业层面操作质量，是否达到有关质量控制指标的要求，对存在的薄弱环节和倾向性的问题及时加以纠正，为分项工程检验批的质量验收打下坚实基础。

在加强工艺质量控制的基础上，尚应加强相关专业工种之间的交接检验，形成验收记录，并取得监理工程师的检查认可，这是保证施工过程连续有序、施工质量全过程控制的重要环节。这种检查不仅是对前道工序质量合格与否所做的一次确认，同时也为后道工序的顺利开展提供了保证条件，促进了后道工序对前道工序的产品保护。通过检查形成记录，并经监理工程师的签署确认方有效。这样既保证了施工过程质量控制的延续性，又可将前道工序出现的质量问题消灭在后道工序施工之前，还能分清质量责任，避免不必要的质量纠纷产生。

三、施工质量验收基本依据

（一）质量验收的依据

（1）应符合《建筑工程施工质量验收统一标准》（GB50300—2013）和相关"专业验收规范"的规定。

（2）应符合工程勘察、设计文件（含设计图纸、图集和设计变更单等）的要求。

（3）应符合政府和建设行政主管部门有关质量的规定。如上海市建委对特细砂、海砂、立窑水泥等制定了禁止、限制使用的规定等。

（4）应满足施工承包合同中有关质量的约定。如提高某些质量验收指标、对混凝土结构实体采用钻芯取样检测混凝土强度等。

（二）质量验收涉及的资格与资质要求

（1）参加质量验收的各方人员应具备规定的资格。这里的资格既是对验收人员的知识和实际经验上的要求，同时也是对其技术职务、执业资格上的要求。如单位工程观感检查人员，应具有丰富的经验；分部工程应由总监理工程师组织验收，不能由专业监理工程师替代等。

（2）承担见证取样检测及有关结构安全检测的单位，应为经过省级以上建设行政主管部门对其资质认可和质量技术监督部门已通过对其计量认证的质量检测单位。

（三）验收单位

验收均应在施工单位自行检查评定合格后，交由监理单位进行。

这样既分清了两者不同的质量责任，又明确了生产方处于主导地位该承担的首要质量责任。

四、工程质量验收

（1）工程质量验收均应在施工单位自检合格的基础上进行。

（2）隐蔽工程在隐蔽前应由施工单位通知监理单位进行验收，并应形成验收文件，验收合格后方可继续施工。这是对难以再现部位和节点质量所设的一个停止点，应重点检查，共同确认，并宜留下影像资料作为证据。

（3）涉及结构安全的试块、试件及有关材料，应在监理单位或建设单位人员的见证下，由施工单位试验人员在现场取样，送至有相应资质的检测单位进行测试。进行见证取样送检的比例不得低于检测数量的30%，交通便捷地区比例可高些，如上海地区规定为100%。

对涉及结构安全和使用功能的重要分部工程，应按专业规范的规定进行抽样检测。以此来验证和保证房屋建筑工程的安全性和功能性，完善质量验收的手段，提高验收工作的准确性。

（4）检验批的质量应按主控项目和一般项目进行验收，进一步明确了检验批验收的基本范围和要求。

（5）工程的观感质量应由验收人员通过现场检查，并应共同确认。强调了观感质量检查应在施工现场进行，并且不能由一个人说了算，而应共同确认。

（6）检验批抽样样本。检验批抽样样本应随机抽取，满足分布均匀、具有代表性的要求，抽样数量应符合有关专业验收规范的规定。当采用计数抽样时，最小抽样数量应符合表10-1的要求。明显不合格的个体可不纳入检验批，但应进行处理，使其满足有关专业验收规范的规定，对处理的情况应予以记录并重新验收。

表10-1　检验批最小抽样数量

检验批的容量	最小抽样数量	检验批的容量	最小抽样数量
2~15	2	151~280	13
16~25	3	281~500	20
26~90	5	501~1200	32
91~150	8	1201~3200	50

（7）计量抽样的错判概率 α 和漏判概率 β 可按下列规定采取：

①主控项目：对应于合格质量水平的 α 和 β 均不宜超过5%。

②一般项目：对应于合格质量水平的 α 不宜超过5%，β 不宜超过10%。

五、资料

工程质量控制资料应齐全完整，当部分资料缺失时，应委托有资质的检测机构按有关标准进行相应的实体检验或抽样试验。

第二节　质量验收的划分

建筑工程施工质量验收应划分为单位工程、分部工程、分项工程和检验批。

一、单位工程划分的原则

具备独立施工条件并能形成独立使用功能的建筑物及构筑物为一个单位工程，通常由结构、建筑与建筑设备安装工程共同组成。如一幢公寓楼、一栋厂房、一座泵房等，均应单独为一个单位工程。

建筑规模较大的单位工程，可将其能形成独立使用功能的部分划为一个子单位工程。这对于满足建设单位早日投入使用，提早发挥投资效益、适应市场需要是十分有益的。如一个单位工程由塔楼与裙房组成，可根据建设方的需要，将塔楼与裙房划分为两个单位工程，分别进行质量验收，按序办理竣工备案手续。子单位工程的划分应在开工前预先确定，并在施工组织设计中具体划定，并应采取技术措施，既要确保后验收的子单位工

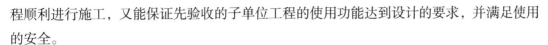

程顺利进行施工，又能保证先验收的子单位工程的使用功能达到设计的要求，并满足使用的安全。

一个单位工程中，子单位工程不宜划分得过多，对于建设方没有分期投入使用要求的较大规模工程，不应划分子单位工程。

室外工程可按表10-2进行划分。

表10-2 室外工程划分

单位工程	子单位工程	分部工程
室外设施	道路	路基、基层、面层、广场与停车场、人行道、人行地道、挡土墙、附属构筑物
	边坡	土石方、挡土墙、支护
附属建筑及室外环境	附属建筑	车棚、围墙、大门、挡土墙
	室外环境	建筑小品、亭台、水景、连廊、花坛、场坪绿化、景观桥

二、分部工程划分的原则

（1）分部工程的划分应按专业性质、工程部位确定。建筑与结构工程划分为地基与基础、主体结构、建筑装饰装修（含门窗、地面工程）和建筑屋面等四个分部。地基与基础分部包括房屋相对标高 ± 0.000 以下的地基、基础、地下防水及基坑支护工程，其中有地下室的工程其首层地面以下的结构工程属于地基与基础分部工程；地下室内的砌体工程等可纳入主体结构分部，地面、门窗、轻质隔墙、吊顶、抹灰工程等应纳入建筑装饰装修工程。

建筑设备安装工程划分为建筑给排水及采暖、建筑电气、智能建筑、通风与空调及电梯等五个分部。

（2）当分部工程较大或较复杂时，可按材料种类、施工特点、施工程序、专业系统及类别等划分为若干个子分部工程，如建筑屋面分部可划分为卷材防水、涂膜防水、刚性防水、瓦、隔热屋面等五个子分部。

（3）分项工程、检验批的划分原则。

①分项工程应按主要工种、材料、施工工艺、设备类别等进行划分，如模板、钢筋、混凝土分项工程是按工种进行划分的。

检验批可根据施工、质量控制和专业验收的需要，按工程量、楼层、施工段、变形缝进行划分。

②分项工程划分成检验批进行验收有助于及时纠正施工中出现的质量问题，确保工程质量，也符合施工实际需要。多层及高层建筑工程中主体结构分部的分项工程可按楼层或施工段来划分检验批，单层建筑工程中的分项工程可按变形缝等划分检验批；地基与基础

分部工程中的分项工程一般划分为一个检验批，有地下层的基础工程可按不同地下层划分检验批；屋面分部工程中的分项工程，不同楼层屋面可划分为不同的检验批；其他分部工程的分项工程，可按楼层或一定数量划分检验批；对于工程量较少的分项工程可统一划分为一个检验批。安装工程一般按一个设计系统或设备组别划分为一个检验批。室外工程统一划分为一个检验批。散水、台阶、明沟等含在地面检验批中。

地基基础中的土石方，基坑支护子分部工程及混凝土工程中的模板工程，虽不构成建筑工程实体，但它是建筑工程施工中的重要环节和必要条件，其施工质量如何，不仅关系到能否施工和施工安全，也关系到建筑工程质量，因此将其列入施工验收内容。

第三节　隐蔽工程验收

一、隐蔽工程验收程序和组织

隐蔽工程是指在下道工序施工后将被覆盖或掩盖，不易进行质量检查的工程。

施工过程中，隐蔽工程在隐蔽前，施工单位应按照有关标准、规范和设计图纸的要求自检合格后，填写隐蔽工程验收记录（有关监理验收记录及结论不填写）和隐蔽工程报审、报验表等表格，向项目监理机构（建设单位）进行申请验收。项目专业监理工程师（建设单位项目专业技术负责人）组织施工单位项目专业质量（技术）负责人等严格按设计图纸和有关标准、规范进行验收；对施工单位所报资料进行审查，组织相关人员到验收现场进行实体检查、验收，同时应留有照片、影像等资料。对验收不合格的工程，专业监理工程师（建设单位项目专业技术负责人）应要求施工单位进行整改，自检合格后予以复查；对验收合格的工程，专业监理工程师（建设单位项目专业技术负责人）应签认隐蔽工程验收记录和隐蔽工程报审、报验表，准予进行下一道工序施工。

二、隐蔽工程验收资料

建筑工程隐蔽工程验收资料主要包括隐蔽工程验收记录（因各省市资料规程规定不同，可能会设计通用或专用的隐蔽工程验收记录表式）、隐蔽工程报审、报验表等资料。各项资料的填写、现场工程实体的检查验收、责任单位及责任人的签章应做到与工程施工同步形成，符合隐蔽工程验收程序和组织的规定，整理、组卷（含案卷封面、卷内目录、资料部分、备考表及封底）符合相关要求。

第四节　建筑工程过程质量验收

一、检验批质量验收合格的规定

检验批是构成建筑工程质量验收的最小单位，是判定单位工程质量合格的基础。检验批质量合格应符合下列规定：

（一）主控项目和一般项目的质量经抽样检验合格

（1）主控项目是指对检验批质量有决定性影响的检验项目。它反映了该检验批所属分项工程的重要技术性能要求。主控项目中所有子项必须全部符合各专业验收规范规定的质量指标，方能判定该主控项目质量合格。反之，只要其中某一子项甚至某一抽查样本检验后达不到要求，即可判定该检验批质量为不合格，则该检验批拒收。换言之，主控项目中某一子项甚至某一抽查样本的检查结果为不合格时，即行使对检验批质量的否决权。

主控项目涉及的内容如下：

①建筑材料、构配件及建筑设备的技术性能及进场复验要求。

②涉及结构安全、使用功能的检测、抽查项目，如试块的强度、挠度、承载力、外窗的三性要求等。

③任一抽查样本的缺陷都可能会造成致命影响。须严格控制的项目，如桩的位移、钢结构的轴线、电气设备的接地电阻等。

（2）一般项目的质量经抽样检验合格。一般项目是指除主控项目以外，对检验批质量有影响的检验项目，当其中缺陷（指超过规定质量指标的缺陷）的数量超过规定的比例，或样本的缺陷程度超过规定的限度后，对检验批质量会产生影响。它反映了该检验批所属分项工程的一般技术性能要求。一般项目的合格判定条件：抽查样本的80%及以上（个别项目为90%以上，如混凝土规范中梁、板构件上部纵向受力钢筋保护厚度等）符合各专业验收规范规定的质量指标，其余样本的缺陷通常不超过规定允许偏差的1.5倍（个别规范规定为1.2倍，如钢结构验收规范等）。具体应根据各专业验收规范的规定执行。

当采用计数抽样时，合格点率应符合有关专业验收规范的规定，且不得存在严重缺陷。对于计数抽样的一般项目，正常检验一次抽样可按表10-3判定，正常检验二次抽样可按表10-4的内容进行判定。抽样方案应在抽样前确定。

样本容量在表10-3或表10-4给出的数值之间时，合格判定数可通过插值并四舍五入取整确定。

表10-3　一般项目正常检验一次抽样判定

样本容量	合格判定数	不合格判定数	样本容量	合格判定数	不合格判定数
5	1	2	32	7	8
8	2	3	50	10	11
13	3	4	80	14	15
20	5	6	125	21	22

表10-4　一般项目正常检验二次抽样判定

抽样次数	样本容量	合格判定数	不合格判定数	抽样次数	样本容量	合格判定数	不合格判定数
（1） （2）	3 6	0 1	2 2	（1） （2）	20 40	3 9	6 10
（1） （2）	5 10	0 3	3 4	（1） （2）	32 64	5 12	9 13
（1） （2）	8 16	1 4	3 5	（1） （2）	50 100	7 18	11 19
（1） （2）	13 26	2 6	5 7	（1） （2）	80 160	11 26	16 27

（二）具有完整的施工操作依据和质量检查记录

检验批施工操作依据的技术标准应符合设计、验收规范的要求。采用企业标准的不能低于国家、行业标准。有关质量检查的内容、数据、评定，由施工单位项目专业质量检查员填写，检验批验收记录及结论由监理单位监理工程师填写完整。

（三）检验批质量验收结论

如前述（1）（2）两项均符合要求，该检验批质量方能判定合格。若其中一项不符合要求，该检验批质量则不得判定为合格。

二、分项工程质量验收合格的规定

分项工程是由所含性质、内容一样的检验批汇集而成，是在检验批的基础上进行验收的，实际上是一个汇总统计的过程，并无新的内容和要求，但验收时应注意：

（1）应核对检验批的部位是否涵盖分项工程的全部范围，有无缺漏部位未被验收。

（2）检验批验收记录的内容及签字人是否正确、齐全。

（3）分项工程所含检验批的质量均应验收合格。

（4）分项工程所含的检验批的质量验收记录应完整。

三、分部工程质量验收合格的规定

（一）分部工程的验收

分部工程仅含一个子分部时，应在分项工程质量验收基础上，直接对分部工程进行验收；当分部工程含两个及两个以上子分部工程时，则应在分项工程质量验收的基础上，先对子分部工程分别进行验收，再将子分部工程汇总成分部工程。

分部工程质量验收应在施工单位检查评定的基础上进行，勘察、设计单位应在有关的分部工程验收表上签署验收意见，监理单位总监理工程师应填写验收意见，并给出"合格"或"不合格"的结论。

（二）分部工程质量验收合格应符合的规定

（1）分部工程所含分项工程质量均应验收合格。

①分部工程所含各分项工程施工均已完成。

②所含各分项工程划分正确。

③所含各分项工程均按规定通过了合格质量验收。

④所含各分项工程验收记录表内容完整，填写正确，收集齐全。

（2）质量控制资料应完整。

质量控制资料完善是工程质量合格的重要条件，在分部工程质量验收时，应根据各专业工程质量验收规范中对分部或子分部工程质量控制资料所做的具体规定，进行系统检查，着重检查资料的齐全，项目的完整，内容的准确和签署的规范。另外在资料检查时，尚应注意以下几点：

①有些龄期要求较长的检测资料，在分项工程验收时，尚不能及时提供，应在分部（子分部）工程验收时进行补查，如基础混凝土（有时按60天龄期强度设计）或主体结构后浇带混凝土施工等。

②对在施工中质量不符合要求的检验批、分项工程按有关规定进行处理后的资料归档审核。

③对于建筑材料的复验范围，各专业验收规范都做了具体规定，检验时按产品标准规定的组批规则、抽样数量、检验项目进行，但有的规范另有不同要求，这一点在质量控制资料核查时需引起注意。

（3）有关安全、节能、环境保护和主要使用功能的抽样检验结果应符合相应规定。

（4）观感质量验收应符合要求。观感质量验收系指在分部所含的分项工程完成后，在前三项检查的基础上，对已完工部分工程的质量，采用目测、触摸和简单量测等方法，所进行的一种宏观检查方式。由于其检查的内容和质量指标已包含在各个分项工程内，所以对分部工程进行观感质量检查和验收，并不增加新的项目，只不过是转换一下视角，采用一种更直观、便捷、快速的方法，对工程质量从外观上做一次重复的、扩大的、全面的检查，这是由建筑施工特点决定的，也是十分必要的。

①尽管其所包含的分项工程原来都经过检查与验收，但随着时间的推移，气候的变化，荷载的递增等，可能会出现质量变异情况，如材料裂缝、建筑物的渗漏、变形等。

②弥补受抽样方案局限造成的检查数量不足和后续施工部位（如施工洞、井架洞、脚手架洞等）原先检查不到的缺憾，扩大了检查面。

③通过对专业分包工程的质量验收和评价，分清了质量责任，可减少质量纠纷，既促进了专业分包队伍技术素质的提高，又增强了后续施工对产品的保护意识。

观感质量验收并不给出"合格"或"不合格"的结论，而是给出"好""一般"或"差"的总体评价，所谓"一般"是指经观感质量检查能符合验收规范的要求；所谓"好"是指在质量符合验收规范的基础上，能达到精致、流畅、匀净的要求，精度控制好；所谓"差"是指勉强达到验收规范的要求，但质量不够稳定，离散性较大，给人以粗疏的印象。观感质量验收若发现有影响安全、功能的缺陷，有超过偏差限值，或明显影响观感效果的缺陷，则应处理后再进行验收。

四、单位工程质量验收合格的规定

单位工程未划分子单位工程时，应在分部工程质量验收的基础上，直接对单位工程进行验收；当单位工程划分为若干子单位工程时，则应在分部工程质量验收的基础上，先对子单位工程进行验收，再将子单位工程汇总成单位工程。

单位工程质量验收合格应符合下列规定：

（一）单位工程所含分部工程的质量均应验收合格

（1）设计文件和承包合同所规定的工程已全部完成。

（2）各分部工程划分正确。

（3）各分部工程均按规定通过了合格质量验收。

（4）各分部工程验收记录表内容完整，填写正确，收集齐全。

（二）质量控制资料应完整

质量控制资料完整是指所收集的资料，能反映工程所采用的建筑材料、构配件和建筑设备的质量技术性能，施工质量控制和技术管理状况，涉及结构安全和使用功能的施工试验和抽样检测结果，以及建设参与各方参加质量验收的原始依据、客观记录、真实数据和执行见证等资料，能确保工程结构安全和使用功能，满足设计要求，让人放心。它是评价工程质量的主要依据，是印证各方各级质量责任的证明，也是工程竣工交付使用的"合格证"与"出厂检验报告"。

尽管质量控制资料在分部工程质量验收时已检查过，但某些资料由于受试验龄期的影响，或出于系统测试的需要等，难以在分部验收时到位。单位工程验收时，对所有分部工程资料的系统性和完整性，进行一次全面的核查，是十分必要的，只不过不再像以前那样进行微观检查，而是在全面梳理的基础上，重点检查是否需要拾遗补阙的，从而达到完整无缺的要求。

质量控制资料核查的具体内容按表10-5的要求进行，从该表及各专业验收规范的要求来看，与原验评标准相比有两个明显变化。其一，对建筑材料、构配件及建筑设备合格证书的要求，几乎涉及所有建筑材料、成品和半成品，不管是用于结构还是非结构工程中。其二，对于涉及结构安全和影响使用安全、使用功能的建材的进场复验，也从原来的几种增加到几十种，几乎囊括了主要的建筑材料、建筑构配件和设备，既有结构和建筑设备，又有装饰工程的。涉及结构安全的试块、试件及有关材料，还应按规定进行见证取样送样检测。具体哪些建筑材料需进行，由于专业验收规范涉及的分项工程在单位工程中所处地位的重要性不一样，故对需作复验的材料种类、组批量、抽样的频率、试验的项目等规定是不统一的，检查时应注意以下几点：

表10-5 单位工程质量控制资料核查记录

工程名称			施工单位				
序号	项目	资料名称	份数	施工单位		监理单位	
				核查意见	核查人	核查意见	核查人
1	建筑与结构	图纸会审记录、设计变更通知单、工程洽商记录					
		工程定位测量、放线记录					
		原材料出厂合格证书及进场检验、试验报告					
		施工试验报告及见证检测报告					

续表

工程名称				施工单位			
序号	项目	资料名称	份数	施工单位		监理单位	
				核查意见	核查人	核查意见	核查人
1	建筑与结构	隐蔽工程验收记录					
		施工记录					
		地基、基础、主体结构检验及抽样检测资料					
		分项、分部工程质量验收记录					
		工程质量事故调查处理资料					
		新技术论证、备案及施工记录					
2	给水排水与供暖	图纸会审记录、设计变更通知单、工程洽商记录					
		原材料出厂合格证书及进场检验、试验报告					
		管道、设备强度试验，严密性试验记录					
		隐蔽工程验收记录					
		系统清洗、灌水、通水、通球试验记录					
		施工记录					
		分项、分部工程质量验收记录					
		新技术论证、备案及施工记录					

续表

工程名称				施工单位			
序号	项目	资料名称	份数	施工单位		监理单位	
				核查意见	核查人	核查意见	核查人
3	通风与空调	图纸会审记录、设计变更通知单、工程洽商记录					
		原材料出厂合格证书及进场检验、试验报告					
		制冷、空调、水管道强度试验、严密性试验记录					
		隐蔽工程验收记录					
		制冷设备运行调试记录					
		通风、空调系统调试记录					
		施工记录					
		分项、分部工程质量验收记录					
		新技术论证、备案及施工记录					
4	建筑电气	图纸会审记录、设计变更通知单、工程洽商记录					
		原材料出厂合格证书及进场检验、试验报告					
		设备调试记录					
		接地、绝缘电阻测试记录					
		隐蔽工程验收记录					
		施工记录					
		分项、分部工程质量验收记录					
		新技术论证、备案及施工记录					

工程名称				施工单位			
序号	项目	资料名称	份数	施工单位		监理单位	
				核查意见	核查人	核查意见	核查人
5	智能建筑	图纸会审记录、设计变更通知单、工程洽商记录					
		原材料出厂合格证书及进场检验、试验报告					
		隐蔽工程验收记录					
		施工记录					
		系统功能测定及设备调试记录					
		系统技术、操作和维护手册					
		系统管理、操作人员培训记录					
		系统检测报告					
		分项、分部工程质量验收记录					
		新技术论证、备案及施工记录					
6	建筑节能	图纸会审记录、设计变更通知单、工程洽商记录					
		原材料出厂合格证书及进场检验、试验报告					
		隐蔽工程验收记录					
		施工记录					
		外墙、外窗节能检验报告					
		设备系统节能检测报告					
		分项、分部工程质量验收记录					
		新技术论证、备案及施工记录					

续表

工程名称				施工单位			
序号	项目	资料名称	份数	施工单位		监理单位	
				核查意见	核查人	核查意见	核查人
7	给水排水与供暖	图纸会审记录、设计变更通知单、工程洽商记录					
		原材料出厂合格证书及进场检验、试验报告					
		隐蔽工程验收记录					
		施工记录					
		接地、绝缘电阻试验记录					
		负荷试验、安全装置检查记录					
		分项、分部工程质量验收记录					
		新技术论证、备案及施工记录					
结论：							
施工单位项目负责人： 年 月 日				总监理工程师： 年 月 日			

（1）不同规范或同一规范对同一种材料的不同要求。

①用于混凝土结构工程的砂应进行复验，用于砌筑砂浆、抹灰工程的砂未作规定。

②砌体规范对用于承重砌体的块材要求进行复验，对填充墙未作规定。

③钢结构规范中对用于建筑结构安全等级为一级，大跨度钢结构中主要受力构件以及板厚40 mm及以上且设计有Z向性能要求的钢材，或进口（无商检报告）、混批、质量有疑义的钢材及设计有复验要求的，应进行复验，其他当设计无要求时可不复验等。

（2）材料的取样批量要求。材料取样单位一般按照相关产品标准中检验规则规定的批量抽取，但个别验收规范有突破。如水泥应根据水泥厂的年生产能力进行编号后，按每一编号为一取样单位。但混凝土验收规范却规定：袋装水泥以不超过200 t为一取样单位，散装水泥以不超过500 t为一取样单位。

（3）材料的抽样频率要求。材料的抽样频率，一般按照相关产品标准的规定抽样试验1组，但砌体验收规范对用于多层以上建筑基础和底层的小砌块抽样数量，规定不应少于2组。

（4）材料的检验项目要求。材料进场复验时究竟要对哪些项目进行检验，就全国范围来讲没有一个权威而又统一的标准，有的地区以产品标准中的出厂检验项目为依据；也有以产品标准中的主要技术要求为依据，成为普遍的规矩。但一些地区对某些材料的检验项目因意见不统一而引起纠纷，为此验收规范对部分材料做了明确规定。但鉴于同一种材料用途不一，导致专业验收规范对检验项目做出了不同的规定，如水泥的检验项目，混凝土、砌体规范规定为"强度"和"安定性"两项；装饰规范对饰面板（砖）粘贴工程还增加"凝结时间"项目，而对抹灰工程仅规定为"凝结时间""安定性"两项等。

（5）特殊规定。对无黏结预应力筋的涂包质量，一般情况应进行复验，但当有工程经验，并经观察认为质量有保证，可不作复验。又如对预应力张拉孔道灌浆水泥和外加剂，当用量较少，且有近期该产品的检验报告，可不进行复验等。

单位（子单位）工程质量控制资料的检查应在施工单位自查的基础上进行，施工单位应在单位工程质量控制资料核查记录填上资料的份数，监理单位应填上核查意见，总监理工程师应给出质量控制资料"完整"或"不完整"的结论。

（三）所含分部工程中有关安全和功能的检验资料应完整

前项检查是对所有涉及单位工程验收的全部质量控制资料进行的普查，本项检查则是在其基础上对其中涉及安全、节能、环境保护和主要使用功能的检验资料所做的一次重点抽查，体现了新的验收规范对涉及安全、节能、环境保护和主要使用功能方面的强化作用，这些检测资料直接反映了房屋建筑物、附属构筑物及其建筑设备的技术性能，其他规定的试验、检测资料共同构成建筑产品一份"形式"检验报告。检查的内容按表要求进行。其中大部分项目在施工过程中或分部工程验收时已做了测试，但也有部分要待单位工程全部完工后才能做，如建筑物的节能、保温测试、室内环境检测、照明全负荷试验、空调系统的温度测试等；有的项目即使原来在分部工程验收时已做了测试，但随着荷载的增加引起的变化，这些检测项目需循序渐进，连续进行，如建筑物沉降及垂直测量，电梯运行记录等。所以在单位工程验收时对这些检测资料进行核查，并不是简单的重复检查，而是对原有检测资料所做的一次延续性的补充、修正和完善，是整个"形式"检验的一个组成部分。单位工程安全和功能检测资料核查份数应由施工单位填写，总监理工程师应逐一进行核查，尤其对检测的依据、结论、方法和签署情况应认真审核，并在表上填写核查意见，给出"完整"或"不完整"的结论。

（四）主要使用功能的抽查结果应符合相关专业验收规范的规定

上述中的检测资料与质量控制资料中的检测资料共同构成了一份完整的建筑产品"形式"检验报告，本项对主要建筑功能项目进行抽样检查，则是建筑产品在竣工交付使用以前所做的最后一次质量检验，即相当于产品的"出厂"检验。这项检查是在施工单位自查全部合格基础上，由参加验收的各方人员商定，由监理单位实施抽查。可选择其中在当地容易发生质量问题或施工单位质量控制比较薄弱的项目和部位进行抽查。其中涉及应由有资质检测单位检查的项目，监理单位应委托检测，其余项目可由自己进行实体检查，施工单位应予配合。至于抽样方案，可根据现场施工质量控制等级，施工质量总体水平和监理监控的效果进行选择。房屋建筑功能质量由于关系到用户切身利益，是用户最为关心的，检查时应从严把握。对于查出的影响使用功能的质量问题，必须全数整改，达到各专业验收规范的要求。对于检查中发现的倾向性质量问题，则应调整抽样方案，或扩大抽样样本数量，甚至采用全数检查方案。

主要功能抽查完成后，总监理工程师填写抽查意见，并给出"符合"或"不符合"验收规范的结论。

单位工程观感质量验收与主要功能项目的抽查一样，相当于商品的"出厂"检验，故其重要性是显而易见的。其检查的要求、方法与分部工程相同。凡在工程上出现的项目，均应进行检查，并逐项填写"好""一般"或"差"的质量评价。为了减少受检查人员个人主观因素的影响，观感检查应至少3人共同参加，共同确定。

观感质量验收不单是对工程外表质量进行检查，还应对部分使用功能和使用安全做一次宏观检查。如门窗启闭是否灵活，关闭是否严密，即属于使用功能；又如室内顶棚抹灰层的空鼓、楼梯踏步高差过大等，涉及使用安全，在检查时应加以关注。检查中发现有影响使用功能和使用安全的缺陷，或不符合验收规范要求的缺陷，应进行处理后再进行验收。

观感质量检查应在施工单位自查的基础上进行，总监理工程师填写观感质量综合评价后，并给出"符合"与"不符合"要求的检查结论。

单位工程质量验收完成后，按表10-6的要求填写工程质量验收记录，其中验收记录由施工单位填写；验收结论由监理单位填写；综合验收结论由参加验收各方共同商定，建设单位填写，并应对工程质量是否符合设计和规范要求及总体质量水平作出评价。

表10-6　单位工程质量竣工验收记录

工程名称			结构类型		层数/建筑面积	
施工单位			技术负责人		开工日期	
项目负责人			项目技术负责人		完工日期	
序号	项目		验收记录		验收结论	
1	分部工程验收		共　　　分部，经查符合设计及标准规定　　　分部			
2	质量控制资料核查		共　　　　　项，经核查符合规定项			
3	安全和使用功能核查及抽查结果		共核查　　　项，符合规定　　　项，共抽查　　　项，符合规定　　　　项，经返工处理符合规定　　　项			
4	观感质量验收		共抽查　　　项，达到"好"和"一般"的　　　项，经返修处理符合要求的　　　　　　项			
综合验收结论						
参加验收单位	建设单位	监理单位	施工单位	设计单位	勘察单位	
	（公章）项目负责人：　年月日	（公章）项目负责人：　年月日	（公章）项目负责人：　年月日	（公章）项目负责人：　年月日	（公章）项目负责人：　年月日	

注：单位工程验收时，验收签字人员应由相应单位的法人代表书面授权。

五、质量不符合要求时的处理规定

（一）经返工重做或返修的检验批，应重新进行验收

返工重做是指对该检验批的全部或局部推倒重来，或更换设备、器具等的处理，处理或更换后，应重新按程序进行验收。如某住宅楼一层砌砖，验收时发现砖的强度等级为MU5，达不到设计要求的MU10，推倒后重新使用MU10砖砌筑，其砖砌体工程的质量应重新按程序进行验收。

重新验收质量时，要对该检验批重新抽样、检查和验收，并重新填写检验批质量验收记录表。

（二）经有资质的检测单位检测鉴定能够达到设计要求的检验批，应予以验收

这种情况多数是指留置的试块失去代表性，或因故缺少试块的情况，以及试块试验报告缺少某项有关主要内容，也包括对试块或试验结果有怀疑时，经有资质的检测机构对工程进行检测测试。其测试结果证明，该检验批的工程质量能够达到设计图纸要求，这种情况应按正常情况予以验收。

（三）经有资质的检测单位检测鉴定达不到设计要求，但经原设计单位核算认可能够满足结构安全和使用功能的检验批，可予以验收

这种情况是指某项质量指标达不到设计图纸的要求，如留置的试块失去代表性，或是因故缺少试块以及试验报告有缺陷，不能有效证明该项工程的质量情况，或是对该试验报告有怀疑时，要求对工程实体质量进行检测。经有资质的检测单位检测鉴定达不到设计图纸要求，但差距不是太大。同时经原设计单位进行验算，认为仍可满足结构安全和使用功能，可不进行加固补强。如原设计计算混凝土强度为27MPa，选用了C30混凝土。同一验收批中共有8组试块，8组试块混凝土立方体抗压强度的理论均值达到混凝土强度评定要求，其中1组强度不满足最小值要求，经检测结果为28MPa，设计单位认可能满足结构安全，并出具正式的认可证明，有注册结构工程师签字，加盖单位公章，由设计单位承担责任。因为设计责任就是设计单位负责，出具认可证明，也在其质量责任范围内，故可予以验收。

以上三种情况都应视为符合验收规范规定的质量合格的工程。只是管理上出现了一些不正常的情况，使资料证明不了工程实体质量，经过检测或设计验收，满足了设计要求，给予通过验收是符合验收规范规定的。

（四）经返修或加固处理的分项、分部工程，虽改变外形尺寸但仍能满足安全使用要求，可按技术处理方案和协商文件的要求予以验收

这种情况是指某项质量指标达不到设计图纸的要求，经有资质的检测单位检测鉴定也未达到设计图纸要求，设计单位经过验算，的确达不到原设计要求。经分析，找出了事故原因，分清了质量责任，同时经过建设单位、施工单位、设计单位、监理单位等协商，同意进行加固补强，协商好加固费用的处理、加固后的验收等事宜。由原设计单位出具加固技术方案，虽然改变了建筑构件的外形尺寸，或留下永久性缺陷，包括改变工程的用途在内，按协商文件进行验收，但这是有条件的验收，由责任方承担经济损失或赔偿等。这种情况实际是工程质量达不到验收规范的合格规定，应属不合格工程的范畴。但根据《建设工程质量管理条例》的第24条、第32条等对不合格工程的处理规定，经过技术处理（包括

加固补强），最后能达到保证安全和使用功能，也是可以通过验收的。这是为了减少社会财富的不必要损失，出了质量事故的工程不能都推倒报废，只要能保证结构安全和使用功能，仍作为特殊情况进行验收，是属于让步接收的做法，不属于违反《建筑工程质量管理条例》的范围，但其有关技术处理和协商文件应在质量控制资料核查记录表和单位工程质量竣工验收记录表中载明。

（五）通过返修或加固处理仍不能满足安全使用要求的分部工程及单位工程，严禁验收

这种情况通常是指不可修复，或采取措施后仍不能满足设计要求。这种情况应坚决返工重做，严禁验收。

第五节　建筑工程竣工质量验收

项目竣工质量验收是施工质量控制的最后一个环节，是对施工过程质量控制成果的全面检验，是从终端把关方面进行质量控制。未经验收或验收不合格的工程，不得交付使用。

一、竣工质量验收的依据

工程项目竣工质量验收的依据有以下几个：

（1）国家相关法律法规和建设主管部门颁布的管理条例和办法。

（2）工程施工质量验收统一标准。

（3）专业工程施工质量验收规范。

（4）批准的设计文件、施工图纸及说明书。

（5）工程施工承包合同。

（6）其他相关文件。

二、竣工质量验收的要求

建筑工程施工质量应按下列要求进行验收：

（1）建筑工程施工质量应符合本标准和相关专业验收规范的规定。

（2）建筑工程施工应符合工程勘察、设计文件的要求。

（3）参加工程施工质量验收的各方人员应具备规定的资格。

（4）工程质量的验收均应在施工单位自行检查评定的基础上进行。

（5）隐蔽工程在隐蔽前应由施工单位通知有关单位进行验收，并应形成验收文件。

（6）涉及结构安全的试块、试件及有关材料，应按规定进行见证取样检测。

（7）检验批的质量应按主控项目和一般项目验收。

（8）对涉及结构安全和使用功能的重要分部工程应进行抽样检测。

（9）承担见证取样检测及有关结构安全检测的单位应具有相应资质。

（10）工程的观感质量应由验收人员通过现场检查，并应共同确认。

三、竣工质量验收的标准

单位工程是工程项目竣工质量验收的基本对象。单位（子单位）工程质量验收合格应符合下列规定：

（1）单位（子单位）工程所含分部（子分部）工程的质量均应验收合格。

（2）质量控制资料应完整。

（3）单位（子单位）工程所含分部工程有关安全和功能的检验资料应完整。

（4）主要功能项目的抽查结果应符合相关专业质量验收规范的规定。

（5）观感质量验收应符合要求。

四、竣工验收备案

我国实行建设工程竣工验收备案制度。新建、扩建和改建的各类房屋建筑工程和市政基础设施工程的竣工验收，均应按《建设工程质量管理条例》规定进行备案。

（1）建设单位应当自建设工程竣工验收合格之日起15日内，将建设工程竣工验收报告和规划、公安消防、环保等部门出具的认可文件或准许使用文件，报建设行政主管部门或者其他相关部门备案。

（2）备案部门在收到备案文件资料后的15日内，对文件资料进行审查，符合要求的工程，在验收备案表上加盖"竣工验收备案专用章"，并将一份送建设单位存档。如审查中发现建设单位在竣工验收过程中，有违反国家有关建设工程质量管理规定行为的，责令停止使用，重新组织竣工验收。

（3）建设单位有下列行为之一的，责令改正，处以工程合同价款2%以上4%以下的罚款；造成损失的依法承担赔偿责任：

①未组织竣工验收，擅自交付使用的。

②验收不合格，擅自交付使用的。

③对不合格的建设工程按照合格工程验收的。

第十一章 建筑工程安全文明管理

第一节 施工现场场容管理

一、文明施工

（一）文明施工的意义

文明施工的意义主要体现在以下几个方面：

第一，文明施工能促进建筑企业综合管理水平的提高。保持良好的作业环境和秩序，对促进安全生产、加快施工进度、保证工程质量、降低工程成本、提高经济和社会效益有较大作用。文明施工涉及人、财、物各个方面，贯穿于施工全过程。一个工地的文明施工水平是该工地乃至所在建筑企业在工程项目施工现场的综合管理水平的体现。

第二，文明施工是适应现代化施工的客观要求。现代化施工需要采用先进的技术、工艺、材料、设备和科学的施工方案，需要严密组织、严格要求、标准化管理和高素质的职工。文明施工能适应现代化施工的要求，是实现优质、高效、低耗、安全、清洁、卫生的有效手段。

第三，文明施工有利于员工的身心健康，有利于培养和提高施工队伍的整体素质。文明施工可提高职工队伍的文化、技术和思想素质，培养尊重科学、遵守纪律、团结协作的大生产意识，促进建筑企业精神文明建设，从而可以促进施工队伍整体素质的提高。

第四，文明施工代表建筑企业的形象。良好的施工环境与施工秩序，可以得到社会的支持和信赖，提高建筑企业的知名度和市场竞争力。

（二）文明施工专项方案

工程开工前，施工单位须将文明施工纳入施工组织设计，编制文明施工专项方案，制定相应的文明施工措施，并确保文明施工措施费的投入。

文明施工专项方案应由工程项目技术负责人组织人员编制，送施工单位技术部门的专业技术人员审核，报施工单位技术负责人审批，经项目总监理工程师（建设单位项目负责人）审查同意后执行。文明施工专项方案一般包括以下内容。①施工现场平面布置图，包括临时设施、现场交通、现场作业区、施工设备机具、安全通道、消防设施及通道的布置，成品、半成品、原材料的堆放等。大型工程施工中，平面布置图会受施工进程的影响而发生较大变动，可按基础、主体、装修三阶段进行施工平面布置图设计。②施工现场围挡的设计。③临时建筑物、构筑物、道路场地硬地化等单体的设计。④现场污水排放、现场给水（含消防用水）系统设计。⑤粉尘、噪声控制措施。⑥现场卫生及安全保卫措施。⑦施工区域内及周边地上建筑物、构筑物及地下管网的保护措施。⑧制订并实施防高处坠落、物体打击、机械伤害、坍塌、触电、中毒、防台风、防雷、防汛、防火灾等应急救援预案（包括应急网络）。

（三）文明施工的组织和制度管理

1.组织管理

文明施工是施工企业、建设单位、监理单位、材料供应单位等参建各方的共同目标和共同责任，建筑施工企业是文明施工的主体，也是主要责任者。

施工现场应成立以项目经理为第一责任人的文明施工管理组织。分包单位应服从总包单位的文明施工管理组织的统一管理，并接受监督检查。

2.制度管理

各项施工现场管理制度应有文明施工的规定，包括个人岗位责任制、经济责任制、安全检查制度、持证上岗制度、奖惩制度、竞赛制度和各项专业管理制度等。

加强和落实现场文明检查、考核及奖惩管理，以促进施工文明管理工作的提高。检查范围和内容应全面周到，包括生产区、生活区、场容场貌、环境文明及制度落实等内容。针对检查发现的问题应采取整改措施。

（四）文明施工的基本要求

第一，施工现场主出入口必须醒目，并在明显的位置设"五牌一图"（工程概况牌、消防保卫牌、安全生产牌、文明施工牌、管理人员名单及监督电话牌、施工现场总平面图）。

第二，工地内要设立"两栏一报"（宣传栏、读报栏、黑板报），针对施工现场情况，并适当更换内容，确实起到鼓舞士气、表扬先进的作用。

第三，建立文明施工责任制，划分区域，明确管理负责人，实行挂牌制，施工现场的管理人员在施工现场应当佩戴证明其身份的证卡。

第四，应当做好施工现场安全保卫工作，采取必要的防盗措施，在现场周边设立围护设施。

第五，施工现场场地平整，道路坚实畅通，有排水措施；在适当位置设置花草等绿化植物，美化环境；基础、地下管道施工完后要及时回填平整、清除积土；现场施工临时水电要有专人管理，不得有长流水、长明灯。

第六，施工区域与宿舍区域严格分隔，并有门卫值班；场容场貌整齐、有序，材料区域堆放整齐，在施工区域和危险区域设置醒目安全警示标志。

第七，施工现场的临时设施，包括生产、生活、办公用房、仓库、料具场、管道以及照明、动力线路，要严格按照施工组织设计确定的施工平面图布置、搭设或埋设整齐，并符合卫生、通风、照明等要求。职工的膳食、饮水供应等应符合卫生要求。

第八，施工现场的各种安全设施和劳动保护器具，必须定期进行检查和维护，及时消除隐患，保证其安全有效。有严格的成品保护措施，严禁损坏污染成品。

第九，应严格依照《中华人民共和国消防条例》的规定，在施工现场建立和执行防火管理制度，设置符合消防要求的消防设施，并保持完好的备用状态。在容易发生火灾的地区施工，或者储存、使用易燃易爆器材时，应采取特殊的消防安全措施。

第十，严格遵守各地政府及有关部门制定的与施工现场场容场貌有关的法规。

二、施工现场场容管理

（一）施工现场场容管理的意义和内容

1.场容管理的意义

施工现场的场容管理，实际上是根据施工组织设计的施工总平面图，对施工现场进行的管理，它是保持良好的施工现场秩序，保证交通道路和水电畅通，实现文明施工的前提。场容管理的好坏，不仅关系到工程质量的优劣、人工材料消耗的多少，还关系到施工人员生命财产的安全，因此，场容管理体现了建筑工地管理水平和施工人员的精神状态。

2.场容管理的内容

施工现场场容管理的主要内容有：①严格按照施工总平面图的规定建设各项临时设施，堆放大宗材料、成品、半成品及生产设备；②审批各参建单位需用场地的申请，根据不同时间和不同需要，结合实际情况，在总平面图设计的基础上进行合理调整；③贯彻当地政府制定的场容管理有关条例，实行场容管理责任制度，做到场容整齐、清洁、卫生、安全，交通畅通，防止污染。

3.常见的场容问题

开工之初，一般工地场容管理较好，随着工程铺开，由于控制不严，未按施工程序办事，场容逐渐乱起来，常见的场容问题有：①随意弃土与取土，形成坑洼和堵塞道路；②临时设施搭设杂乱无章；③全场排水无统一规划，洗刷机械和混凝土养护排出的污水遍地流淌，道路积水，泥浆飞溅；④材料进场，不按规定场地堆放，某些材料、构件过早进场，造成场地拥塞，特别是预制构件不分层和不分类堆放，随地乱摆，大量损坏；⑤施工余料残料清理不及时，日积月累，废物成堆；⑥拆下的模板、支撑等周转材料任意堆放，甚至用来垫路铺沟，被埋入土中；⑦管沟长期不回填，到处深沟壁垒，影响交通，危及安全；⑧管道损坏，阀门不严，水流不断；⑨乱接电源，乱拉电线。

（二）施工现场场容管理的原则和方法

1.实行场容管理责任制度

按专业分工种实行场容管理责任制，把场容管理的目标进行分解，落实到有关专业和工种，是实行场容管理责任制的基本任务。例如：土方施工必须按指定地点堆土，谁挖土、谁负责；现场混凝土搅拌站、水泥库、砂石堆场的场容，由混凝土搅拌站人员管理；搅拌站前的道路清理、污水排放，由使用混凝土的单位负责。

2.进行动态管理

施工现场的情况是随着工程进展不断变化的，为了适应这种变化，不可避免地要经常对现场平面布置进行调整，但必须在总平面图的控制下，严格按照场容管理的各项规定，进行动态管理。

3.勤于检查，及时整改

场容管理检查工作要从工程施工开始直到竣工交验为止。检查结果要和各工种施工任务书的结算结合起来，凡是责任区内场容不符合规定的，不予结算，责令限期整改。

（三）施工现场场容要求

1.现场围挡

①市区主要路段和市容景观道路及机场、码头、车站广场的工地，应设置高度不小于2.5m的封闭围挡；一般路段的工地，应设置高度不小于1.8m的封闭围挡。②围挡须沿施工现场周边连续设置，不得留有缺口，做到坚固、平直、整洁、美观。③围挡应采用砌体、金属板材等硬质材料，禁止使用彩条布、竹笆、石棉瓦、安全网等易变形材料。④围挡应根据施工场地地质、周围环境、气象、材料等进行设计，确保围挡的稳定性、安全性。围挡禁止用于挡土、承重，禁止倚靠围挡堆放物料、器具等。⑤砌筑围墙厚度不得小于180mm，应砌筑基础大放脚和墙柱，基础大放脚埋地深度不小于500mm（在混凝土或沥青

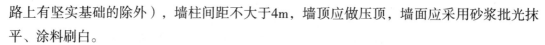

路上有坚实基础的除外），墙柱间距不大于4m，墙顶应做压顶，墙面应采用砂浆批光抹平、涂料刷白。

2.封闭管理

①施工现场应有一个以上的固定出入口，出入口应设置大门，大门高度一般不得低于2m。②大门处应设门卫室，实行人员出入登记、门卫人员职守管理制度及交接班制度，并应配备门卫职守人员，禁止无关人员进入施工现场。③施工现场人员均应佩戴证明其身份的证卡，管理人员和施工作业人员应戴（穿）分颜色区别的安全帽（工作服）。④施工现场出入口应标有企业名称或标志，并应设置车辆冲洗设施。

3.施工场地

①施工现场的场地应当整平，清除障碍物，无坑洼和凹凸不平，雨季不积水，暖季应适当绿化。②施工现场应有防止扬尘的措施。经常洒水，对粉尘源进行覆盖遮挡。③施工现场应设置排水设施，且排水通畅，无积水。设置排水沟及沉淀池，不应有跑、冒、滴、漏等现象，现场废水不得直接排入市政污水管网和河流。④施工现场应有防止泥浆、污水、废水污染环境的措施。⑤施工现场应设置专门的吸烟处，严禁随意吸烟。⑥现场存放的油料、化学溶剂等应设有专门的库房，地面应进行防渗漏处理。禁止将有毒、有害废弃物作土方回填。⑦施工现场应设置密闭式垃圾站，建筑垃圾、生活垃圾应分类存放，并及时清运出场；建筑物内外的零散碎料和垃圾渣土应及时清理。清运必须采用相应容器或管道运输，严禁凌空抛掷；现场严禁焚烧各类垃圾及有毒有害物质。

4.道路

①施工现场的主要道路及材料加工区地面应进行硬化处理。硬化材料可以采用混凝土、预制块或用石屑、焦渣、砂头等压实整平，保证不沉陷、不扬尘，防止泥土带入市政道路。②施工现场道路应畅通，应有循环干道，满足运输、消防要求。③路面应平整坚实，中间起拱，两侧设排水设施，主干道宽度不宜小于3.5m，载重汽车转弯半径不宜小于15m，如因条件限制，应当采取措施。④道路布置要与现场的材料、构件、仓库等料场、吊车位置相协调；应尽可能利用永久性道路，或先建好永久性道路的路基，在土建工程结束之前再铺路面。

5.安全警示标志

安全标志分禁止标志（共40种）、警告标志（共39种）、指令标志（共16种）和提示标志（共8种）。安全警示标志的图形、尺寸、颜色、文字说明和制作材料等，均应符合国家标准规定。

根据国家有关规定，施工现场入口处、施工起重机械、临时用电设施、脚手架、出入通道口、楼梯口、电梯井口、孔洞口、桥梁口、隧道口、基坑边沿、爆破物及有害危险气体和液体存放处等属于危险部位，应当设置明显的安全警示标志。

三、临时设施管理

（一）临时设施的选址

施工现场按照功能可划分为施工作业区、辅助作业区、材料堆放区和办公生活区。办公生活区内临时设施的选址首先应考虑与作业区相隔离，并保持一定的安全距离；其次，位置的周边环境必须具有安全性，例如，不得设置在高压线下，也不得设置在沟边、崖边、河流边、强风口处、高墙下，以及滑坡、泥石流等灾害地质带上和山洪可能冲击到的区域。

保持安全距离是指办公生活区内的临时设施应设置在施工坠落半径和高压线防电距离之外。若建筑物高度为2~5m，其坠落半径为2m；高度为30m，其坠落半径为5m，如因条件限制，办公生活区内临时设施设置在坠落半径区域内，则必须有防护措施。1kV以下裸露输电线的安全距离为4m，330~550kV的安全距离为15m。临时设施选址的基本要求是：①临时设施布置在工地现场以外时，按照生产需要选择适当的位置，行政管理的办公室等应靠近工地或是工地现场出入口；②临时设施布置在工地现场以内时，一般布置在现场的四周或集中于一侧；③临时设施如混凝土搅拌站、钢筋加工厂、木材加工厂等，应经过全面分析比较再确定位置。

（二）临时设施搭设的一般要求

①施工现场的办公区、生活区和施工区须分开设置，并采取有效隔离防护措施，保持安全距离；办公区、生活区的选址应符合安全性要求。尚未竣工的建筑物禁止用于办公或设置员工宿舍。②施工现场临时用房应进行必要的结构计算，符合安全使用要求，所用材料应满足卫生、环保和消防要求。宜采用轻钢结构拼装活动板房，或使用砌体材料砌筑，搭建层数不得超过两层。严禁使用竹棚、油毡、石棉瓦等柔性材料搭建。装配式活动房屋应具有产品合格证，应符合国家和本省的相关规定要求。③临时用房应具备良好的防潮、防台风、通风、采光、保温、隔热等性能。墙壁应抛光抹平刷白，顶棚应抹灰刷白或吊顶；办公室、宿舍、食堂等窗地面积比不应小于1:8；厕所、淋浴间窗地面积比不应小于1:10。④临时设施内应按《施工现场临时用电安全技术规范》要求架设用电线路，配线必须采用绝缘导线或电缆，应根据配线类型采用瓷瓶、瓷（塑料）夹、嵌绝缘槽、穿管或钢索敷设，过墙处应穿管保护，非埋地明敷干线距地面高度不得小于2.5m，低于2.5m的必须采取穿管保护措施。室内配线必须有漏电保护、短路保护和过载保护，用电应做到"三级配电两级保护"，未使用安全电压的灯具距地高度应不低于2.4m。

（三）临时设施的搭设和使用管理

1.办公室

办公室应建立卫生值日制度，保持卫生整洁、明亮美观，文件、图纸、用品、图表摆放整齐。办公用房的防火等级应符合规范要求。

2.职工宿舍

①宿舍应当通风、干燥，防止雨水、污水流入；应设置可开启式窗户，并设置外开门。②宿舍内应保证有必要的生活空间，室内净高不得小于2.5m，通道宽度不得小于0.9m，每间宿舍居住人员不应超过16人，人均面积不应小于2.5m²；宿舍内的单人铺不得超过2层，严禁使用通铺，床铺应高于地面0.3m，人均床铺面积不得小于1.9m×0.9m，床铺间距不得小于0.3m。③宿舍内应设置生活用品专柜，有条件的宿舍宜设置生活用品储藏室；室内严禁存放施工材料、施工机具和其他杂物。④宿舍在炎热季节应有防暑降温和防蚊虫叮咬措施，设有盖垃圾桶，不乱泼乱倒，保持卫生清洁；寒冷地区冬季宿舍应有保暖措施、防煤气中毒措施，火炉应统一设置和管理。

3.食堂

①食堂应选择在通风、干燥的位置，防止雨水、污水流入；应当保持环境卫生，远离厕所、垃圾站、有毒有害场所等污染源的地方，装修材料必须符合环保、消防要求。②食堂应设置独立的制作间、储藏间；配备必要的排风设施和冷藏设施，安装纱门纱窗，室内不得有蚊蝇，门下方应设不低于0.2m的防鼠挡板。③食堂制作间灶台及其周边应贴瓷砖，瓷砖的高度以1~5m为宜；地面应做硬化和防滑处理，按规定设置污水排放设施。④制作间的刀、盆、案板等炊具必须生熟分开，食品必须有遮盖，遮盖物品应有正反面标志，炊具宜存放在封闭的橱柜内；应有存放各种佐料和副食的密闭器皿，并应有标志，粮食存放台距墙和地面应大于0.2m。⑤食堂的燃气罐应单独设置存放间，存放间应通风良好并严禁存放其他物品。

4.厕所

①施工现场应保持卫生，不准随地大小便；应设置水冲式或移动式厕所，厕所地面应硬化，门窗齐全；蹲坑间宜设置搁板，搁板高度不宜低于0.9m。②厕所大小应根据施工现场作业人员的数量设置。高层建筑施工超过8层以后，每隔4层宜设置临时厕所。③厕所应设置三级化粪池，化粪池必须进行抗渗处理，污水通过化粪池后方可接入市政污水管线。卫生应有专人负责清扫、消毒，化粪池应及时清掏。④厕所应设置洗手盆，厕所的进出口处应设有明显标志。

5.淋浴间

①施工现场应设置男女淋浴间与更衣间，淋浴间地面应做防滑处理，淋浴喷头数量应

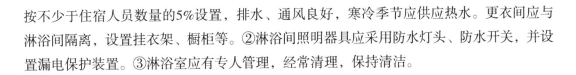

按不少于住宿人员数量的5%设置，排水、通风良好，寒冷季节应供应热水。更衣间应与淋浴间隔离，设置挂衣架、橱柜等。②淋浴间照明器具应采用防水灯头、防水开关，并设置漏电保护装置。③淋浴室应有专人管理，经常清理，保持清洁。

四、料具管理

（一）料具管理的分类

1.现场材料管理

建筑工程施工现场是建筑材料（包括形成工程实体的主要材料、构配件及有助于工程形成的其他材料）的消耗场所，现场材料管理在施工生产不同阶段有不同的管理内容。

①施工准备阶段现场材料管理工作的主要内容有了解工程概况，调查现场条件，计算材料用量，编制材料计划，确定供料时间和存放位置。根据施工预算，提出材料需用量计划及构配件加工计划，做到品种、规格、数量准确。②施工阶段现场材料管理工作的主要内容有进场材料验收，现场材料保管和使用。材料管理人员应全面检查、验收入场材料，应特别注意规格、质量、数量等方面；还要妥善保管，减少损耗，严格按施工平面图计划的位置存放。③施工收尾阶段现场材料管理工作的主要内容有保证施工材料的顺利转移，对施工中产生的建筑垃圾及时过筛、挑拣复用，随时处理不能利用的建筑垃圾。

2.工具管理

（1）工具的分类

按工具的价值和使用期限分为固定资产工具、低值易耗工具、消耗性工具；按工具的使用范围分为专用工具、通用工具；按工具的使用方式分为个人使用工具、班组共用工具。

（2）工具管理方法

大型工具和机械一般采用租赁办法，就是将大型工具集中一个部门经营管理，对基层施工单位实行内部租赁，并独立核算。基层施工单位在使用前要提出计划，主管部门经平衡后，双方签订租赁合同，明确双方权利、义务和经济责任，规定奖罚界限。这样就可以适应大型工具专业性强、安全要求高的特点，使大型工具能够得到专业、经常的养护，确保安全生产。

小型工具和机械则可采取"定包"办法。小型工具是指不同工种班组配备使用的低值易耗工具和消耗工具。这部分工具对班组实行定包，特别是一些劳保用品，要发放到每个工人，并监督工人正确使用，让工人养成一个良好的习惯。

（二）料具管理的一般要求

施工现场外临时存放施工材料，必须经有关部门批准，并应按规定办理临时占地手续。

施工现场内的施工材料必须严格按照平面图确定的场地码放，并设立标志牌。材料码放整齐，不得妨碍交通和影响市容，堆放散料时应进行围挡。

施工现场各种料具应分规格码放整齐、稳固。预制圆孔板、大楼板、外墙板等大型构件和大模板存放时，场地应平整夯实，有排水措施，并设置围挡进行防护。

施工现场的材料保管，应依据材料性能采取必要的防雨、防潮、防晒、防冻、防火、防爆、防损坏、防锈蚀等措施。贵重物品、易燃、易爆和有毒物品应及时入库，专库专管，加设明显标志，并建立严格的领退料手续。

施工中使用的易燃易爆材料，严禁在结构内部存放，并严格以当日的需求量发放。

施工现场应有用料计划，按计划进料，使材料不积压，减少退料；同时做到钢材、木材等料具合理使用，长料不短用，优材不劣用。

材料进、出现场应有查验制度和必要手续。

（三）施工现场料具存放要求

1.大堆材料的存放要求

①机砖码放应成丁（每丁为200块）、成行，高度不超过1.5m；加气混凝土块、空心砖等轻质砌块应成垛、成行，堆码高度不超过1.8m；耐火砖不得淋雨受潮；各种水泥方砖及平面瓦不得平放。②砂、石、灰、陶粒等存放成堆，场地平整，不得混杂；色石渣要下垫上盖，分档存放。

2.水泥的存放要求

①库内存放：水泥库要具备有效的防雨、防水、防潮措施；分品种、型号堆码整齐，离墙不小于10cm，严禁靠墙；垛底架空垫高，保持通风防潮，垛高不超过10袋；抄底使用，先进先出，库门上锁，专人管理。②露天存放：临时露天存放必须具备可靠的盖、垫措施，下垫高度不低于30cm，做到防水、防雨、防潮、防风。③散灰存放：应存放在固定容器（散灰罐）内，没有固定容器时应设封闭的专库存放，并具备可靠的防雨、防水、防潮等措施。④袋装粉煤灰、白灰粉应存放在料棚内，或码放整齐后搭盖以防雨淋。

3.钢材及金属材料的存放要求

①钢材及金属材料须按规格、品种、型号、长度分别挂牌堆放，底垫不小于20cm，做到防雨、防潮。②有色金属、薄钢板、小口径薄壁管应存放在仓库或料棚内，不得露天

存放。③堆放要整齐，做到一头齐、一条线。盘条要靠码整齐，成品、半成品及剩余料应分类码放，不得混堆。

4.油漆涂料及化工材料的存放要求

①油漆涂料及化工材料按品种、规格，存放在干燥、通风、阴凉的仓库内，严格与火源、电源隔离，温度应保持在5~30℃。②保持包装完整及密封，码放位置要平稳牢固，防止倾斜与碰撞；应先进先发，严格控制保存期；油漆应每月倒置一次，以防沉淀。③应有严格的防火、防水措施，对于剧毒品、危险品（电石、氧气等）须设专库存放，并有明显标志。

5.其他轻质装修材料的存放要求

①装修材料应分类码放整齐，底垫木不低于10cm，分层码放时高度不超过1.8m。②应具备防水、防风措施，应进行围挡、上盖；石膏制品应存放在库房或料棚内，竖立码放。

6.周转料具的存放要求

①周转料具应随拆、随整、随保养，码放整齐；各种扣件、配件集中堆放，并设围挡。②钢支撑、钢跳板分层颠倒码放成方，高度不超过1.8m。③组合钢模板应扣放（或顶层扣放）；大模板应对面立放，倾斜角不小于70°，大模板需要搭插放架时，插放架的两个侧面必须做剪刀撑；清扫模板或刷隔离剂时，必须将模板支撑牢固，两模板之间有不小于60cm的走道。

第二节　治安与环境管理

一、治安管理

（一）治安保卫工作的任务

施工企业对施工现场治安保卫工作实行统一管理。企业有关部门负责监督、检查、指导施工现场落实治安保卫责任制，进行业务指导。施工现场治安保卫工作的主要任务如下：

1.贯彻方针，学习教育

认真贯彻执行国家、地方和行业治安保卫工作的法律、法规和规章。施工企业要结合施工现场特点，对施工现场有关人员开展社会主义法制教育、敌情教育、保密教育和防盗、防火、防破坏、防治安灾害事故教育等治安保卫工作的宣传，增强施工人员的法制观念和治安意识，提高警惕。

每月对职工进行一次治安教育，每季度召开一次治保会，定期组织保卫检查。根据法律、法规规定，协助公安机关对犯罪分子、劳动教养所外执行人员进行监督、考察和教育。

2.制定制度，落实措施

（1）治安保卫人员管理

施工企业要加强治安保卫队伍建设，提高治安保卫人员和值班守卫人员的素质，保持治安保卫人员的相对稳定。积极和当地公安机关结合，搞好企业治安保卫队伍建设。由施工企业提出申请，经公安机关批准，可以建立经济民警、专职治安保卫组织，为施工现场治安保卫工作提供可靠的人员保证。

施工现场聘用的专职、兼职保卫人员，要身体健康、品行良好，具有相应的法律知识和安全保卫知识；施工现场任命的保卫组织负责人，应当具有安全保卫工作经验和一定的组织管理、指挥能力；重要岗位保卫人员应当按照公安机关制定的保卫人员上岗标准，经过培训，取得上岗合格证书，方可从事保卫工作；有违法犯罪记录的人员，不得从事保卫工作。

（2）治安保卫制度管理

施工企业应当制定和完善各项治安保卫工作制度，建立一个治安保卫管理体系。根据国家有关规定，结合施工现场实际，建立以下有关制度：①门卫、值班、巡逻制度；②现金、票证、物资、产品、商品、重要设备和仪器、文物等安全管理制度；③易燃易爆物品、放射性物质、剧毒物品的生产、使用、运输、保管等安全管理制度；④机密文件、图纸、资料的安全管理和保密制度；⑤施工现场内部公共场所和集体宿舍的治安管理制度；⑥治安保卫工作的检查、监督的考核、评比、奖惩制度；⑦施工现场需要建立的其他治安保卫制度。

（3）治安保卫机构管理

施工现场的治安保卫工作，贯彻"依靠群众，预防为主，确保重点，打击犯罪，保障安全"的方针，坚持"谁主管、谁负责"的原则，实行综合治理，建立并落实治安保卫责任制，并纳入生产经营的目标管理中。治安保卫工作要因地制宜、自主管理，应纳入单位领导责任制。

治安保卫机构与其他机构合建的，治安保卫工作应当保持相对独立。现场应当设立专、兼职治安保卫人员。新建、改建、扩建的建设项目，建设施工现场应当同步规划防盗、防火、防破坏、防治安灾害事故等技术预防设施。重点建设项目的设计会审、竣工验收应当通知公安机关派人参加。重点建设项目的工程承包合同，应有工程治安保卫条款，

明确建设施工现场的职责，落实工程治安保卫工作的经费和措施。

（4）重点部位防范管理

加强重点防范部位、贵重物品、危险物品等的安全管理。施工企业应当按照地方人民政府的有关规定正确划定施工现场的要害部门、部位；制定和落实要害部门、部位的各项治安保卫制度和措施，经常进行安全检查，消除隐患，堵塞漏洞；要害部门、部位的职工应当严格按照规定条件配备，经培训合格后方可上岗工作；要害部门、部位应当安装报警装置和其他技术防范装置。

（5）经费与设施管理

施工企业要为保卫组织配备必要的装备，并安排必要的业务经费；为施工现场配备安全技术防范设施和器材。

3.积极配合，组织活动

施工现场保卫组织是在施工企业领导和公安机关的监督、指导下，依照法律、法规规定的职责和权限，进行治安保卫工作。应积极配合当地公安机关组织的各项活动，加强治安信息工作，发现可疑情况、不安定事端及时报告公安、企业保卫部门；发生事故或案件，要保护刑事、治安案件和治安灾害事故现场，抢救受伤人员和物资，并及时向公安、企业保卫部门报告，协助公安机关、企业保卫部门做好侦破和处理工作；参加当地公安机关组织的治安联防、综合治理活动，协助公安机关查破刑事案件和查处治安案件、治安灾害事故。

4.其他治安保卫工作

做好法律、法规和规章规定的其他治安保卫工作，办理人民政府及其公安机关交办的其他治安保卫事项。

施工现场治安保卫工作还包括：内部各施工队伍的治安管理；调解、疏导施工现场内部纠纷，消除、化解不安定因素，维护施工现场的内部稳定；提高警惕，对职责范围内的地区多巡视、勤检查，及时发现和消除治安隐患；对公安机关指出的治安隐患和提出的改进建议，在规定的期限内解决，并将结果报告公安机关；对暂时难以解决的治安隐患，采取相应的安全措施；防止发生偷窃或治安灾害事故的发生。

（二）治安保卫工作的落实

做好施工现场治安保卫工作，应从以下几个方面着手落实：

1.实行双向承诺，明确责权，规范治安承诺

①总承包企业的项目经理部配合当地派出所，向施工现场的所有施工队伍公开承诺检查、防范等各项工作内容，各项责任追究及赔偿办法。②所有施工队伍向派出所承诺，依照施工现场治安保卫条例，落实防范措施的内容及自负责任，互签治安承诺服务责任书，

健全警方与企业主要责任人联席议事、赔偿责任金管理等制度，从而使双方各司其职，风险共担，责任共负。

2.专业保安驻场，阵地前移，落实治安承诺

驻场专业保安的任务是协助公司从门卫值班、安全教育到调查、处理纠纷，从四防检查到各类案件的防范等，主要做到"两建一查一提高"。

（1）"两建"

"两建"是建立一套行之有效的安全管理制度；建立内保自治队伍，并负责相关培训工作。

（2）"一查"

"一查"是指驻场专业保安与内部干部每天对各环节安全生产情况进行一次检查，对施工现场内部及周边各类纠纷及时调查、处理，做到"三个及时，稳妥调处"，即工地内部发生纠纷，责任区专业保安与内保干部及时赶到、及时调查、及时处理，不让纠纷久拖不决，不使纠纷扩大升级，保证不影响施工现场的正常生产经营。

（3）"一提高"

"一提高"是指聘请政法部门的领导和专家到场讲课，提高职工的法律意识。

3.构筑防范网络，固本强基，拓展治安承诺

扎实的防范工作是治安的基础平台。要牢固树立"管理就是服务"的思想，加强对施工现场安全防范工作的检查，指导、督促各项防范措施落实。

①通过认真分析施工现场的治安环境，建立由点到线、由线到面的立体防控体系，做到人防、物防和技防相结合，增大防范力度，提高防范效益。②重点狠抓不同施工队伍的"单位互防"，即由项目部组织施工现场成立联合巡逻队开展护场安全保卫工作，重点加强对要害部位、重要机械和原材料生产的安全保卫和夜间巡逻。

4.加强内保建设，群防群治，夯实治安承诺

（1）加强内保组织建设

施工现场要建立保卫科，配齐、配强一名专职保卫科长，选取治安积极分子作为兼职内保员。保卫科定期召开会议研究解决工作中遇到的新情况、新问题，找出薄弱环节，有针对性地开展工作。

（2）加强规范化建设

保卫科要做到"八有"，即有房子、有牌子、有章、有办公用品、有档案、有台账、有规章制度、有治安信息队伍。保卫科长与责任区民警合署办公，每月到派出所参加例会，总结汇报上月工作情况，接受新的工作部署和安排。

（3）发挥职能作用

内保组织要认真履行法制宣传、安全防范、调解纠纷和落实帮教等方面的职责，积极

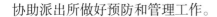

协助派出所做好预防和管理工作。

（三）现场治安管理制度

第一，项目部由安全负责人挂帅，成立由管理人员、工地门卫及工人代表参加的治安保卫工作领导小组，对工地的治安保卫工作全面负责。

第二，及时对进场职工进行登记造册，主动到公安外来人口管理部门申请领取暂住证，门卫值班人员必须坚持日夜巡逻，积极配合公安部门做好本工地的治安联防工作。

第三，集体宿舍应做到定人定位，不得男女混居，杜绝聚众斗殴、赌博、嫖娼等违法事件发生，不准留宿身份不明的人员，外来人员留住工地必须经工地负责人同意，并登记备案，保证集体宿舍的安全。

第四，施工现场人员组成复杂，流动性较大，给施工现场管理工作带来诸多不利因素，考虑到治安和安全等问题，必须对暂住人员制定切实可行的管理制度，严格管理。

第五，成立治保组织或者配备专（兼）职治保人员，协助做好暂住人员管理工作。

第六，做好防火防盗等安全保卫工作，资金、危险品、贵重物品等必须妥善保管。

第七，经常对职工进行法律法制知识及道德教育，使广大职工知法、懂法，从而减少或避免违法案件的发生。

第八，严肃各项纪律制度，加强社会治安、综合治理工作，健全门卫制度和各项综合管理制度，增强门卫的责任心。门卫必须坚持对外来人员进行询问登记，身份不明者不准进入工地。

第九，夜间值班人员必须流动巡查，发现可疑情况，立即报告项目部进行处理。

第十，当班门卫一定要坚守岗位，不得在班中睡觉或做其他事情。

第十一，发现违法乱纪行为，应及时予以劝阻和制止，对严重违法犯罪分子，应将其扭送或报告公安部门处理。

第十二，夜间值班人员要做好夜间火情防范工作，一旦发现火情，立即发出警报，严重火情要及时报警。

二、环境管理

（一）环境管理的特点与意义

1.建设工程项目环境管理的特点

（1）复杂性

建筑产品的固定性和生产的流动性，决定了环境管理的复杂性。建筑产品生产过程中，生产人员、工具和设备总是在不断流动的，加之建筑产品受不同外部环境影响的因素

较多，使环境管理很复杂，稍有考虑不周就会出现问题。

（2）多样性

建筑产品生产过程的多样性和生产的单件性，决定了环境管理的多样性。每一个建筑产品都要根据其特定要求进行施工，因此，对于每个建设工程项目都要根据其实际情况，制订健康安全管理计划，不可相互套用。

（3）协调性

建筑产品不能像其他许多工业产品一样可以分解为若干部分同时生产，而必须在同一固定场地按严格程序连续生产，上一道程序不完成，下一道程序不能进行，上一道工序生产的结果往往会被下一道工序所掩盖，而且每一道程序由不同的人员和单位来完成。因此，在环境管理中要求各单位和各专业人员横向配合和协调，共同注意产品生产过程接口部分的环境管理的协调性。

（4）不符合性

产品的委托性决定了环境管理的不符合性。建筑产品在建造前就确定了买主，按建设单位特定的要求委托进行生产建造。而建设工程市场在供大于求的情况下，业主经常会压低标价，造成产品的生产单位对健康安全管理的费用投入减少，使得不符合环境管理有关规定的现象时有发生。这就要求建设单位和生产组织必须重视对环保费用的投入，不可不符合环境管理的要求。

（5）持续性

产品生产的阶段性决定了环境管理的持续性。建设工程项目从立项到投产使用要经历五个阶段，即设计前的准备阶段（包括项目的可行性研究和立项）、设计阶段、施工阶段，使用前的准备阶段（包括竣工验收和试运行）、保修阶段。这五个阶段都要十分重视项目的安全和环境问题，持续不断地对项目各个阶段可能出现的安全和环境问题实施管理。否则，一旦在某个阶段出现环境问题，就会造成投资的巨大浪费，甚至造成工程项目建设的失败。

（6）经济性

产品的时代性和社会性决定了环境管理的经济性。建设工程产品是时代政治、经济、文化、风俗的历史记录，表现了不同时代的艺术风格和科学文化水平，反映了一定社会的、道德的、文化的、美学的艺术效果，成为可供人们观赏和旅游的景观。建设工程产品是否适应可持续发展的要求，工程的规划、设计、施工质量的好坏，受益和受害不只有使用者，还有整个社会。因此，除了考虑各类建设工程的使用功能应相互协调外，还应考虑各类工程产品的时代性和社会性要求，其涉及的环境因素多种多样，应逐一加以评价和分析。

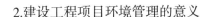

2.建设工程项目环境管理的意义

一是保护和改善施工环境是保证人们身体健康和社会文明的需要。采取专项措施防止粉尘、噪声和水污染，保护好作业现场及其周围的环境，是保证职工和相关人员身体健康，体现社会总体文明的一项利国利民的重要工作。

二是保护和改善施工现场环境是消除对外干扰，保证施工顺利进行的需要。随着人们法制观念和自我保护意识的增强，尤其在城市中，施工扰民问题反映突出，应及时采取防治措施，减少对环境的污染和对市民的干扰，也是施工生产顺利进行的基本条件。

三是保护和改善施工环境是现代化大生产的客观要求。现代化施工广泛应用新设备、新技术、新的生产工艺，对环境质量要求很高，如果粉尘、振动超标就可能损坏设备，影响功能发挥，使设备难以发挥作用。

（二）环境管理方案的落实

建筑企业应根据环境管理体系运行的要求，结合环境管理方案，对所有可能对环境产生影响的人员进行相应培训，主要内容有：①环境方针程序和环境管理体系要求的重要性；②个人工作对环境可能生产的影响；③在实现环境保护要求方面的作用与职责；④违反规定的运行程序和规定，产生的不良后果。

建筑企业要组织有关人员，通过定期或不定期的安全文明施工大检查来审核环境管理方案的执行情况，对环境管理体系的运行实施监督检查。

对项目安全文明施工大检查中发现的环境管理的不符合项，由主管部门开出不符合报告，项目技术部门根据不符合项分析产生的原因，制定纠正措施，交专业工程师负责落实实施。

（三）污染的防治

1.大气污染的防治

施工现场空气污染的防治措施主要针对粒子状态污染物和气体状态污染物进行治理。

第一，施工现场的主要道路必须进行硬化处理，应指定专人定期洒水清扫，形成制度，防止道路扬尘；土方应集中堆放；裸露的场地和集中堆放的土方应采取覆盖、固化或绿化等措施。

第二，拆除建筑物、构筑物时，应采用隔离、洒水等措施，并应在规定期限内将废弃物清理完毕。

第三，施工现场土方作业应采取防止扬尘措施。

第四，土方、渣土和施工垃圾运输应采用密闭式运输车辆或采取覆盖措施；施工现场

出入口处应采取保证车辆清洁的措施。车辆开出工地要做到不带泥沙，基本做到不洒土、不扬尘，减少对周围环境污染。

第五，施工现场的材料和大模板等存放场地必须平整坚实。对于水泥和其他易飞扬的细颗粒建筑材料的运输、储存，要注意遮盖、密封，应密闭存放或采取覆盖等措施；现场砂石等材料砌池堆放整齐并加以覆盖，定期洒水，运输和卸运时防止遗撒。

第六，大城市市区的建设工程已普遍使用预拌混凝土和砂浆，施工现场混凝土、砂浆搅拌场所应采取封闭、降尘措施控制工地粉尘污染。

第七，施工现场垃圾渣土要及时清理出现场。建筑物内施工垃圾的清运，必须采用相应容器或管道运输，严禁凌空抛掷。严禁利用电梯井或在楼层上向下抛撒建筑垃圾。

第八，施工现场应设置密闭式垃圾站，施工垃圾、生活垃圾应分类存放，并应及时洒水降尘和清运出场。

第九，城区、旅游景点、疗养区、重点文物保护地及人口密集区的施工现场应使用清洁能源。如工地茶炉应尽量采用电热水器；若只能使用烧煤茶炉和锅炉时，应选用消烟除尘型茶炉和锅炉；大灶应选用消烟节能回风炉灶，使烟尘降至允许排放的范围。

2.施工噪声污染的防治

（1）从生产技术方面控制噪声

声源控制：从声源上降低噪声，这是防止噪声污染的最根本措施。施工现场应采用先进施工机械、改进施工工艺、维护施工设备，从声源上降低噪声；现场应按照《建筑施工场界环境噪声排放标准》制定降噪措施。

传播途径的控制，在传播途径上控制噪声的方法主要有以下几种：

吸声：利用吸声材料（大多由多孔材料制成）或由吸声结构形成的共振结构（金属或木质薄板钻孔制成的空腔体）吸收声能，降低噪声。

隔声：应用隔声结构，阻碍噪声向空间传播，将接收者与噪声声源分隔。隔声结构包括隔声室、隔声罩、隔声屏障、隔声墙等。工程施工时的外脚手架采用全封闭密目绿色安全网进行全部封闭，使其外观整洁，并且有效地减少噪声，减少对周围环境及居民的影响；施工现场的强噪声机械（如搅拌机、电锯、电刨、砂轮机等）要设置封闭的机械棚，以减少强噪声的扩散。

接收者的防护：让处于噪声环境下的人员使用耳塞、耳罩等防护用品，减少相关人员在噪声环境中的暴露时间，以减轻噪声对人体的危害。

（2）从管理与法规方面控制噪声

对强噪声作业控制，调整制定合理的作业时间：为有效控制施工单位夜晚连续作业（连续搅拌混凝土、支模板、浇筑混凝土等），应严格控制作业时间。当施工单位在居民稠密区进行强噪声作业时，晚间作业不超过22：00，早晨作业不早于6：00，在特殊情况

下应缩短施工作业时间。另外，昼间可以将施工作业时间与居民的休息时间错开，中午避免进行高噪声的施工作业。

加强对施工现场的噪声监测：为了及时了解施工现场的噪声情况，掌握噪声值，应加强对施工现场环境噪声的长期监测。采用专人监测、专人管理的原则，严格按照《建筑施工场界环境噪声排放标准》进行测量，根据测量结果填写"施工场地噪声记录表"，凡超过标准的，要及时对施工现场噪声超标的有关因素进行调整，力争达到施工噪声不扰民的目的。

完善法规内容，提高法规的可操作性：我国的现行法规体系中，虽然规定了建筑施工场界环境噪声排放限值，以及一些防治与治理原则，但实施起来仍然有一定难度。可将经济补偿的内容纳入相关规定中，为处理施工噪声扰民诉讼案件提供经济赔偿依据。这无疑也会促进建筑施工有关各方积极采取噪声污染防治措施。

加大环保观念的宣传与教育：加大在建筑业内外、全社会的环境保护宣传力度，提高作业人员、管理人员、社会居民、执法人员与部门的环境保护意识，全社会共同努力营造城市良性生态环境。

3.水污染的防治

施工现场废水和固体废物随水流流入水体部分，包括泥浆、水泥、油漆、各种油类、混凝土外加剂、重金属、酸碱盐、非金属无机毒物等，造成施工现场的水污染。施工现场水污染物的防治措施包括：

第一，施工现场应统一规划排水管线，建立污水、雨水排水系统，设置排水沟及沉淀池，施工污水经沉淀后方可排入市政污水管网或河流。

第二，禁止将有毒有害废弃物作土方回填，以免污染地下水和环境。

第三，施工现场搅拌站、混凝土泵的废水，现制水磨石的污水，电石（碳化钙）的污水必须经沉淀池沉淀合格后再排放，最好将沉淀水用于工地洒水降尘，或采取措施回收利用。沉淀池要经常清理。

第四，施工现场的临时食堂，污水排放时可设置简易有效的隔油池，定期清理，防止污染；不得将食物加工废料、食物残渣等废弃物倒入下水道。

第五，中心城市施工现场的临时厕所可采用水冲式厕所，并有防蝇、灭蛆措施，化粪池应采取防渗漏措施，防止污染水体和环境。现场厕所产生的污水经过分解、沉淀后通过施工现场内的管线排入化粪池，与市政排污管网相接。

第六，食堂、盥洗室、淋浴间的下水管线应设置过滤网，并应与市政污水管线连接，保证排水通畅。

第七，现场存放油料和化学溶剂等物品应设有库房，地面进行防渗处理，如采用防渗混凝土地面、铺油毡等措施。使用时，要采取防止油料跑、冒、滴、漏的措施，以免污染水体。废弃的油料和化学溶剂应集中处理，不得随意倾倒。

4.固体废物污染的防治

（1）回收利用

回收利用是对固体废物进行资源化、减量化的重要手段之一。对建筑渣土可视其情况加以利用。废钢可按需要用作金属原材料。对废电池等废弃物应分散回收，集中处理。

（2）减量化处理

减量化是对已经产生的固体废物进行分选、破碎、压实浓缩、脱水等措施，减少其最终处置量，降低处理成本，减少对环境的污染。减量化处理也包括和其他处理技术相关的工艺方法，如焚烧、热解、堆肥等。

（3）焚烧技术

焚烧用于不适合再利用且不宜直接予以填埋处置的废物，尤其是对于受到病菌、病毒污染的物品，可用焚烧进行无害化处理。焚烧处理应使用符合环境要求的处理装置，避免对大气的二次污染。

（4）稳定和固化技术

利用水泥、沥青等胶结材料，将松散的废物包裹起来，减小废物的毒性和可迁移性，使得污染减少。

（5）填埋

填埋是固体废物处理的最终技术，经过无害化、减量化处理的废物残渣集中到填埋场进行处置。填埋场应利用天然或人工屏障，尽量使需处置的废物与周围的生态环境隔离，并注意废物的稳定性和长期安全性。

5.施工照明污染的防治

建筑工程施工照明污染也是光污染。减少施工照明污染的措施主要有：

一是根据施工现场照明强度要求选用合理的灯具，"越亮越好"并不科学，也造成不必要的浪费。

二是建筑工程应尽量多采用高品质、遮光性能好的荧光灯，其工作频率在20 kHz以上，使荧光灯的闪烁度大幅度下降，改善了视觉环境，有利于人体健康，少采用黑光灯、激光灯、探照灯、空中玫瑰灯等不利光源。这样既满足照明要求又不刺眼。

三是施工现场应采取遮蔽措施，限制电焊眩光、夜间施工照明光、具有强反光性建筑材料的反射光等污染光源外泄，使夜间照明只照射施工区域而不影响周围居民休息。

四是施工现场大型照明灯应采用俯视角度，不应将直射光线射入空中。利用挡光、遮光板，或利用减光方法将投光灯产生的溢散光和干扰光降到最低限度。

五是加强个人防护措施，对紫外线和红外线等这类看不见的辐射源，必须采取必要的防护措施，如电焊工要佩戴防护眼镜和防护面罩。光污染的防护镜有反射型防护镜、吸收型防护镜、反射—吸收型防护镜、光电型防护镜、变色微晶玻璃型防护镜等，可依据防护对象选择相应的防护镜。

六是对有红外线和紫外线污染以及应用激光的场所，制定相应的卫生标准并采取必要的安全防护措施，注意张贴警告标志，禁止无关人员进入禁区内。

三、环境卫生与防疫

（一）施工区卫生管理

为创造舒适的工作环境，养成良好的文明施工作风，保证职工身体健康，施工区域和生活区域应有明确划分，把施工区和生活区分成若干片，分片包干，建立责任区，从道路交通、消防器材、材料堆放到垃圾、厕所、厨房、宿舍、火炉、吸烟等都有专人负责，做到责任落实到人（名单上墙），使文明施工、环境卫生工作保持经常化、制度化。施工区卫生管理措施如下：

一是施工现场要天天打扫，保持整洁卫生，场地平整，各类物品堆放整齐，道路平坦畅通，无堆放物、散落物，做到无积水、无黑臭、无垃圾，有排水措施。生活垃圾与建筑垃圾要分别定点堆放，严禁混放，并应及时清运。

二是施工现场严禁大小便，发现有随地大小便现象时要对责任区负责人进行处罚。施工区、生活区有明确划分，设置标志牌，标志牌上注明责任人姓名和管理范围。

三是卫生区的平面图应按比例绘制，并注明责任区编号和负责人姓名。

四是施工现场的零散材料和垃圾要及时清理，垃圾临时堆放不得超过3天，如违反本条规定要处罚工地负责人。

五是楼内清理出的垃圾，要用容器或小推车，用塔式起重机或提升设备运下，严禁高空抛撒。

六是施工现场的厕所，做到有顶、门窗齐全并有纱，坚持天天打扫，每周撒白灰，或打一两次药，消灭蝇蛆，便坑须加盖。

（二）生活区卫生管理

1.办公室卫生管理

一是办公室的卫生由办公室全体人员轮流值班，负责打扫，排出值班表。

二是值班人员负责打扫卫生、打水，做好来访记录，整理文具。文具应摆放整齐，做到窗明地净，无蝇、无鼠。

三是冬季负责取暖炉的看火，落地炉灰及时清扫，炉灰按指定地点堆放，定期清理外运，防止发生火灾。

四是未经许可一律禁止使用电炉及其他电加热器具。

2.宿舍卫生管理

一是职工宿舍要有卫生管理制度，实行室长负责制，规定一周内每天卫生值日名单张贴上墙，做到天天有人打扫，保持室内窗明地净、通风良好。

二是宿舍内各类物品应堆放整齐，不到处乱放，做到整齐、美观。

三是宿舍内保持清洁卫生，清扫出的垃圾在指定的垃圾站堆放，并及时清理。

四是生活废水应有污水池，二楼以上也要有水源及水池，做到卫生区内无污水、无污物，废水不得乱倒、乱流。

五是夏季宿舍应有消暑和防蚊虫叮咬措施。冬季取暖炉的防煤气中毒设施必须齐全、有效，建立验收合格证制度，经验收合格后，发证方准使用。

（三）食堂卫生管理

1.食品卫生

（1）采购运输

一是采购外地食品应向供货单位索取县以上食品卫生监督机构开具的检验合格证或检验单，必要时可请当地食品卫生监督机构进行复验。

二是采购食品使用的车辆、容器要清洁卫生，做到生熟分开，防尘、防蝇、防雨、防晒。

三是不得采购、制售腐败变质、霉变、生虫、有异味，或《中华人民共和国食品卫生法》规定禁止生产经营的食品。

（2）储存保管

一是根据《中华人民共和国食品卫生法》的规定，食品不得接触有毒物、不洁物，建筑工程使用的防冻盐（亚硝酸钠）等有毒有害物质，各施工单位要设专人专库存放，严禁亚硝酸盐和食盐同仓共储，要建立健全管理制度。

二是储存食品要隔墙、离地，注意做到通风、防潮、防虫、防鼠。食堂内必须设置合格的密封熟食间，有条件的单位应设冷藏设备。主副食品、原料、半成品、成品要分开存放。

三是盛放酱油、盐等副食调料要做到容器物见本色，加盖存放，清洁卫生。

四是禁止用铝制品、非食用性塑料制品盛放熟菜。

（3）制售过程

一是制作食品的原料要新鲜、卫生，做到不用、不卖腐败变质的食品，各种食品要烧熟煮透，以免食物中毒。

二是制售过程及刀、墩、案板、盆、碗及其他盛器、筐、水池、抹布和冰箱等工具要严格做到生熟分开，售饭菜时要用工具销售直接入口的食品。

三是未经卫生监督管理部门批准，工地食堂禁止供应生吃凉拌菜，以防肠道传染疾病。剩饭、菜要回锅彻底加热再食用，一旦发现变质，不得食用。

四是共用餐具要洗净消毒，防止交叉污染。应有上、下水洗手和餐具洗涤设备。

五是盛放丢弃食物的桶（缸）必须有盖，并及时清运。

2.炊管人员卫生

一是凡在岗位上的炊管人员，必须持有所在地区卫生防疫部门办理的健康证和岗位培训合格证，并且每年进行一次体检。

二是凡患有痢疾、肝炎、伤寒、活动性肺结核、渗出性皮肤病，以及其他有碍食品卫生的疾病，不得参加接触直接入口食品的制售及食品洗涤工作。

三是民工炊管人员无健康证的不准上岗，否则予以经济处罚，责令关闭食堂，并追究有关领导的责任。

四是炊管人员操作时必须穿戴好工作服、发帽，做到"三白"（白衣、白帽、白口罩），并保持清洁整齐，做到文明操作，不赤背、不光脚，禁止随地吐痰。

3.集体食堂发放卫生许可证验收标准

一是新建、改建、扩建的集体食堂，在选址和设计时应符合卫生要求，远离有毒有害场所，30m内不得有露天坑式厕所、暴露垃圾堆（站）和粪堆畜圈等污染源。

二是需有与进餐人数相适应的餐厅、制作间和原料库等辅助用房。餐厅和制作间（含库房）建筑面积比例一般应为1∶1.5。其地面和墙裙的建筑材料，要用具有防鼠、防潮和便于洗刷的水泥等。有条件的食堂，制作间灶台及其周围要镶嵌白瓷砖，炉灶应有通风排烟设备。

三是制作间应分为主食间、副食间、烧火间，有条件的可开设卫生间、择菜间、炒菜间、冷荤间、面点间，做到生与熟，原料与成品、半成品，食品与杂物、毒物（亚硝酸盐、农药、化肥等）严格分开。冷荤间应具备"五专"（专人、专室、专容器用具、专消毒、专冷藏）。

四是主、副食应分开存放。易腐食品应有冷藏设备（冷藏库或冰箱）。

五是食品加工机械、用具、炊具、容器应有防蝇、防尘设备。用具、容器和食用苫布（棉被）要有生、熟及正、反面标记，防止食品污染。

六是采购运输要有专用食品容器及专用车。

七是食堂应有相应的更衣、消毒、盥洗、采光、照明、通风和防蝇、防尘设备，以及通畅的上、下水管道。

4.职工饮水卫生规定

施工现场应供应开水，饮水器具要卫生。夏季要确保施工现场的凉开水或清凉饮料供

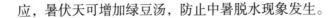

应，暑伏天可增加绿豆汤，防止中暑脱水现象发生。

（四）厕所卫生管理

第一，施工现场要按规定设置厕所。厕所的设置要在食堂30m以外，屋顶墙壁要严密，门窗齐全有效，便槽内必须铺设瓷砖。

第二，厕所要有专人管理，应有化粪池，严禁将粪便直接排入下水道或河流沟渠中，露天粪池必须加盖。

第三，厕所定期清扫制度：厕所设专人天天冲洗打扫，做到无积垢、垃圾及明显臭味，并应有洗手水源；市区工地厕所要有水冲设施，保持厕所清洁卫生。

第四，厕所灭蝇蛆措施：厕所按规定采取冲水或加盖措施，定期打药或撒白灰粉，消灭蝇蛆。

第三节　消防安全管理

一、消防安全职责

（一）加强消防安全管理的必要性

加强施工现场消防安全管理的必要性主要体现在以下几个方面：

第一，可燃性临时建筑物多。在建设工程中，因受现场条件限制，仓库、食堂等临时性的易燃建筑物毗邻。

第二，施工现场可燃材料多。除了传统的油毡、木料、油漆等可燃性建材，还有许多施工人员不太熟悉的可燃材料，如聚苯乙烯泡沫塑料板、聚氨酯软质海绵、玻璃钢等。

第三，建筑施工手段的现代化、机械化，使施工离不开电源。卷扬机、起重机、搅拌机、对焊机、电焊机、聚光灯塔等大功率电气设备，其电源线的敷设大多是临时性的，电气绝缘层容易磨损，电气负荷容易超载，而且这些电气设备多是露天设置的，易使绝缘老化、漏电或遭受雷击，造成火灾。

第四，施工过程交叉作业多。施工工序相互交叉，火灾隐患不易被发现。

第五，装修过程险情多。在装修阶段或者工程竣工后的维护过程，因场地狭小、操作不便，建筑物的隐蔽部位较多，如果用火、用电、喷涂油漆等，很容易就会酿成火灾。

第六，施工人员流动性较大。农民工多，安全文化程度不一，故安全意识薄弱。

（二）施工现场的消防安全组织

建立消防安全组织，明确各级消防安全管理职责，是确保施工现场消防安全的重要前提。施工现场消防安全组织包括：

第一，消防安全领导小组，负责施工现场的消防安全领导工作；

第二，消防安全保卫组（部），负责施工现场的日常消防安全管理工作；

第三，义务消防队，负责施工现场的日常消防安全检查、消防器材维护和初期火灾扑救工作。

（三）消防安全组织人员的职责

1.消防安全负责人

项目消防安全负责人是工地防火安全的第一责任人，由项目经理担任，对项目工程生产经营过程中的消防工作负全面领导责任。应履行以下职责：

第一，贯彻落实消防方针、政策、法规和各项规章制度，结合项目工程特点及施工全过程的情况，制定本项目各消防管理办法，或提出要求，并监督实施。

第二，根据工程特点确定消防工作管理体制和人员，并确定各业务承包人的消防保卫责任和考核指标，支持、指导消防人员工作。

第三，组织落实施工组织设计中的消防措施，组织并监督项目施工中消防技术交底和设备、设施验收制度的实施。

第四，领导、组织施工现场定期的消防检查，发现消防工作中的问题，制定措施，及时解决。对上级提出的消防与管理方面的问题，要定时、定人、定措施予以整改。

第五，发生事故时做好现场保护与抢救工作，及时上报，组织、配合事故调查，认真落实制定的整改措施，吸取事故教训。

第六，对外包队伍加强消防安全管理，并对其进行评定。

2.消防安全管理人

施工现场应确定一名主要领导为消防安全管理人，具体负责施工现场的消防安全工作。应履行以下职责：

第一，制定并落实消防安全责任制和防火安全管理制度，组织编制火灾的应急预案和落实防火、灭火方案，以及火灾发生时应急预案的实施。

第二，拟定项目经理部及义务消防队的消防工作计划。

第三，配备灭火器材，落实定期维护、保养措施，改善防火条件，开展消防安全检查和火灾隐患整改工作，及时消除火险隐患。

第四，管理本工地的义务消防队和灭火训练，组织灭火和应急疏散预案的实施和演练。

第五，组织开展员工消防知识、技能的宣传教育和培训，使职工懂得安全用火、用电和其他防火、灭火常识，增强职工消防意识和自防自救能力。

第六，组织火灾自救，保护火灾现场，协助火灾原因调查。

3.消防安全管理人员

施工现场应配备专、兼职消防安全管理人员（如消防干部、消防主管等），负责施工现场的日常消防安全管理工作。应履行以下职责：

第一，认真贯彻消防工作方针，协助消防安全管理人制订防火安全方案和措施，并督促落实。

第二，定期进行防火安全检查，及时消除各种火险隐患，纠正违反消防法规、规章的行为，并向消防安全管理人报告，提出对违章人员的处理意见。

第三，指导防火工作，落实防火组织、防火制度和灭火准备，对职工进行防火宣传教育。

第四，组织参加本业务系统召集的会议，参加施工组织设计的审查工作，按时填报各种报表。

第五，对重大火险隐患及时提出消除措施的建议，填发火险隐患通知书，并报消防监督机关备案。

4.工长

第一，认真执行上级有关消防安全生产规定，对所管辖班组的消防安全生产负直接领导责任。

第二，认真执行消防安全技术措施及安全操作规程，针对生产任务的特点，向班组进行书面消防安全技术交底，履行签字手续，并经常检查规程、措施、交底的执行情况，随时纠正现场及作业中的违章、违规行为。

第三，经常检查所管辖班组作业环境及各种设备的消防安全状况，发现问题及时纠正、解决。

第四，定期组织所管辖班组学习消防规章制度，开展消防安全教育活动，接受安全部门或人员的消防安全监督检查，及时解决提出的不安全问题。

第五，对分管工程项目应用的符合审批手续的新材料、新工艺、新技术，要组织作业工人进行消防安全技术培训；若在施工中发现问题，必须立即停止使用，并上报有关部门或领导。

5.班组长

第一，对本班组的消防工作负全面责任。认真贯彻执行各项消防规章制度及安全操作

规程，认真落实消防安全技术交底，合理安排班组人员工作。

第二，熟悉本班组的火险危险性，遵守岗位防火责任制，定期检查班组作业现场消防状况，发现问题并及时解决。

第三，经常组织班组人员学习消防知识，监督班组人员正确使用个人劳动保护用品。对新调入的职工或变更工种的职工，在上岗之前进行防火安全教育。

第四，熟悉本班组消防器材的分布位置，加强管理，明确分工，发现问题及时反映，保证初期火灾的扑救。

第五，发生火灾事故，立即报警和向上级报告，组织本班组义务消防人员和职工扑救，保护火灾现场，积极协助有关部门调查火灾原因，查明责任者并提出改进意见。

6.班组工人

第一，认真学习和掌握消防知识，严格遵守各项防火规章制度。

第二，认真执行消防安全技术交底，不违章作业，服从指挥、管理；随时随地注意消防安全，积极主动地做好消防安全工作。对不利于消防安全的作业要积极提出意见，并有权拒绝违章指挥。

第三，发扬团结友爱精神，在消防安全生产方面做到相互帮助、互相监督，对新入职的工人要积极传授消防保卫知识，维护一切消防设施和防护用具，做到正确使用，不损坏，不私自拆改、挪用。

第四，发现有险情立即向领导反映，避免事故发生。发现火灾应立即向有关部门报告火警，不谎报火警。

第五，发生火灾事故时，有参加、组织灭火工作的义务，并保护好现场，主动协助领导查清起火原因。

二、消防设施管理

（一）施工现场的平面布置

1.防火间距要求

施工现场的平面布局应以施工工程为中心，明确划分出用火作业区、禁火作业区（易燃、可燃材料的堆放场地等）、仓库区、现场生活区和办公区等区域。应设立明显的标志，将火灾危险性大的区域布置在施工现场常年主导风向的下风侧或侧风向，各区域之间的防火间距应符合消防技术规范和有关地方法规的要求。

①禁火作业区距离生活区应不小于15m，距离其他区域应不小于25m；②易燃、可燃材料的仓库距离修建的建筑物和其他区域应不小于20m；③易燃废品的集中场地距离修建的建筑物和其他区域应不小于30m；④防火间距内，不应堆放易燃、可燃材料；⑤临时设

施的最小防火间距应符合《建筑设计防火规范》和国务院《关于工棚临时宿舍和卫生设施的暂行规定》的相关要求。

2.现场道路要求

第一，施工现场必须建立消防车通道，其宽度应不小于3.5m，禁止占用场内通道堆放材料，在工程施工的任何阶段都必须通行无阻。施工现场的消防水源处，还要筑有消防车能驶入的道路，如不可能修建通道，应在水源（池）一边铺砌停车和回车空地。

第二，临时性建筑物、仓库以及正在修建的建（构）筑物的道路旁，都应该配置适当种类和一定数量的灭火器，并布置在明显和便于取用的地点。

第三，夜间要有足够的照明设备。

3.临时设施要求

临时宿舍、作业工棚等临时生活设施的规划和搭建，必须符合下列消防要求。①临时生活设施应尽可能搭建在距离正在修建的建筑物20m以外的地区。②临时宿舍与厨房、锅炉房、变电所和汽车库之间的防火距离不应小于15m。③临时宿舍等生活设施，距离铁路的中心线以及小量易燃品储藏室的间距不应小于30m。④临时宿舍距离火灾危险性大的生产场所不得小于30m。⑤临时生活设施禁止搭设在高压架空电线的下面，距离高压架空电线的水平距离不应小于6m。⑥为储存大量的易燃物品、油料、炸药等所修建的临时仓库，与永久工程或临时宿舍之间的防火间距应根据所储存的数量，按照有关规定来确定。⑦在独立的场地上修建成批的临时宿舍时，应当分组布置，每组最多不超过两幢，组与组之间的防火距离，在城市市区不小于20m，在农村不小于10m。作为临时宿舍的简易楼房的层高应当控制在两层以内，且每层应设置两个安全通道。

4.消防用水要求

第一，施工现场要设有足够的消防水源（给水管道或蓄水池等），对有消防给水管道设计的工程，应在施工时先敷设好室外消防给水管道。

第二，现场应设消防水管网，配备消火栓。进水干管直径不小于100mm。较大工程要分区设置消火栓。施工现场消火栓处，日夜要设明显标志，配备足够水带，周围3m内不准存放任何物品。

（二）消防设施与器材的布置

1.消防设施与器材的配备

第一，一般临时设施区域内，每100m²配备2只10L灭火器。

第二，大型临时设施总面积超过1200m²，应备有专供消防用的积水桶（池）、黄沙池等器材、设施，上述设施周围不得堆放物品，并留有消防车道。

第三，临时木工间、油漆间，木、机具间等每25m²配备1只种类合适的灭火器，油

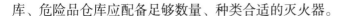

库、危险品仓库应配备足够数量、种类合适的灭火器。

第四，仓库或堆料场内应根据灭火对象的特征，分组布置酸碱、泡沫、清水、二氧化碳等灭火器，每组灭火器不应少于4个，每组灭火器之间的距离不应大于30m。

第五，高度为24m以上的高层建筑施工现场，应设置具有足够扬程的高压水泵或其他防火设备和设施。

第六，施工现场的临时消火栓应分设于明显且便于使用的地点，并保证消火栓的充实水柱能达到工程的任何部位。

第七，室外消火栓应沿消防车道或堆料场内交通道路的边缘设置，消火栓之间的距离不应大于50m。

第八，采用低压给水系统，管道内的压力在消防用水量达到最大时不低于0.1MPa；采用高压给水系统，管道内的压力应保证两支水枪同时布置在堆场内最远和最高处的要求，水枪充实水柱13m，每支水枪的流量不应小于5L/s。

2.消防设施与器材的日常管理

第一，各种消防梯应经常检查，保持完整、完好。

第二，水枪要经常检查，保持开关灵活，水流畅通，附件齐全、无锈蚀。

第三，水带应经常冲水防骤然折弯，不被油脂污染，用后清洗晒干，收藏时单层卷起，竖直放在架上。

第四，各种管接头和阀盖应接装灵便，松紧适度，无渗漏，不得与酸碱等化学品混放，使用时不得撞压。

第五，消火栓按室内外（地上、地下）的不同要求定期进行检查并及时加注润滑液，消火栓表面应经常清理。

第六，工地设有火灾探测和自动报警灭火系统时，应设专人管理，保持处于完好状态。

第七，消防水池与建筑物之间的距离一般不得小于10m，在水池的周围应留有消防车道。

第八，在冬季或寒冷地区，应对消防水池、消火栓和灭火器等做好防冻工作。

（三）焊接机具与燃器具的安全管理

1.电焊设备

第一，每台电焊机均需设专用断路开关，并有与电焊机相匹配的过流保护装置，装在防火防雨的闸箱内。现场使用的电焊机，应设有防雨、防潮、防晒的机棚，并装设相应消防器材。

第二，每台电焊机应设独立的接地、接零线，其接点用螺钉压紧。电焊机的接线柱、接线孔等应装在绝缘板上，并有防护罩保护。

第三，超过3台以上的电焊机要固定地点集中管理，统一编号。室内焊接时，电焊机的位置、线路敷设和操作地点的选择应符合防火安全要求，作业前必须进行检查。

第四，电焊钳应具有良好的绝缘和隔热能力。电焊钳握柄必须绝缘良好，握柄与导线连接牢靠，接触良好。

第五，电焊机导线应具有良好的绝缘性能，使用防水型的橡胶皮护套多股铜芯软电缆。不得将电焊机导线放在高温物体附近，不得搭在氧气瓶、乙炔瓶、乙炔发生器、煤气、液化气等易燃、易爆设备和带有热源的物品上；长度不宜大于30m，当需要加长时，应相应增加导线的截面。

第六，当长期停用的电焊机恢复使用时，其绝缘电阻不得小于$0.5M\Omega$，接线部分不得有腐蚀和受潮现象。

2.气焊、割设备

第一，氧气瓶与乙炔瓶是气焊和气割工艺的主要设备，属于易燃、易爆的压力容器。乙炔瓶必须配备专用的乙炔减压器和回火防止器，氧气瓶要安装高、低气压表，不得接近热源，瓶阀及其附件不得沾油脂。

第二，乙炔瓶、氧气瓶与气焊操作地点（含一切明火）的距离不应小于10m，焊、割作业时两者的距离不应小于5m，存放时的距离不小于2m。

第三，氧气瓶、乙炔瓶应立放固定，严禁倒放，夏季不得在日光下暴晒，不得放置在高压线下面，禁止在氧气瓶、乙炔瓶的垂直上方进行焊接。

第四，气焊工在操作前，必须对其设备进行检查，禁止使用保险装置失灵或导管有缺陷的设备。检查漏气时，要用肥皂水，禁止用明火试漏。

第五，冬季施工完毕后，要及时将乙炔瓶和氧气瓶送回存放处，并采取一定的防冻措施，以免冻结。如果冻结，严禁敲击和用明火烘烤，应用热水或蒸汽加热解冻。

3.喷灯

第一，喷灯加油要选择好安全地点，并认真检查喷灯是否有漏油或渗油的地方，发现漏油或渗油，应禁止使用。

第二，喷灯在使用过程中需要添油时，应首先把灯的火焰熄灭，然后慢慢地旋松加油防火盖放气，待放尽气和灯体冷却后再添油。严禁带火加油。

第三，喷灯连续使用时间不宜过长，发现灯体发烫时，应停止使用，进行冷却，防止气体膨胀发生爆炸引起火灾。

第四，喷灯使用一段时间后应进行检查和保养。煤油和汽油喷灯应有明显的标志，煤油喷灯严禁使用汽油燃料。

第五，使用后的喷灯，应冷却后将余气放掉，才能存放在安全地点，不应与废棉

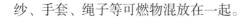

纱、手套、绳子等可燃物混放在一起。

三、施工防火与灭火

（一）施工现场防火的一般要求

第一，各单位在编制施工组织设计时，施工总平面图、施工方法和施工技术均要符合消防安全要求。

第二，施工现场应明确划分用火作业、易燃可燃材料堆场、仓库、易燃废品集中站和生活区等区域。

第三，施工现场夜间应有照明设备；保持消防车通道畅通无阻，并要安排力量加强值班巡逻。

第四，施工作业期间需搭设临时性建筑物，必须经施工企业技术负责人批准，施工结束应及时拆除。不得在高压架空下面搭设临时性建筑物或堆放可燃物品。

第五，施工现场应配备足够的消防器材，指定专人维护、管理、定期更新，保证完整并能正常使用。

第六，在土建施工时，应先将消防器材和设施配备好，有条件的应敷设好室外消防水管和消防栓。

第七，施工现场的动火作业必须执行审批制度。操作前必须办理用火申请手续，经本单位领导同意和消防保卫或安全技术部门检查批准，领取用火许可证后，方可进行操作。

（二）特殊工种防火要求

1.焊割作业

电气焊是利用电能或化学能转变为热能，从而对金属进行加热的熔接方法。焊接或切割的基本特点是高温、高压、易燃、易爆。

第一，电、气焊作业前，应进行消防安全技术交底，要明确作业任务，认真了解作业环境，确定动火的危险区域，并设置明显标志。

第二，危险区内的一切易燃、易爆物品必须移走，对不能移走的可燃物，要采取可靠有效的防护措施。

第三，严禁在有可燃蒸汽、气体、粉尘或禁止明火的危险性场所焊割。进行焊割作业时，应在工艺安排和施工方法上采取严格的防火措施。焊割作业不准与油漆、喷漆、脱漆、木工等易燃操作同时间、同部位上下交叉作业。

第四，焊割现场必须配备灭火器材，危险性较大的应有专人现场监护。

第五，遇有五级以上大风时，禁止在高空和露天作业。

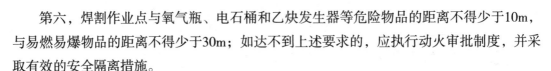

第六，焊割作业点与氧气瓶、电石桶和乙炔发生器等危险物品的距离不得少于10m，与易燃易爆物品的距离不得少于30m；如达不到上述要求的，应执行动火审批制度，并采取有效的安全隔离措施。

第七，乙炔发生器和氧气瓶之间的存放距离不得小于2m；使用时，二者的距离不得小于5m。

2.木工作业

第一，建筑工地的木工作业场所、木工间严禁动用明火，禁止吸烟。工作场地和个人工具箱内严禁存放油料和易燃、易爆物品。

第二，在操作各种木工机械前，应仔细检查电气设备是否完好。要经常对工作间内的电气设备及线路进行检查，若发现短路、电气打火和线路绝缘老化、破损等情况要及时找电工维修。

第三，使用电锯、电刨子等木工设备作业时，应注意勿使刨花、锯末等将电机盖上。熬水胶使用的炉子，应设在单独的房间里，用后要立即熄灭。

第四，木工作业要严格执行建筑安全操作规程，完工后必须做到现场清理干净，剩下的木料堆放整齐，锯末、刨花要堆放在指定的安全地点，并且不能在现场存放时间过长，防止其自燃起火。

第五，在工作完毕和下班时，须切断电源，关闭门窗，检查确无火险后方可离去。油棉丝、油抹布等不得随地乱扔，应放在铁桶内，定期处理。

3.电工作业

第一，电工应经过专门培训，掌握安装与维修的安全技术，并经过考试合格后，方准独立操作。新设、增设的电气设备，必须由主管部门或人员检查合格后，方可通电使用。

第二，不可用纸、布或其他可燃材料作无骨架的灯罩，灯泡距可燃物应保持一定距离。放置及使用易燃液、气体的场所，应采用防爆型电气设备及照明灯具。

第三，变（配）电室应保持清洁、干燥。变电室要有良好的通风。配电室内禁止吸烟、生火及保存与配电无关的物品（如食物等）。

第四，当电线穿过墙壁或与其他物体接触时，应在电线上套有磁管等非燃材料加以隔绝。

第五，电气设备和线路应经常检查，发现可能引起火花、短路、发热和绝缘损坏等情况时，必须立即修理。电气设备应安装在干燥处，各种电气设备应有妥善的防雨、防潮设施。

第六，各种机械设备的电闸箱内，必须保持清洁，不得存放其他物品，电闸箱应配锁。

4.油漆作业

第一，油漆作业场地和临时存放油漆材料的库房，严禁动用明火。

第二，室内作业时，一定要有良好的通风条件，照明电气设备必须使用防爆灯头，周围的动火作业要距离10m以外。

第三，调油漆或加稀释料应在单独的房间进行，室内应通风；在室内和地下室油漆时，通风应良好，任何人不得在操作时吸烟，防止气体燃烧伤人。

第四，随领随用油漆溶剂，禁止乱倒剩余漆料溶剂，剩料要及时加盖，注意储存安全，不准到处乱放。

第五，工作时应穿不易产生静电的服装、鞋，所用工具以不打火花为宜。

第六，喷漆设备必须接地良好，禁止乱拉乱接电线和电气设备，下班时要拉闸断电。

5.防水作业

第一，熬制沥青的地点不得设在电线的垂直下方，一般应距建筑物25m；锅与烟囱的距离应大于80cm，锅与锅之间的距离应大于2m；火口与锅边应有70cm的隔离设施。临时堆放沥青、燃料的地方，离锅不小于5m。

第二，熬油必须由有经验的工人看守，要随时测量、控制油温，熬油量不得超过锅容量的3/4，下料应慢慢溜放，严禁大块投放。下班时，要熄火，关闭炉门，盖好锅盖。

第三，配制冷底子油时，禁止用铁棒搅拌，以防碰出火星；下料应分批、少量、缓慢，不停搅拌，加料量不得超过锅容量的1/2，温度不得超过80℃；凡是配置、储存、涂刷冷底子油的地点，都要严禁烟火，绝对不允许在附近进行电焊、气焊或其他动火作业，要设专人监护。

第四，使用冷沥青进行防水作业时，应保持良好通风，人防工程及地下室必须采取强制通风，禁止吸烟和明火作业，应采用防爆的电气设备。冷防水施工作业量不宜过大，应分散操作。

第五，防水卷材采用热熔黏结，使用明火（如喷灯）操作时，应申请办理用火证，并设专人看火；应配有灭火器材，周围30m以内不准有易燃物。

6.防腐蚀作业

第一，硫黄类材料防火。熬制硫黄时，要严格控制温度，当发现冒蓝烟时要立即撤火降温，如果局部燃烧要采用石英粉灭火。硫黄的储存、运输和施工过程中，严禁与木炭、硝石相混，且要远离明火。

第二，树脂类材料防火。树脂类防腐蚀材料施工时要避开高温，不要长时间置于太阳下暴晒。作业场地和储存库都要远离明火，储存库要阴凉通风。

第三，固化剂防火。固化剂乙二胺，遇火种、高温和氧化剂时都有燃烧的危险，与醋

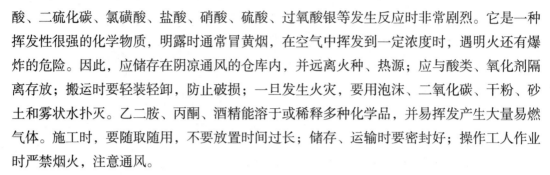

酸、二硫化碳、氯磺酸、盐酸、硝酸、硫酸、过氧酸银等发生反应时非常剧烈。它是一种挥发性很强的化学物质，明露时通常冒黄烟，在空气中挥发到一定浓度时，遇明火还有爆炸的危险。因此，应储存在阴凉通风的仓库内，并远离火种、热源；应与酸类、氧化剂隔离存放；搬运时要轻装轻卸，防止破损；一旦发生火灾，要用泡沫、二氧化碳、干粉、砂土和雾状水扑灭。乙二胺、丙酮、酒精能溶于或稀释多种化学品，并易挥发产生大量易燃气体。施工时，要随取随用，不要放置时间过长；储存、运输时要密封好；操作工人作业时严禁烟火，注意通风。

7.脚手架作业

第一，施工现场不准使用可燃材料搭棚，必须使用时需经消防保卫部门和有关部门协商同意，选择适当地点搭设。

第二，在电、气焊及其他用火作业场所支搭架子及配件时，必须用铁丝绑扎，禁止使用麻绳。

第三，支搭满堂红架子时，应留出检查通道。

第四，搭完架子或拆除架子时，应将可燃材料清理干净，排木、铁管、铁丝及管卡等及时清理，码放整齐，不得影响道路畅通。

第五，禁止在锅炉房、茶炉房、食堂烧火间等用火部位使用可燃材料支搭临时设施。

（三）高层建筑与地下工程防火

1.高层建筑施工防火

（1）建立防火管理责任制

把防火工作纳入高层建筑施工生产的全过程，在计划、布置、检查、总结评比施工生产的同时，要计划、布置、检查、总结评比防火工作。从上到下建立多层次的防火管理网络，配置专职防火人员，成立义务消防队，每个班组都要有一个义务消防员。

（2）严格控制火源，并对动火过程进行严格监控

每项工程都要划分动火级别，一般高层建筑施工动火划为二、三级，按照动火级别进行动火申请和审批。在复杂、危险性较大的场所进行焊割时，要编制专项的安全技术措施，并严格按预定方案操作。

（3）按规定配置防火器材

各种防火器材的布置要合理，并保证性能良好、安全有效。施工现场消火栓处日夜设明显标志，配备足够水带，20层及以上的高层建筑应设置专用的高压水泵，每个楼层应安装防火栓和消防水龙带，大楼底层设蓄水池（不小于20m²）。当因楼层高而水压不足时，在楼层中间应设接力泵，且每个楼层按面积每100m²设2只灭火器，同时备有通信报警

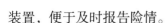

装置，便于及时报告险情。

（4）已建成的建筑物楼梯不得封堵

施工脚手架内的作业层应畅通，并搭设不少于两处与主体建筑相衔接的通道口。建筑施工脚手架外挂的密目式安全网必须符合阻燃标准要求，严禁使用不阻燃的安全网。

（5）高层焊接作业要求

要根据作业高度、风力、风力传递的次数确定火灾危险区域，并将区域内的易燃、易爆物品转移到安全地方，无法移动的要采取切实的防护措施。高层焊接作业应当办理动火证，动火处应当配备灭火器，并设专人监护，若发现险情，应立即停止作业，并采取措施及时扑灭火源。

2.地下工程防火

第一，施工现场的临时电源线不宜直接敷设在墙壁或土墙上，应用绝缘材料架空设置；配电箱应采取防护措施，潮湿地段或渗水部位照明灯具应采取相应措施或安装防潮灯具。

第二，施工现场应有不少于两个出入口或坡道，施工距离长时，应适当增加出入口的数量；施工区面积不超过50m²，且施工人员不超过20人时，可只设一个直通地上的安全出口。

第三，安全出入口、疏散走道和楼梯的宽度应按其通行人数每100人不小于1m的净宽计算；每个出入口的疏散人数不宜超过250人，安全出入口、疏散走道和楼梯的最小净宽度不应小于1m。

第四，疏散走道、楼梯及坡道内，不宜设置突出物或堆放施工材料和机具，应保证通道畅通，并设置疏散指示标志灯、火灾事故照明灯。

第五，施工区域应设置消防给水管道和消火栓，消防给水管道可以与施工用水管道合用。

第六，下建筑室内不得储存易燃物品或作为木工加工作业区，不得在室内熬制或配置用于防腐、防水、装饰的危险化学品溶液。进行地下建筑装饰时，不得同时进行水暖、电气安装的焊割作业。

（四）施工现场灭火

1.灭火现场的组织工作

第一，发现起火时，首先判明起火的部位和燃烧的物质，组织迅速扑救。如火势较大，应立即用电话等快速方法向消防队报警。报警时应详细说明起火的确切地点、部位和燃烧的物质。目前各城市通常采用的火警电话号码是"119"。

第二，在消防队没有到达前，现场人员应根据不同的起火物质，采用正确有效的灭火方法，如切开电源，撤离周围的易燃易爆物质，根据现场情况正确选择灭火用具等。

第三，灭火现场必须指定专人统一指挥，并保持高度的组织性和纪律性，行动必须协调一致，防止现场混乱。

第四，灭火时应注意防止发生触电、中毒、窒息、倒塌、坠落伤人等事故。

第五，为了便于查明起火原因，认真吸取教训，在灭火过程中，要尽可能地注意观察起火的部位、物质、蔓延方向等特点。在灭火后，要特别注意保护好现场的痕迹和遗留的物品，以便查找失火原因。

2.主要的灭火方法

（1）窒息灭火法

可燃物的燃烧必须在其最低氧气浓度以上进行，否则燃烧不能持续进行。窒息灭火法就是阻止助燃物（通常是空气）流入燃烧区，或用不燃物质（如不燃气体）冲淡空气，降低燃烧物周围的氧气浓度，使燃烧物质断绝氧气的助燃作用而使火熄灭。

（2）冷却灭火法

对一般可燃物来说，能够持续燃烧的条件之一就是它们在火焰或热的作用下达到了各自的着火点。冷却灭火法是扑救火灾常用的方法，即将灭火剂直接喷洒在燃烧物体上，使可燃物质的温度降低到燃点以下，从而终止燃烧。

（3）隔离灭火法

隔离灭火法是将燃烧物体和附近的可燃物质与火源隔离或疏散开，使燃烧失去可燃物质而停止。这种方法适用于扑救各种固体、液体或气体火灾。隔离灭火法的具体措施有：将燃烧区附近的可燃、易燃、易爆和助燃物质转移到安全地点；关闭阀门，阻止气体、液体流入燃烧区；设法阻拦流散的易燃、可燃气体或扩散的可燃气体；拆除与燃烧区相毗邻的可燃建筑物，形成防止火势蔓延的间距等。

（4）抑制灭火法

抑制灭火法与前三种灭火方法不同，它使灭火剂参与燃烧反应过程，并使燃烧过程中产生的游离基消失，而形成稳定分子或低活性的游离基，这样燃烧反应就将停止。目前，抑制法灭火常用的灭火剂有1211、1202、1301灭火剂。

3.电气、焊接设备火灾的扑灭

（1）电气火灾的扑灭

扑灭电气火灾时，首先应切断电源，及时用适合的灭火器材灭火。充油的电气设备灭火时，应采用干燥的黄沙覆盖住火焰，使火熄灭。

扑灭电气火灾时，应使用绝缘性能良好的灭火剂，如干粉灭火器、二氧化碳灭火器、1211灭火器等，严禁采用直接导电的灭火剂进行喷射，如使用喷射水流、泡沫灭火器等。

（2）焊接设备火灾的扑灭

电石桶、电石库房着火时，只能用干沙、干粉灭火器和二氧化碳灭火器进行扑灭，不能用水或含有水分的灭火器（如泡沫灭火器）来灭火，也不能用四氯化碳灭火器来灭火。

乙炔发生器着火时，首先要关闭出气管阀门，停止供气，使电石与水脱离接触，再用二氧化碳灭火器或干粉灭火器扑灭，不能用水、泡沫灭火器和四氯化碳灭火器来灭火。

电焊机着火时，首先要切断电源，然后再扑灭。在未切断电源前，不能用水或泡沫灭火器来灭火，只能用干粉灭火器、二氧化碳灭火器、四氯化碳灭火器或1211灭火器进行扑灭，因为用水或泡沫灭火器扑灭时容易触电伤人。

结束语

　　市政工程与建筑工程管理是一项复杂而长期的任务。施工企业必须全面考虑，坚持以施工组织设计为基本原则，并结合现场实际情况具体问题具体分析。这包括提升工程质量、控制成本支出，以增进企业效益，同时推动建筑行业的长远、迅速发展。此外，企业需跟上时代步伐，不断推动建筑工程施工管理解决方案的创新研究与发展。这有助于建筑工程施工企业在竞争激烈的市场中，谋求生存和发展，最终促进我国经济的迅猛发展。

参考文献

[1]李玉洁.基于BIM的建筑工程管理[M].延吉：延边大学出版社，2018.

[2]张争强，肖红飞，田云丽.建筑工程安全管理[M].天津：天津科学技术出版社，2018.

[3]王永利，陈立春.建筑工程成本管理[M].北京：北京理工大学出版社，2018.

[4]庞业涛.建筑工程资料管理[M].北京：北京理工大学出版社，2018.

[5]王会恩，姬程飞，马文静.建筑工程项目管理[M].北京：北京工业大学出版社，2018.

[6]刘尊明，张永平，朱锋.建筑工程资料管理[M].北京：北京理工大学出版社，2018.

[7]肖凯成，郭晓东，杨波.建筑工程项目管理[M].北京：北京理工大学出版社，2019.

[8]李玉萍.建筑工程施工与管理[M].长春：吉林科学技术出版社，2019.

[9]杨建华.建筑工程安全管理[M].北京：机械工业出版社，2019.

[10]王辉，刘启顺.建筑工程资料管理[M].第3版.北京：机械工业出版社，2019.

[11]倪宝艳，代齐齐，陈庆涛.市政工程计量与计价[M].北京：中国水利水电出版社，2021.

[12]刘宁，米秋东.市政工程计量与计价[M].北京：北京理工大学出版社，2021.

[13]黄春蕾，李书艳.市政工程施工组织与管理[M].重庆：重庆大学出版社，2021.

[14]荣国军.市政公用工程管理与实务案例分析宝[M].重庆：重庆大学出版社，2020.

[15]孟东秋.建筑工程造价控制与管理研究[M].北京：中国商务出版社，2023.

[16]尹飞飞，唐健，蒋瑶.建筑设计与工程管理[M].汕头：汕头大学出版社，2022.

[17]万连建.建筑工程项目管理[M].天津出版传媒集团；天津：天津科学技术出版社，2022.

[18]肖义涛，林超，张彦平.建筑施工技术与工程管理[M].北京：中华工商联合出版社，2022.

[19]赵军生.建筑工程施工与管理实践[M].天津：天津科学技术出版社，2022.

[20]姜守亮，石静，王丹.建筑工程经济与管理研究[M].长春：吉林科学技术出版社，2022.

[21]邵宗义.市政工程规划[M].北京：机械工业出版社，2022.

[22]沈鑫，樊翠珍，蔺超.市政工程与桥梁工程建设[M].北京：文化发展出版社，2022.

[23]段贵明，王亮.市政工程资料编制与归档[M].重庆：重庆大学出版社，2022.

[24]徐雪锋.市政工程建设与质量管理研究[M].延吉：延边大学出版社，2022.

[25]李永福，李桓宇.建筑工程应急预案管理与编制实务[M].北京：中国建材工业出版社，2023.

[26]刘兴国，张兴平，韩树国.建筑工程招标投标与合同管理实操方略[M].北京：机械工业出版社，2023.